职业教育测绘类专业"新形态一体化"系列教材

工程测量

（微课视频版）

主　编　曾令权　卢士华

副主编　孙旭丹　陈竹安　张雪松　李　猛

参　编　任卫波　陈蔚珊　林继贤　廖　云

机械工业出版社

本书立足于测绘类、土建类专业测量教学的需要，引入测量新仪器、新技术、新方法，融入育人元素，紧密贴合现代化工程建设实际进行编写，具有很强的实用性。全书共 9 个项目，分别是课程导入、识读及应用地形图、高程控制测量、平面控制测量、建筑施工测量、变形观测及竣工测量、GNSS 测量原理与方法、全站仪数字测图、测量地下管线。

本书可作为高等职业院校工程测量技术、建筑工程技术、道路与桥梁工程技术、市政工程技术、工程造价等专业的教材，也可作为中等职业院校土建类专业教材及各类培训学习参考用书。

为方便教学，本书还配有电子课件及相关资源，使用本书作为教材的教师可登录机械工业出版社教育服务网 www.cmpedu.com 注册下载。机工社职教建筑群（教师交流 QQ 群）：221010660。咨询电话：010-88379934。

图书在版编目（CIP）数据

工程测量：微课视频版 / 曾令权，卢士华主编 .—北京：机械工业出版社，2023.1
职业教育测绘类专业"新形态一体化"系列教材
ISBN 978-7-111-72161-1

Ⅰ.①工… Ⅱ.①曾…②卢… Ⅲ.①工程测量 – 职业教育 – 教材 Ⅳ.①TB22

中国版本图书馆 CIP 数据核字（2022）第 228121 号

机械工业出版社（北京市百万庄大街 22 号　邮政编码 100037）
策划编辑：沈百琦　　　　　　责任编辑：沈百琦　王靖辉
责任校对：张晓蓉　张　征　　封面设计：陈　沛
责任印制：刘　媛
涿州市般润文化传播有限公司印刷
2023 年 3 月第 1 版第 1 次印刷
184mm × 260mm・22 印张・543 千字
标准书号：ISBN 978-7-111-72161-1
定价：65.00 元（含实训任务书）

电话服务　　　　　　　　　网络服务
客服电话：010-88361066　机　工　官　网：www.cmpbook.com
　　　　　010-88379833　机　工　官　博：weibo.com/cmp1952
　　　　　010-68326294　金　书　网：www.golden-book.com
封底无防伪标均为盗版　机工教育服务网：www.cmpedu.com

前　言

工程测量是测绘类、土建施工类、市政工程类及建设工程管理类专业的专业基础课程，也是一门理论和实践相结合，具有较强实践性的专业课。本书以教育部印发《"十四五"职业教育规划教材建设实施方案》为依据，以企业实践项目、典型工作任务为载体编写，在内容选取和安排上，与各普通高等院校测绘类、土建类专业对工程测量课程教学的要求相匹配，符合当前"三教"改革下的教学需要。

学生通过对本书的学习，能够掌握工程测量的基本理论知识、常用的测量仪器使用操作方法，熟悉地形图的识读及应用；能够进行建筑施工测量、建筑物变形观测及竣工测量、GNSS测量的原理与方法、全站仪数字测图及地下管线测量的基本操作，并为后续相关专业课的学习奠定基础。

本书具有如下特色：

1. 校企"双元"合作，以工程项目导入，紧密结合项目实施，可操作性强

校企深度合作，企业专家和院校教师共同研讨，依据工程实际操作流程开发本书结构逻辑。在工程项目中，工程测量的最终是需要绘制地形图，因此，项目1进行识读地形图，让学生明白地形图是怎么来的，最后又应用在哪里，由此展开后面的各个项目实施。

2. 内容全面，传统内容与新技术、新应用相结合，实用性强

本书结合专业应用及行业发展情况来设计编写大纲，根据现行的相关行业规范和标准 进行编写，在主要测量方法中既对传统测绘理论和技术进行了全面的讲解，包括识读及应用地形图、高程控制测量、平面控制测量、建筑施工测量、变形观测及竣工测量等；又增加了新测量技术的应用，包括GNSS测量原理与方法、全站仪数字测图及测量地下管线。

3. 与育人元素相融合，特色性强

书中引入育人元素（课前阅读），强调学生的自然接受，引起学生的情感共鸣，有效地激励学生产生学习内在动力，一方面培养学生的职业道德、职业素养及职业行为习惯等；另一方面借助测量新技术、新设备相关介绍，激发学生创新意识与创新精神。

4. 与实训任务书相配合，创新性强

本书开发之初，结合主体工程测量课程情况，同步编写了《工程测量实训任务书》。实训任务书采用活页式装订，学生在实训课上可以灵活使用，完成实训项目后可以上交，实训任务书配有空白页，方便学生撰写实训总结报告，是一种创新的教材承载方式。

5. 增加数字化资源＋线上课，满足新形态需要，助力"互联网＋职业教育"

书中针对重点、难点测量仪器操作配套了微课视频，对规范性操作进行实景录制，以二维码形式镶嵌在书中，学生可扫码观看。同时，本书对应"建筑工程测量省级精品在线开放课程"，课程网址（学银在线）：https://www.xueyinonline.com/detail/222960605 。

本书根据实际教学情况，建议理论教学 60 学时，实践课时 60 学时（或按照集中实训两周进行），各项目分配学时可参考下表。

学时分配建议表

教学内容	理论学时	实践学时	教学内容	理论学时	实践学时
项目 0	4	—	项目 5	8	8
项目 1	4	4	项目 6	8	8
项目 2	8	8	项目 7	8	8
项目 3	8	8	项目 8	4	4
项目 4	8	12			
合计	理论教学 60 学时，实践课时 60 学时（或按照集中实训两周进行）				

本书由广州番禺职业技术学院曾令权和卢士华担任主编，由张家口职业技术学院孙旭丹、东华理工大学陈竹安、广州番禺职业技术学院张雪松、广州南方测绘科技股份有限公司广州分公司李猛担任副主编，参与编写的还有：广东地下管网工程勘测公司任卫波、广州番禺职业技术学院陈蔚珊、广东龙泉科技有限公司林继贤和广州建杰工程技术有限公司廖云。

本书在编写的过程中，参考了大量文献，引用了相关的技术操作规程及标准、相关测量仪器的使用手册和说明书的部分内容。在此谨向有关作者和单位表示感谢！

限于编者水平及时间有限，书中难免存在不足之处，敬请广大读者批评指正。

编　者

本书微课视频清单

序号	名称	图形	序号	名称	图形
01	方格网法土方计算		10	水平角测量（测回法）	
02	水准测量原理		11	测回法内业计算	
03	四等测量仪器介绍		12	水平角测量（方向观测法）	
04	四等水准仪构造		13	方向观测法内业计算	
05	水准仪的使用		14	根据控制点定位	
06	四等水准测量（双面尺法）		15	全站仪放样界面操作	
07	四等水准计算		16	GNSS 电台模式	
08	经纬仪构造		17	GNSS 放样测量	
09	经纬仪的使用		18	认识 GNSS	

（续）

序号	名称	图形	序号	名称	图形
19	野外数据采集特征点选取		24	CASS9.1 安装教程	
20	全站仪的安置		25	绘图流程	
21	进行建站		26	绘制地形图	
22	数据采集		27	PdfFactory 虚拟打印机的安装	
23	CAD2006 安装教程				

目　录

项目 0　课程导入

测绘学是长期以来人类在认识自然、利用自然和改造自然的生产实践中，创造、发展起来的最古老的科学技术之一，在中国源远流长，自从有文字记载就有了关于测绘的描述。远在上古时代，就有大禹在黄河两岸治理水患的传说，"左准绳，右规矩，载四时，以开九洲，通九道，陂九泽，度九山"，《史记·夏本纪》记载了大禹治水进行工程测量的情形。作为当代的大学生，应点亮文化自信之灯，激发民族自豪感、自信心。

一、测量学概述

测量学是研究地球的形状、大小以及地表（包括地面上各种物体）的几何形状及其空间位置的科学。测量工作主要有两个方面：一是将各种现有地面物体的位置和形状，以及地面的起伏状态等，用图形或数据表示出来，称为测定或测绘；二是将规划设计和管理等工作形成的图纸上的建筑物、构筑物或其他图形的位置在现场标定出来，作为施工的依据，称为测设或放样。

测绘学按照研究范围、研究对象及采用技术手段的不同，分为以下几个分支学科：大地测量学、摄影测量学、地图学、工程测量学和海洋测绘学。

1. 大地测量学

大地测量学是研究地球表面及其内部较大区域甚至整个地球的形状、大小和位置等内容的测绘学科。其基本任务是建立地面控制网、重力网，精确测定控制点的空间三维位置，为地形测图提供控制基础，为各类工程施工测量提供依据。

2. 摄影测量学

摄影测量学是研究摄影影像与被摄物体之间的内在几何和物理关系，进行分析处理和解译，以确定被摄物体的形状、大小和空间位置，并判定其性质的一门学科。摄影测量学又可细分为航空摄影测量、航天摄影测量、地面摄影测量、地形摄影测量、非地形摄影测量、模拟法摄影测量、解析法摄影测量和数字摄影测量。

3. 地图学

地图学是研究模拟和数字地图的基础理论，设计、编绘、复制的技术方法以及应用的测绘学科，利用地图制图信息反映自然界和人类社会各种形象的空间分布、相互联系及其动态变形。计算机制图技术和地图支图数据库的发展，促使地理信息系统（GIS）产生，使数字地图成为 21 世纪测绘工作的基础和支柱。

4. 工程测量学

工程测量学是研究工程建设和自然资源开发中，在规划、勘测设计、施工和运营管理各个阶段进行的控制测量、大比例尺地形测绘、地籍测绘、施工放样、设备安装、变形监测及分析与预报等的理论和技术的学科。工程测量学是一门应用学科，按其应用对象分为工业建设工程测量、城市建设工程测量、公路铁路工程测量、桥梁工程测量、隧道与地下工程测量、水利水电工程测量、管线工程测量等。

5. 海洋测绘学

海洋测绘学是以海洋和陆地水域为对象，研究港口、码头、航道、水下地形的测量以及海图绘制的理论、技术和方法的学科。其内容包括海洋测量、海道测量、海底地形测量和海图编制。

二、工程测量的任务与作用

在工程建设过程中，工程项目一般分勘察设计、施工建设、运营管理三个阶段，测量工作贯穿于工程项目建设的全过程，根据不同的施测对象和阶段，工程测量具有以下任务：

1. 测绘地形图

测图是指使用测量仪器和工具，依照一定的测量程序和方法，通过测量和计算，测定点的坐标，或者把地球表面的地形按比例缩绘成地形图。

2. 放图

放图也称为施工放样，是根据设计图提供的数据，按照设计精度要求，通过测量手段将建（构）筑物的特征点、线、面等标定到实地工作面上，为施工提供正确位置，指导施工。施工放样又称为施工测设，它是测图的逆向过程。施工放样贯穿于施工阶段的全过程。同时，从场地平整、建筑物定位、基础施工到建筑物构件的安装等工序，都需要进行施工测量。

3. 变形观测

在大型建筑物的施工过程中和竣工之后，为了确保建筑物在各种荷载或外力作用下，施工和运营的安全性和稳定性，或验证其设计理论和检查施工质量，需要对其进行变形监测，这种监测称为变形测量。

工程测量在工程建设中起着重要的作用，施工阶段需要通过测量工作来衔接，配合各项工序的施工，才能保证设计意图的正确执行。竣工后的竣工测量，为工程的验收、扩建和维修管理提供资料。在工程管理阶段，对建筑物进行变形观测，以确保工程的安全使用。

三、工程测量基本知识

1. 地球的形状与大小

地球自然表面大部分是海洋，其面积占地球表面的 71%，陆地只占 29%。地球表面是极不规则的曲面，它上面有高山、平原、江河、湖泊。有位于我国西藏高原上，高于海平面8848.86m的珠穆朗玛峰；有位于太平洋西部，低于海平面11022m的马里亚纳海沟。地球的形状十分复杂，但与地球平均半径6371km相比，起伏是微小的，只有地球半径的1/600。所以，设想一个不受风浪和潮汐影响的静止海平面，向陆地和岛屿延伸形成一个封闭的形体，用这个形体代表地球的形状与大小，该形体被称为大地体。实践表明，大地体近似于一个旋转球体。为了便于用数学模型来描述地球的形状和大小，取大小与大地体非常接近的旋转椭球体作为地球的参考形状和大小。因此，旋转椭球体又称为参考椭球体，其表面又称为参考椭球面。我国目前采用的参考椭球体的参数：

$$a = 6378140 \text{m}；b = 6356755 \text{m}$$

扁率：

$$\alpha = (a-b)/a = 1/298.257$$

由于参考椭球体的扁率很小，所以当测量的区域面积不大时，可以把地球看作圆球，其半径为6371km，如图0-1所示。

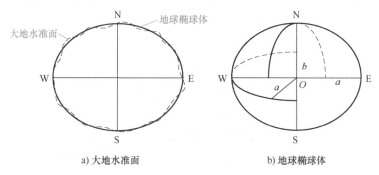

a) 大地水准面　　　　　　　b) 地球椭球体

图 0-1　大地水准面与地球椭球体

2. 测量的基准面和基准线

铅垂线就是重力方向线，用悬挂垂球的细线方向来表示，细线的延长线通过垂球 G 尖端与铅垂线正交的直线称为水平线，与铅垂线正交的平面称为水平面如图0-2所示。

处处与重力方向垂直的连续曲线称为水准面。任何自由静止的水面都是水准面，其中与不受风浪和潮汐影响的静止海水面相吻合的水准面称为大地水准面，如图0-1a所示。由于地球内部质量分布不均匀，地面上各点的铅垂线方向随之产生不规则变化，因此，大地水准面为有微小起伏的不规则的曲面。

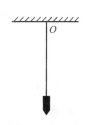

图 0-2　铅垂线

测量工作的坐标系通常是建立在参考椭球面上，因此，参考椭球面就是测量工作的基准面。在测量区域面积不大时，对参考椭球面与大地水准面之间的差距可以忽略不计。

3. 地面点位的确定

（1）确定地面点位的方法

如图 0-3 所示，设想将地面上高度不同的 A、B、C 三个点分别沿铅垂线方向投影到大地水准面 P' 上，得到相应的投影点 a'、b'、c'，即分别表示地面点在球面上的相应位置。

如果在测区的中央作水平面 P 并与水准面 P' 相切，过 A、B、C 各点的铅垂线与水平面相交于 a、b、c，即便代表地面点在水平面上的相应位置。

由此可见，地面点的空间位置可以用点在水准面或水平面上的位置及点到大地水准面的铅垂距离来确定。

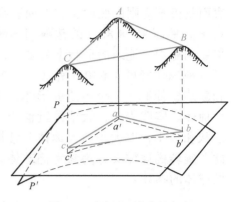

图 0-3　确定地面点位的方法

（2）地面点的高程

地面点到大地水准面的铅垂距离，称为该点的绝对高程，简称高程，用 H 表示。如图 0-4 所示，地面点 A、B 的高程分别为 H_A、H_B。

目前，我国采用的是"1985 年国家高程基准"，在青岛建立了国家水准原点，其高程为 72.260m。

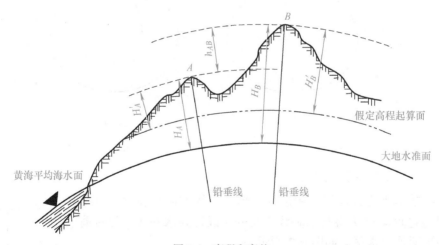

图 0-4　高程和高差

也可以假定一个水准面作为高程起算点，地面点到假定水准面的铅垂距离成为该点的相对高程。如图 0-4 所示，H_A'、H_B' 分别表示 A、B 两点的相对高程。

地面两点间的高程之差，称为高差，用 h 表示。高差有方向和正负。A、B 两点的高差为

$$h_{AB} = H_B - H_A \tag{0-1}$$

当 h_{AB} 为正时，B 点高于 A 点；当 h_{AB} 为负时，B 点低于 A 点。B、A 两点的高差为

$$h_{BA} = H_A - H_B \tag{0-2}$$

A、B 两点的高差与 B、A 两点的高差，绝对值相等，符号相反，即

$$h_{BA} = -h_{AB} \qquad (0-3)$$

（3）地面点的坐标

地面点在大地水准面上的投影位置，可用地理坐标和平面直角坐标表示。

1）地理坐标。地面点在球面上的位置常用经度 λ 和纬度 φ 来表示地面，称为地理坐标。

如图 0-5 所示，N、S 分别是地球的北极和南极，N 和 S 的连线称为地轴。包含地轴的平面称为子午面。子午面与地球的交线称为子午线。通过原格林尼治天文台的子午面称为首子午面。过地面上任意一点 P 的子午面与首子午面的夹角称为 P 点的经度。由首子午面向东量称为东经，向西量称为西经，其取值范围为 $0° \sim 180°$。

通过地心且垂直于平面称为赤道面。过 P 点的铅垂线与赤道面的夹角 φ 称为 P 点的纬度。由赤道面向北量称为北纬，向南量称为南纬，其取值范围为 $0° \sim 90°$。

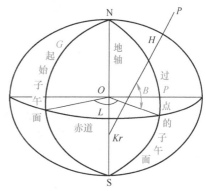

图 0-5 地理坐标

我国位于东半球和北半球，所以各地的地理坐标都是东经和北纬，例如北京的地理坐标为东经 $116°28'$，北纬 $39°54'$。

2）高斯平面直角坐标。地理坐标是球面坐标，若直接用于工程建设规划、设计、施工，会带来很多计算和测量不便。为此，需将球面坐标按一定数学法则归算到平面上，即测量工作中所称的投影。我国采用的是高斯投影法。

利用高斯投影法建立的平面直角坐标系，称为高斯平面直角坐标系。在广大区域内确定点的平面位置，一般采用高斯平面直角坐标。

高斯投影法是将地球划分成若干带，然后将每带投影到平面上。

如图 0-6 所示，投影带是从首子午线起，每隔经度 6° 划分一带，称为 6° 带，将整个地球划分成 60 个带。带号从首子午线起自西向东编，$0° \sim 6°$ 为第 1 号带，$6° \sim 12°$ 为第 2 号带，……。位于各带中央的子午线，称为中央子午线，第 1 号带中央子午线的经度为 3°，任意号带中央子午线的经度 λ_0（°），可按式（0-4）计算。

$$\lambda_0 = 6N - 3 \qquad (0-4)$$

式中 N——6° 带的带号。

将地球看作圆球，并设想把投影面卷成圆柱面套在地球上，如图 0-7 所示，使圆柱的轴心通过圆球的中心，并与某 6° 带的中央子午线相切。将该 6° 带上的图形投影到圆柱面上。然后，将圆柱面沿过南、北极的素线 KK'、LL' 剪开，并展开成平面，该平面称为高斯投影平面。中央子午线和赤道的投影是两条互相垂直的直线。

图 0-6　高斯平面直角坐标的分带

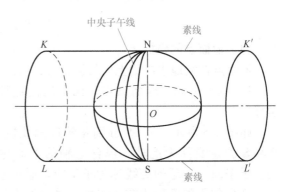

图 0-7　高斯平面直角坐标的投影

规定：中央子午线的投影为高斯平面直角坐标系的纵轴 x，向北为正；赤道的投影为高斯平面直角坐标系的横轴 y，向东为正；两坐标轴的交点为坐标原点 O。由此建立了高斯平面直角坐标系，如图 0-8 所示。

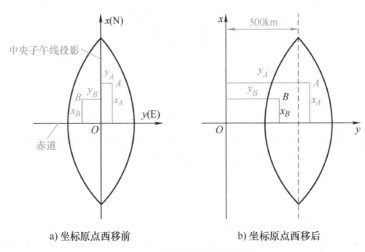

a) 坐标原点西移前　　　　　　　　b) 坐标原点西移后

图 0-8　高斯平面直角坐标系

地面点的平面位置，可用高斯平面直角坐标 x、y 来表示。由于我国位于北半球，x 坐标均为正值，y 坐标则有正有负，如图 0-8a 所示，y_A=+136780m，y_B=−272440m。为了避免 y 坐标出现负值，将每带的坐标原点向西移 500km，如图 0-8b 所示，纵轴西移后：$y_A = 500000\text{m} + 136780\text{m} = 636780\text{m}$；$y_B = 500000\text{m} - 272440\text{m} = 227560\text{m}$ 规定在横坐标值前冠以投影带带号。如 A、B 两点均位于第 20 号带，则

$$y_A = 20636780\text{m} \quad y_B = 20227560\text{m}$$

当要求投影变形更小时，可采用 3° 带投影。如图 0-9 所示，3° 带是从东经 1°30′ 开始，每隔经度 3° 划分一带，将整个地球划分成 120 个带。每一带按前面所述方法，建立各自的高斯平面直角坐标系。各带中央子午线的经度 λ_0' （°），可按式（0-5）计算。

$$\lambda_0' = 3n \qquad (0\text{-}5)$$

式中　n——3° 带的带号。

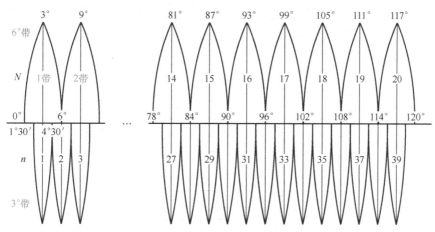

图 0-9　高斯平面直角坐标系 6° 带投影与 3° 带投影的关系

3）独立平面直角坐标。当测区范围较小时，可以用测区中心点 A 的水平面来代替大地水准面，如图 0-10 所示。在这个平面上建立的测区平面直角坐标系，称为独立平面直角坐标系。在局部区域内确定点的平面位置，可以采用独立平面直角坐标。

如图 0-10 所示，在独立平面直角坐标系中，规定南北方向为纵坐标轴，记作 x 轴，x 轴向北为正，向南为负；以东西方向为横坐标轴，记作 y 轴，y 轴向东为正，向西为负；坐标原点 O 一般选在测区的西南角，使测区内各点的 x、y 坐标均为正值；坐标象限按顺时针方向编号，如图 0-11 所示，其目的是便于将数学中的公式直接应用到测量计算中，而无需转换。

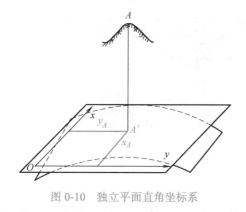

图 0-10　独立平面直角坐标系

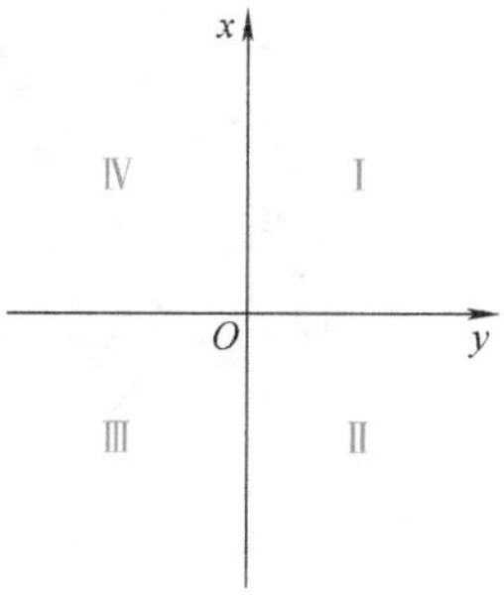

图 0-11　坐标象限

四、工程测量工作的程序、原则和要求

1. 工程测量工作的程序

直接为工程施工服务的工程测量，根据施工进度进行放样，为施工提供依据。它的精度要求高，测量方法多样，其主要内容如下：

（1）控制测量

先在施工场地范围内进行控制测量。如图 0-12 所示，控制测量是在施工范围内布置若干个具有控制意义的点 A、B、C、D 等作为控制点，以精密的仪器和准确的方法测定计算出各控制点的坐标和高程。以这些控制点为依据，在局部地区逐个对建筑物轴线点进行测设。如果施工场地范围较大时，控制测量也应由高级到低级逐级加密布置，使控制点的精度满足施工放样的要求。

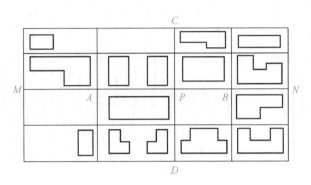

图 0-12　控制测量

（2）碎部测量

碎部测量就是根据控制点测定碎部点的位置，如图 0-13 中在控制点 A 上测定其周围碎部点 P、Q、R 等平面位置和高程。应遵循"先控制后碎部""从整体到局部""由高级到低级"的原则。

图 0-13　碎部测量

2. 工程测量工作的原则

从测量基本程序可以看出，测量是一个多层次、多工序的复杂工作，在测量过程中既有误差，也可能出现错误。为了杜绝错误，保证测量成果准确无误，在测量工作过程中必须遵循"边工作边检核"的基本原则，即在测量中，不管是外业观测、放样，还是内业计算、绘图，每一步工作均应进行检核。

3. 工程测量的要求

1）测量工作中的测量与计算两个环节，无论是实践操作有误还是计算有误，均表现在点位的确定上产生超差或错误，因此必须做到步步检核。

2）测量仪器和工具是测量工作中不可缺少的，对其必须按规定的要求正确使用、精心检校和科学保养。

五、用水平面代替水准面的限度

当测区范围较小时，用水平面代替水准面所产生的误差不超过测量误差的容许范围时，可以用水平面代替水准面。下面探讨用水平面代替水准面对距离、角度和高差的影响，以便给出限制水平面代替水准面的限度。

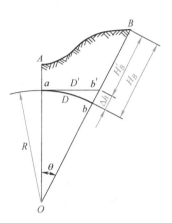

图 0-14　用水平面代替水准面
对距离和高程影响

1. 对距离的影响

如图 0-14 所示，地面上 A、B 两点在大地水准面上的投影点是 a、b，用过 a 点的水平面代替大地水准面，则 B 点在水平面上的投影为 b'。

设 $\overset{\frown}{ab}$ 的弧长为 D，ab' 的长度为 D'，球面半径为 R，D 所对圆心角为 θ，则以水平长度 D' 代替弧长 D 所产生的误差 ΔD 为

$$\Delta D = D' - D = R\tan\theta - R\theta = R(\tan\theta - \theta) \qquad (0\text{-}6)$$

将 $\tan\theta$ 用级数展开为

$$\tan\theta = \theta + \frac{1}{3}\theta^3 + \frac{5}{12}\theta^5 + \cdots$$

因为 θ 角很小，故只取前两项代入式（0-6）得

$$\Delta D = R\left(\theta + \frac{1}{3}\theta^3 - \theta\right) = \frac{1}{3}R\theta^3 \qquad (0\text{-}7)$$

又因

$$\theta = \frac{D}{R} \text{，则 } \Delta D = \frac{D^3}{3R^2} \qquad (0\text{-}8)$$

$$\frac{\Delta D}{D} = \frac{D^2}{3R^2} \qquad (0\text{-}9)$$

取地球半径 $R=6371\text{km}$，并以不同的距离 D 值代入式（0-8）和式（0-9），则可求出距离误差 ΔD 和相对误差 $\Delta D/D$，见表 0-1。

表 0-1　水平面代替水准面的距离误差和相对误差

距离 D/km	距离误差 $\Delta D/\text{mm}$	相对误差 $\Delta D/D$
10	8	1∶1220000
20	128	1∶200000

（续）

距离 D/km	距离误差 ΔD/mm	相对误差 $\Delta D/D$
50	1026	1：49000
100	8212	1：12000

结论：在半径为10km的范围内，进行距离测量时，可以用水平面代替水准面，而不必考虑地球曲率对距离的影响。

2. 对水平角的影响

从球面三角学可知，同一空间多边形在球面上投影的各内角和，比在平面上投影的各内角和大一个球面角超值 ε。

$$\varepsilon = \rho \frac{P}{R^2} \qquad (0\text{-}10)$$

式中 ε——球面角超值（″）；

      P——球面多边形的面积（km²）；

      R——地球半径（km）；

      ρ——一弧度的秒值，ρ=206265″。

以不同的面积 P 代入式（0-10），可求出球面角超值，见表0-2。

表 0-2   水平面代替水准面的水平角误差

球面多边形面积 P/km²	球面角超值 ε（″）
10	0.05
50	0.25
100	0.51
300	1.52

结论：在面积 P 不大于100km² 的条件下，进行水平角测量时，可以用水平面代替水准面，而不必考虑地球曲率对距离的影响。

3. 对高程的影响

如图 0-14 所示，地面点 B 的绝对高程为 H_B，用水平面代替水准面后，B 点的高程为 H_B'，H_B 与 H_B' 的差值，即为水平面代替水准面产生的高程误差，用 Δh 表示，则

$$(R+\Delta h)^2 = R^2 + D'^2 \qquad \Delta h = \frac{D'^2}{2R+\Delta h}$$

上式中，可以用 D 代替 D'，相对于 $2R$ 很小，可略去不计，则

$$\Delta h = \frac{D^2}{2R} \qquad (0\text{-}11)$$

以不同的距离 D 值代入式（0-11），可求出相应的高程误差 Δh，见表0-3。

表 0-3　水平面代替水准面的高程误差

距离 D/km	0.1	0.2	0.3	0.4	0.5	1	2	5	10
Δh/mm	0.8	3	7	13	20	78	314	1962	7848

结论：用水平面代替水准面，对高程的影响是很大的，因此，在进行高程测量时，即使距离很短，也应顾及地球曲率对高程的影响。

项目考核方案设计表

项目 0	课程导入			
理论考核	考核项目及分值比例	评价标准	考核方式及单项权重	
			组员互评	教师评价
	理论考核（85分）	知识点回答正确	—	100%
	上课学习态度（5分）	纪律性好，主动积极，认真负责，勤学好问	20%	80%
	自主学习能力（10分）	能查阅书籍、规范自主学习	—	100%
总计	100分			

 思考与习题

1. 测量学的概念？工程测量的任务是什么？

2. 什么是铅垂线？什么是大地水准面？它们在测量中的作用是什么？

3. 如何确定点的位置？

4. 测量学中的平面直角坐标系与数学中的平面直角坐标系有何不同？

5. 什么是水平面？用水平面代替水准面对水平距离、水平角和高程分别有何影响？

6. 什么是绝对高程？什么是相对高程？什么是高差？已知 H_A=36.735m，H_B=48.386m，求 h_{AB}。

7. 测量的基本工作是什么？测量工作的基本原则是什么？

项目 1　识读及应用地形图

工作任务 》》》

序号	工作任务	子任务
1	识读地形图	了解地形图的基本知识
		学习地形图的识读方法
2	应用地形图	地形图的基本应用
		绘制断面图
		量算面积

任务目标 》》》

序号	知识目标	能力目标	素质目标	权重
1	正确表述地形图上表示的内容 掌握地形图图例识读方法 掌握等高线绘制的原理及特性	能正确识读地形图	培养学生吃苦耐劳、团队协作、自信敢为及精益求精的工匠精神，热爱祖国、忠诚事业、艰苦奋斗、无私奉献的测绘精神	0.3
2	掌握断面图绘制的方法 掌握地形图上某区域面积的量算方法	能根据地形图完成断面图绘制 能根据地形图完成某区域面积量算		0.7
	总计			1.0

学前准备 》》》

仪器	图纸	任务单
直尺	地形图	地形图识读
		断面图绘制
		面积量算

教学建议 》》》

在教室，采用集中讲授、动态教学、分组讨论与实训等教学方法。

在中国整个革命战争过程中，革命军队一直十分重视地图保障。长征前夕，地图科就专为主力红军制作了江西南部 1∶10 万比例尺地形图。1935 年 1 月红军攻克遵义后，红军总部立即指示测绘人员绘制遵义地区地图，测绘人员突击测量，6 天测绘范围南北长 60km，东西宽 50km。城区用导线测量控制点，郊区用交会法测绘简易地形。遵义会议后，毛泽东指挥红军声东击西，四渡赤水，取得了长征以来的最大胜利。在这一出色的运动战中，测绘人员绘制的遵义周围的地形略图和路线图，起了重要的保障作用。

本项目主要学习识读地形图及其应用，是后面项目学习与实践的基础，只有学好本项目才能更好地完成后续测量任务，才能准确地绘制地形图。学好本项目需要严谨细心、有责任心，能吃苦耐劳，懂得团队协作。

任务 1　识读地形图

子任务 1　了解地形图的基本知识

一、地形图概述

地球表面形状复杂，物体种类繁多，地势形态各异，可分为地物和地貌两大类。地物是指地球表面上轮廓明显，具有固定性的物体，例如房屋、道路、河流、湖泊等，地物又分为人工地物（房屋、道路）和自然地物（河流、湖泊）。地貌是指地球表面的高低起伏形态，如高山、平原等，称为地貌。地物和地貌总称为地形。

地形图是将地面上一系列地物和地貌特征点的位置，通过综合取舍，垂直投影到水平面上，按一定比例缩小，并使用统一规定的符号绘制成的图纸。地形图客观形象地反映了地面的实际情况，可在图上量取数据，获取资料，方便设计和应用。特别是大比例地形图是工程设计阶段进行平面布置、景观设计及面积量算的依据，是施工阶段进行"三通一平"、现场布置以及布设施工控制网的依据，如图 1-1 所示。

二、地形图比例尺

1. 地形图比例尺表示方法

图上任一段直线长度 d 与地面上相应线段的实际水平距离 D 之比，称为地形图比例尺。地形图比例尺通常用分子为 1 的分数式 $1/M$ 来表示，其中"M"称为比例尺分母。显然有

$$\frac{d}{D} = \frac{1}{M} = \frac{1}{D/d} \tag{1-1}$$

式（1-1）中，M 越小，比例尺越大，图上所表示的地物、地貌越详尽；相反，M 越大，比例尺越小，图上所表示的地物、地貌越粗略。

2. 地形图的比例尺分类

（1）数字比例尺

数字比例尺即在地形图上直接用数字表示的比例尺，如上所述，用 1/M 表示的比例尺。数字比例尺一般注记在地形图下方中间部位，如图 1-1 所示。

数字比例尺表示成分子为 1、分母为整数的分数。如

$$\frac{d}{D} = \frac{1}{M} \tag{1-2}$$

如 1/500、1/1000、1/2000，一般书写为比例尺形式 1：500、1：1000、1：2000。当图上两点距离为 1cm 时，实地距离为 10m，该图比例尺为 1：1000；若图上 1cm 代表实地距离为 5m，该图比例尺为 1：500。分母越大，比例尺越小。反之分母越小，比例尺越大。比例尺的分母代表了实际水平距离缩绘在图上的倍数。

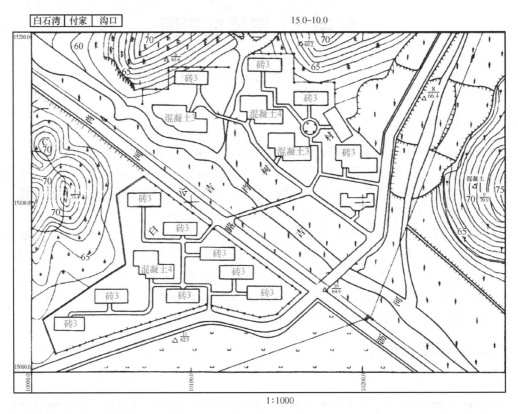

图 1-1　1：1000 地形图示意图

【例 1-1】 在比例尺为 1：1000 的图上，量得两点间的长度为 2.8cm，求其相应的水平距离。

解：$\dfrac{d}{D} = \dfrac{1}{M} \Rightarrow D = Md = 1000 \times 0.028\text{m} = 28\text{m}$

【例 1-2】 实地水平距离为 88.6m，试求其在比例尺为 1：2000 的图上相应长度。

解：$\dfrac{d}{D} = \dfrac{1}{M} \Rightarrow d = \dfrac{1}{M}D = \dfrac{1}{2000} \times 88.6\text{m} = 0.0443\text{m} = 44.3\text{mm}$

（2）图示比例尺

为了用图方便以及减小由于图纸伸缩而引起的误差，在绘制地形图的同时，常在图纸上绘制图示比例尺，用以直接量度图内直线的水平距离。最常见图示比例尺为直线比例尺。图 1-2 为 1∶1000 的直线比例尺，直线比例尺由两条平行线构成，在直线上 0 点右端为若干个 2cm 长的线段，这些线段称为比例尺的基本单位。最左端的一个基本单位分为十等份，以便量取不足整数部分的数。在右分点上注记的 0 向左及向右所注记数字表示按数字比例尺算出的相应实际水平距离。使用时，直接用图上的线段长度与直线比例尺对比，读出实际距离长度，不必要进行换算，还可以避免由图纸伸缩变形产生的误差。

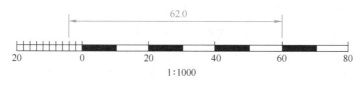

图 1-2　直线比例尺

【例 1-3】用分规的两个脚尖对准地形图上要量测的两点，再移至直线比例尺上，使分规的一个脚尖放在 0 点右面适当的分划线上，另一脚尖落在 0 点左面的基本单位上，如图 1-2 所示，实地水平距离为 62.0m。

3.地形图的比例尺精度

目前，用肉眼能分辨的图上最小距离为 0.1mm，因此在图上量度或实地测图描绘时，只能达到图上 0.1mm 的正确性。因而把图上 0.1mm 所代表的实地水平距离，称为比例尺精度。用 ε 表示，即

$$\varepsilon = 0.1M \qquad\qquad (1\text{-}3)$$

比例尺精度的概念，对测绘地形图和使用地形图都有重要的意义。在测绘地形图时，要根据测图比例尺确定合理的测图精度。例如在测绘 1∶500 比例尺地形图时，实地量距只需取到 5cm，因为即使量得再细，在图上也无法表示出来。在进行规划设计时，要根据用图的精度确定合适的测图比例尺。例如工程建设，要求在图上能反映地面上 10cm 的水平距离精度，则采用的比例尺不应小于 0.1mm/0.1m=1/1000。

工程中几种常用大比例尺地形图的比例尺精度，见表 1-1。比例尺越大，其比例尺精度也越高。

表 1-1　几种常用大比例尺地形图的比例尺精度

比例尺	1∶5000	1∶2000	1∶1000	1∶500
比例尺精度 /m	0.50	0.20	0.10	0.05

根据比例尺的精度，可确定测绘地形图时测量距离的精度。另外，如果规定了地物图上要表示的最短长度，根据比例尺的精度，可确定测图的比例尺。

【例 1-4】如果规定在地形图上应表示出的最短距离为 0.2m，则测图比例尺最小为多少？

解：$\dfrac{1}{M} = \dfrac{0.1\text{mm}}{\varepsilon} = \dfrac{0.1\text{mm}}{200\text{mm}} = \dfrac{1}{2000}$

三、地形图按比例尺分类

为了满足经济建设和国防建设的需要，测绘和编制了各种不同比例尺的地形图。通常称 1∶500、1∶1000、1∶2000、1∶5000 为大比例尺；称 1∶1 万、1∶2.5 万、1∶5 万、1∶10 万为中比例尺；称 1∶20 万、1∶50 万、1∶100 万为小比例尺。1∶1 万、1∶2.5 万、1∶5 万、1∶10 万、1∶20 万、1∶50 万和 1∶100 万 7 种比例尺地形图为国家基本地形图，它们是按国家统一颁发的规范和图式符号制作的。不同比例的地形图有不同的用处。如 1∶10000 和 1∶5000 地形图为基本比例尺地形图，是国民经济建设部门进行总体规划、设计的一项重要依据，也是编制其他更小比例尺地形图的基础。1∶2000 比例尺地形图常用于城市详细规划及工程项目初步设计。1∶1000 和 1∶500 比例尺地形图，主要供各种工程建设的技术设计、施工设计和工业企业的详细规划使用等，见表 1-2。

表 1-2　测图比例尺选用

比例尺	用　途
1∶5000	可行性研究、总体规划、厂址选择、初步设计等
1∶2000	可行性研究、初步设计、矿山总图管理、城镇详细规划等
1∶1000	初步设计、施工图设计；城镇、工矿总图管理；竣工验收等
1∶500	

注：1. 对于精度要求较低的专用地形图，可按小一级比例尺地形图的规定进行测绘或利用小一级比例尺地形图放大成图。

　　2. 对于局部实测大于 1∶500 比例尺的地形图，除另有要求外，可按 1∶500 地形图测量的要求执行。

四、地形图图外注记

为了图纸管理和使用的方便，在地形图的图框外有许多注记，如图名、图号、接图表、图廓、坐标格网、三北方向线等。

1. 地形图的图名

每幅地形图都应标注图名，图名即本幅图的名称。通常以图幅内最著名的地名、厂矿企业或村庄的名称作为图名。图名一般标注在地形图北图廓外上方中央。如图 1-3 所示，图名为"西三庄"。

2. 地形图的图号

为了区别各幅地形图所在的位置，每幅地形图上都编有图号。图号就是该图幅相应分幅方法的编号，标注在北图廓上方的中央、图名的下方。如图 1-3 所示，图号为 3510.0 ～ 220.0，它由左下角纵、横坐标组成。

3. 接图表与图外文字说明

为便于查找、使用地形图，在每幅地形图的左上角都附有相应的图幅接图表，用于说明本图幅与相邻八个方向图幅位置的相邻关系。

文字说明是了解图件来源和成图方法的重要的资料。通常在图的下方或左、右两侧注有文字说明，内容包括测图日期、坐标系、高程基准、测量员、绘图员和检查员等。在图的右上角标注图纸的密级。

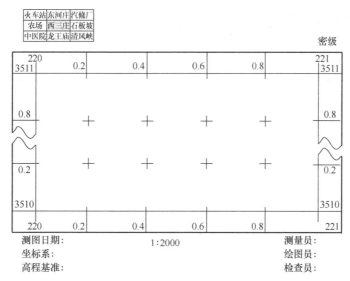

图 1-3　图名、图号、接图表

4. 图廓与坐标格网

图廓是地形图的边界，正方形图廓只有内、外图廓之分。内图廓为直角坐标格网线，外图廓用较粗的实线描绘。外图廓与内图廓之间的短线用来标记坐标值。左下角的纵坐标为 3510.0km，横坐标为 220.0km。

由经纬线分幅的地形图，内图廓呈梯形。西图廓经线为东经 128°45′，南图廓纬线为北纬 46°50′，两线的交点为图廓点。内图廓与外图廓之间绘有黑白相间的分度带，每段黑白线长表示经纬差 1′。连接东西、南北相对应的分度带值便得到大地坐标格网，可供图解点位的地理坐标用。分度带与内图廓之间注记了以 km 为单位的高斯平面直角坐标值。图 1-4 左下角从赤道起算的 5189km 为纵坐标，其余的 90、91 等省去了前面两位 51 的公里数。横坐标为 22482km，其中 22 为该图所在的投影带号，482km 为该纵线的横坐标值。纵横线构成了公里格网。在四边的外图廓与分度带之间注有相邻接图号，供接边查用。

五、地形图的分幅和编号

为便于测绘、管理和使用地形图，需要将大面积的各种比例尺的地形图进行统一的分幅和编号。分幅就是将大面积的地形图按照不同比例尺划分成若干幅小区域的图幅。编号就是将划分的图幅，按比例尺大小和所在的位置，用文字符号和数字符号进行编号。地形图分幅和编号的方法分为两类，一类是按经纬线分幅的梯形分幅法（又称为国际分幅），另一类是按坐标格网分幅的矩形分幅法。国家基本比例尺地形图均采用梯形分幅法，矩形分幅主要运用于工程建设大比例尺地形图。

1. 地形图的梯形分幅和编号

梯形分幅编号法有两种形式，一种是 1990 年以前地形图分幅编号标准产生的，称为旧分幅与编号；另一种是 1990 年以后新的国家地形图分幅编号标准产生的，称为新分幅与编号。

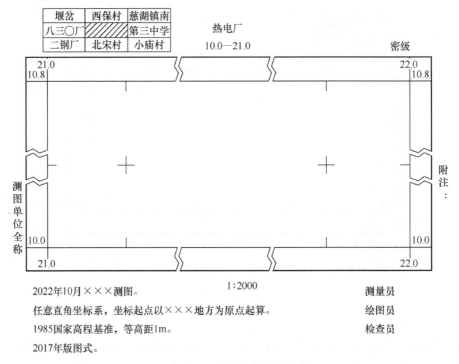

堰岔	西保村	慈湖镇南
八三〇厂	////////	第三中学
二钢厂	北宋村	小庙村

热电厂
10.0—21.0

密级

2022年10月×××测图。

任意直角坐标系，坐标起点以×××地方为原点起算。

1985国家高程基准，等高距1m。

2017年版图式。

测量员

绘图员

检查员

图 1-4　地形图图廓示例

（1）国际分幅法

1）国际 1∶100 万比例尺地形图的分幅与编号。

全球 1∶100 万的地形图实行统一的分幅与编号其是其余各种比例尺图梯形分幅的基础。将整个地球表面自 180° 子午线由西向东起算，按经差每隔 6° 划分纵行，全球共 60 纵行，用阿拉伯数字 1～60 表示。同时从赤道起分别向南、向北按纬差 4° 划分成 22 横列，以大写拉丁字母 A，B，…，V 表示。任一幅 1∶100 万比例尺地形图的大小就是由纬差 4° 的两纬线和经差 6° 的两经线所围成的面积，每一幅图的编号由其所在的"横列—纵行"的代号组成。例如，某处的经度为 114°30′18″、纬度为 38°16′08″，则其所在图幅的编号为 J-50，如图 1-5 所示。为了说明该图幅位于北半球还是南半球，应在编号前附加一个 N（北）或 S（南）字母，由于我国国土均位于北半球，故 N 字母省略。如海南所在 1∶100 万图在第 5 行，第 49 列，其编号为 E-49。

在 1∶100 万图上，按经差 3° 纬差 2° 分成 4 幅 1∶50 万地形图，编为 A、B、C、D，如 E-49-A；按经差 1°30′ 纬差 1° 分成 16 幅 1∶25 万地形图，编为 [1]～[16]，如 E-49-[1]；按经差 30′ 纬差 20′ 分成 144 幅 1∶10 万地形图，编为 12，…，144，如 E-49-1。既后三种比例尺各自独立地与 1∶100 万地图的图号联系。

在 1∶10 万图上，每经差 15′ 纬差 10′ 分成 4 幅 1∶5 万地形图，编为 A、B、C、D，如 E-49-1-A。

在 1∶5 万图上，每经差 7′30″ 纬差 5′ 分成 4 幅 1∶2.5 万地形图，编为 1、2、3、4，如 E-49-1-A-1。

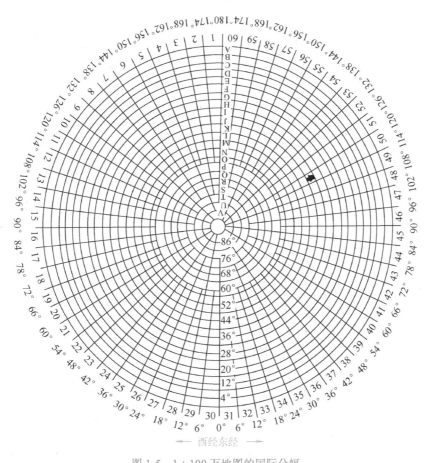

图1-5 1∶100万地图的国际分幅

在1∶10万图上，每经差3′45″纬差2′30″分成64幅1∶1万地形图，编为（1），…，（64），如E-49-1-A-（1）。

在1∶1万图上，每经差1′52″纬差1′15″分成4幅1∶5000地形图，编为a、b、c、d，如E-49-1-A-（1）-a。

新图号：第1位是1∶100万图幅行号；第2～3位是1∶100万图幅列号；第4位是比例尺代码；第5～7位是图幅行号；第8～10位是图幅列号。

2）1∶50万、1∶20万、1∶10万比例尺图的分幅与编号。每幅1∶100万图划分为4幅1∶50万图，以A、B、C、D表示。如某地在1∶50万图的编号为J-50-C，如图1-6所示。每幅1∶100万图又可划分为36幅1∶20万图，分别用[1]，[2]，…，[36]表示。如某地所在1∶20万图的编号为J-50-[13]。每幅1∶100万图还可划分为144幅1∶10万图，分别以1，2，…，144表示。如某地所在1∶10万图的编号为J-50-62，如图1-7所示。

3）1∶5万、1∶2.5万、1∶1万比例尺图的分幅与编号。

1∶5万、1∶2.5万、1∶1万比例尺图的分幅与编号直接在1∶10万图的基础上进行。按梯形分幅的各种比例尺图的划分及编号见表1-3。

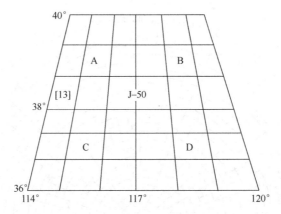

图 1-6　1 : 50 万及 1 : 20 万图分幅

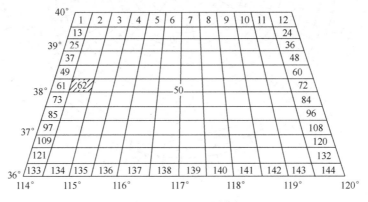

图 1-7　1 : 10 万图分幅

表 1-3　按梯形分幅的各种比例尺图的划分及编号

比例尺	图幅大小		分幅代号	某地的图号
	经差	纬差		
1 : 100 万	6°	4°	横行 A, B, C, …, V 纵列 1, 2, 3, …, 60	J-50
1 : 50 万	3°	2°	A, B, C, D	J-50-C
1 : 20 万	1°	40′	[1], [2], [3], …, [36]	J-50-[15]
1 : 10 万	30′	20′	1, 2, 3, …, 144	J-50-92
1 : 5 万	15′	10′	A, B, C, D	J-50-92-A
1 : 2.5 万	7′30″	5′	1, 2, 3, 4	J-50-92-A-2
1 : 1 万	3′45″	2′30″	(1), (2), (3), …, (64)	J-50-92-（3）
1 : 5000	1′52.5″	1′15″	a、b、c、d	J-50-92-（3）-d
1 : 2000	37.5″	25″	1, 2, 3, …, 9	J-50-92-（3）-d-2

如图 1-8 所示每幅 1 : 10 万图可划分为 4 幅 1 : 5 万图，在 1 : 10 万图的图号后加上各自的代号 A、B、C、D。如某处所在 1 : 5 万图的编号为 J–50–62–A。每幅 1 : 5 万图四等分，得 1 : 2.5 万图，分别用 1、2、3、4 编号，如某地在 1 : 2.5 万的图幅为 J–50–62–1。每幅 1 : 10 万图按经、纬差 8 等分，成为 64 幅 1 : 1 万图，以（1），（2），…，（64）编号，如某地在 1 : 1 万图幅为 J–50–62–（9），如图 1-9 所示。

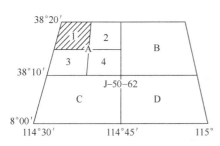

图 1-8 1 : 5 万及 1 : 2.5 万图分幅

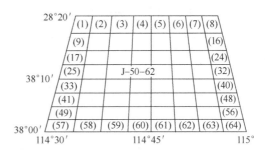

图 1-9 1 : 1 万图分幅

4）1 : 5000 比例尺图的分幅与编号。

每幅 1 : 1 万图分成 4 幅 1 : 5000 的图，并在 1 : 1 万图的图号后写各自代号 a、b、c、d 作为编号。如某地在 1 : 5000 梯形分幅图号为 J–50–62–（9）–c。

各种比例尺地形图图幅编号计算公式：

① 1 : 100 万 $n_{100}=[\Phi/4]+1$，$m_{100}=[\lambda/6]+31$，适用于 0° ～ 180° 的经度范围。

② 1 : 50 万 $X_{50}=3-2[2(\Phi/4)]+2(\lambda/6)]$

③ 1 : 20 万 $X_{20}=31-6[6(\Phi/4)]+[6(\lambda/6)]$

④ 1 : 10 万 $X_{10}=133-12[12(\Phi/4)]+[12(\lambda/6)]$

⑤ 1 : 5 万 $X_5=3-2[2(3\Phi)]+[2(2\lambda)]$

⑥ 1 : 2.5 万 $X_{2.5}=3-2[2(6\Phi)]+[2(4\lambda)]$

⑦ 1 : 10000 $X_1=57-8[8(3\Phi)]+[8(2\lambda)]$

⑧ 1 : 5000 $X_{0.5}=3-2[2(24\Phi)]+[2(16\lambda)]$

⑨ 1 : 2000 $X_{0.2}=7-3[3(48\Phi)]+[3(32\lambda)]$

式中 λ、Φ——以度表示的某点的经、纬度；

   X_i——某一比例尺地形图分幅的序号；

   （ ）——表示只取小数部分，如（7.82）=0.82；

   [ ]——表示只取整数部分，如 [6.95]=6。

在 1 : 100 万图幅的基础上划分的其他比例尺的图幅与编号方法，如图 1-10 所示。

（2）国家基本比例尺地形图的分幅与编号方法

我国 2012 年 6 月发布了《国家基本比例尺地形图分幅和编号》（GB/T 13989—2012）的国家标准，自 2012 年 10 月起实施。新测和更新的基本比例尺地形图，均须按照此标准进行分幅和编号。新的分幅编号对照以前有以下特点：

① 1 : 5000 地形图列入国家基本比例尺地形图系列，使基本比例尺地形图增至 8 种。

② 分幅虽仍以 1 : 100 万地形图为基础，经纬差也没有改变，但划分的方法不同，即全部以 1 : 100 万地形图为基础加密划分而成。

③编号仍以1：100万地形图编号为基础，后接比例尺的代码，再接相应比例尺图幅的行（纬）、列（经）所对应的代码。因此，所有1：5000万～1：50万地形图的图号均由五个元素10位代码组成。

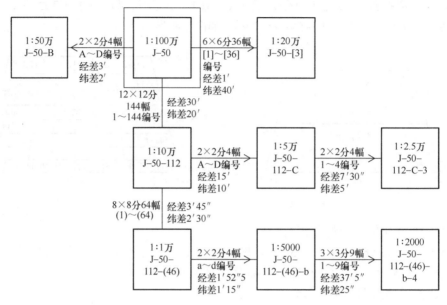

图1-10　地图国际分幅法分幅框图

1）分幅。1：100万的地形图的分幅按照国际1：100万地形图分幅的标准进行，其他比例尺以1：100万为基础分幅，1幅1：100万的地形图分成其他比例尺的地形图的情况，见表1-4。

表1-4　1：100万的地形图分成其他比例尺的地形图的情况

比例尺	1：100万	1：50万	1：25万	1：10万	1：5万	1：2.5万	1：1万	1：5000
×	1×1	2×2	4×4	12×12	24×24	48×48	96×96	192×192
图幅数	1	4	16	144	576	2304	9216	36864
经差	6°	3°	1°30′	30′	15′	7′30″	3′45″	1′52.5″
纬差	4°	2°	1°	10′	10′	5′	2′30″	1′15″

2）编号。1：100万地形图的编号与国际分幅编号一致，只是行和列的称谓相反。1：100万地形图的图号是由该图所在的行号（字符码）和列号（数字码）组合而成，中间不再加连字符。如北京所在1：100万地形图的图号为J50。

1：50万～1：5000比例尺地形图的编号均由五个元素（五节）10位代码构成，即1：100万地形图的行号（第一节字符码1位），列号（第二节数字码2位），比例尺代码（第三节字符码1位），该图幅的行号（第四节数字码3位），列号（第五节数字码3位），共10位。见表1-5。

表 1-5　10 位代码的构成

字符码 1 位	数字码 2 位	字符码 1 位	数字码 3 位	数字码 3 位
英文字符 纬行代码	2 位阿拉伯数字 经列代码	英文字符 比例尺代码	3 位阿拉伯数字 行代码	3 位阿拉伯数 列代码

手工计算方法如下：

① 据公式。

$$\left.\begin{array}{l} 横列号 = \dfrac{纬度}{4°}(整商)+1\;数字与英文字符顺序对应 \\[3mm] 纵行号 = \dfrac{东经度}{6°}(整商)+31\;或者 = \dfrac{180°-西经度}{6°}(整商)+1 \end{array}\right\} \qquad (1\text{-}4)$$

可计算出第一节字符码和第二节数字码，由此可算得相应 1：100 万图幅左上角的起算纬度 $\Phi_根$ 和起算经度 $\lambda_根$：

$$起算纬度 \quad \Phi_根 = 行序号 \times 4°$$

$$起算经度 \quad \lambda_根 = (列序号 - 31) \times 6° \qquad (1\text{-}5)$$

② 按比例尺选择第三节比例尺的代码，见表 1-6，而后根据比例尺查得与比例尺相应图幅的纬差 Φ_0 和经差 λ_0。

表 1-6　各种比例尺的比例尺代码及图幅所含的纬差和经差

比例尺	1：50 万	1：25 万	1：10 万	1：5 万	1：2.5 万	1：1 万	1：5000
比例尺代码	B	C	D	E	F	G	H

③ 计算与比例尺相应的第四节行代码，计算方法：

$$行代码 = \left|\dfrac{\Phi_根 - 纬度\,\Phi}{\Phi_0}\right|_{整商} + 1\;(不足三位向前补零) \qquad (1\text{-}6)$$

④ 计算与比例尺相应的第五节列代码，计算方法：

$$列代码 = \left|\dfrac{经度\,\lambda - \lambda_根}{\lambda_0}\right|_{整商} + 1\;(不足三位向前补零) \qquad (1\text{-}7)$$

2. 矩形分幅和编号

用于各种建筑工程的大比例地形图，一般采用矩形分幅，矩形分幅有正方形分幅和长方形分幅两种，即以平面直角坐标的纵、横坐标线来划分图幅，使图廓呈长方形或正方形，图幅一般为 50cm×50cm 或 40cm×50cm。矩形分幅及面积，见表 1-7。

表 1-7　矩形分幅及面积

比例尺	长方形分幅（50×40）		正方形分幅（50×50）		
	图幅大小 /（cm×cm）	实地面积 /（km×km）	图幅大小 /（cm×cm）	实地面积 /（km×km）	分幅数
1：5000	50×40	5	40×40	4	1
1：2000	50×40	0.8	50×50	1	4
1：1000	50×40	0.2	50×50	0.25	16
1：500	50×40	0.05	50×50	0.0625	64

一幅1：5000的地形图分成四幅1：2000的图；一幅1：2000的地形图分成四幅1：1000的地形图；一幅1：1000的地形图分成四幅1：500的地形图，如图1-11所示。

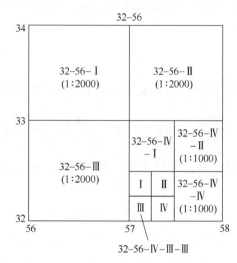

图 1-11　矩形分幅

图幅的编号一般采用坐标编号法，一般采用该图幅西南角的 x 坐标和 y 坐标以 km 为单位，之间用连字符连接。如一图幅，其西南角坐标为 $x=32$km，$y=56$km，其编号为 32-56。编号时，1：5000 地形图，坐标取至 1km；1：2000、1：1000 地形图，坐标取至 0.1km；1：500 地形图，坐标取至 0.01km。例如，某幅 1：1000 地形图的西南角坐标为 $x=6230$km、$y=10$km，则其编号为 6230.0-10.0。

对于小面积测图，可采用其他方法进行编号。例如，按行列式或按自然序数法编号。对于较大测区，测区内有多种测图比例尺时，应进行系统编号。

六、地形图图示

为了便于测图和用图，将实地的地物和地貌在图上表示出来所使用的各种符号，称为地形图图示。

1. 地物符号

地物符号是地形图上表示地物类别、形状、大小及位置的符号。一般分为两类，一类是自然地物，如河流、湖泊等；另一类为人工地物，如房屋、道路、管线等。地物的类别、大小、形状及其在图上的位置，都是按规定的地物符号和要求表示的。列举了一些地物符号，这些符号摘自《国家基本比例尺地图图式　第1部分：1：500、1：1000、1：2000 地形图图式》（GB/T 20257.1—2017）。表 1-8 中各符号旁的数字表示该符号的尺寸，以 mm 为单位。根据地物形状大小和描绘方法的不同，地物符号可分为以下几种：

表 1-8　地形图图式（部分）

编号	符号名称	符号式样 1:500	符号式样 1:1000	符号式样 1:2000	编号	符号名称	符号式样 1:500	符号式样 1:1000	符号式样 1:2000
1	测量控制点				2.13	涵洞 a.依比例尺的；b.半依比例尺的			
1.1	三角点		3.0 △ 张湾岭/156.718		2.16	池塘			
1.3	导线点		2.0 ⊙ I16/84.46		2.37	堤：a.依比例尺的堤顶宽；24.5——堤顶高程		24.5	
1.4	埋石图根点		2.0 ⊡ 12/275.46		3	居民地及设施			
1.5	不埋石图根点		2.0 ⊡ 19/84.47		3.1	单幢房屋：b.有地下室的；c.突出房屋		混3-2 28	
1.6	水准点 II——等级		2.0 ⊗ II京石5/32.805		3.10	露天采掘场，乱掘地		石 土	
1.7	卫星定位等级点		3.0 △ B14/495.263		3.33	饲养、打谷、贮草、贮煤、水泥预制场		谷	
2	水系				3.41	学校			2.5 文
2.1	地面河流：a.岸线；b.高水位岸线；清江——河流名称				3.42	医疗点			2.8 ✚
2.7	沟堑：a.已加固的；b.未加固的；2.6——比高								
2.9	地下渠道，暗渠 a.竖井								

（续）

编号	符号名称	符号式样 1:500	符号式样 1:1000	符号式样 1:2000
3.43	体育、科技、博物馆、展览馆		混凝土5料 ──:=0.6	
3.44	宾馆、饭店		混凝土5 Ⓗ	
3.45	商场、超市		混凝土4 Ⓜ	
3.46	剧院、电影院		混凝土2	
3.47	露天体育场、网球场、运动场：a.看台的；a1.主席台；a2.门洞		工人体育场	
3.59	坟地、公墓			
3.87	围墙：b.不依比例尺的			
3.91	铁丝网、电网			
3.109	宣传橱窗、广告牌：a.多柱的；b.单柱的	a 1.0──= 2.0	b 3.0	
3.110	喷水池			
3.111	假石山			
4	交通			
4.4	高速公路：a.临时停车点；b.隔离带	0.4 b 0.4	a	
4.5	国道：b.二至四级公路	b	② (G301)	
4.6	省道：b.二至四级公路	b	② (S301)	
4.9	地铁：a.地面下的	1.0──= a 8.0 2.0		

项目
1

编号	名称	符号
4.15	内部道路	(1.0 / 1.0 / 0.2 / 0.3)
4.18	乡村路：依比例尺；不依比例尺	(4.0 / 8.0 / 1.0 / 2.0)
4.22	加油站、加气站	油 气
4.23	停车场	⒫ (3.3)
4.24	街道信号灯：a.车道；b.人行道	a 1.0 / 1.3 / 1.6 / 3.6 / b / 1.6
4.29	过街天桥、地下通道：a.天桥	a / b
6	境界	

编号	名称	符号
3.92	地类界	(1.6 / 0.3)
3.96	门顶、雨罩：a.门顶	a (1.0 / 0.5)
3.97	阳台	砖5 (2.0 / 1.0)
3.98	檐廊、挑廊：a.檐廊；b.挑廊	a 混凝土4 (1.0 / 2.0 / 0.5); b 混凝土4 (2.0 / 1.0)
3.101	台阶	0.6 / 1.0 / 1.0
3.106	路灯	
3.107	照射灯：a.杆式	a (1.6 / 4.0)

（续）

编号	符号名称	符号式样		
		1：500	1：1000	1：2000
6.1	国界：a.已定界、界碑（桩）及编号			
6.2	省界：a.定界；c.界标			
7	地貌			
7.3	高程点及其注记			
8	植被与土质			
8.1	稻田：a.田埂			

编号	符号名称	符号式样		
		1：500	1：1000	1：2000
8.2	旱地			
8.15	行树：a.乔木；b.灌木			
8.16	独立树：a.阔叶			
9	注记			
9.3	地理名称：江、河、运河、渠、湖、水库等			
9.3.1		鸣翠湖　黄河 左斜宋体 （字高2.5、3.0、3.5、4.5、5.0、6.0可选）		

（1）比例符号

地物的形状和大小均按测图比例尺缩小，并用规定的符号绘在图纸上，这种地物符号称为比例符号。如房屋、湖泊、农田、森林等。

（2）非比例符号

轮廓较小的地物，无法将其形状和大小按比例缩绘到图上，而采用相应的规定符号表示，这种符号称为非比例符号。非比例符号只能表示物体的位置和类别，不能用来确定物体的尺寸。非比例符号的中心位置与地物实际的中心位置随地物的不同而异，在测图和用图时注意以下几点：

1）规则几何图形符号，如圆形、三角形或正方形等，以图形几何中心代表实地地物中心位置，如水准点、三角点、钻孔等。

2）宽底符号，如烟囱、水塔等，以符号底部中心点作为地物的中心位置。

3）底部为直角形的符号，如独立树、风车、路标等，以符号的直角顶点代表地物中心位置。

4）几种几何图形组合成的符号，如气象站、消火栓等，以符号下方图形的几何中心代表地物中心位置。

5）下方没有底线的符号，如亭、窑洞等，以符号下方两端点连线的中心点代表实地地物的中心位置。

（3）半比例符号

地物的长度可按比例尺缩绘，而宽度按规定尺寸绘出，这种符号称为半比例符号。用半比例符号表示的地物都是一些带状地物，如管线、公路、铁路、围墙、通信线路等。

（4）地物注记

地形图上对一些地物的性质、名称等加以注记和说明的文字、数字或特定的符号，称为地物注记，例如房屋的层数，河流的名称、流向、深度，工厂、村庄的名称，控制点的点号、高程，地面的植被种类等。

比例符号、半比例符号及非比例符号在使用时不是固定不变的，同一地物，在大比例尺图上采用比例符号，而在中小比例尺上可能采用非比例的符号或半比例符号。

2. 地貌符号

地貌是指地表面的高低起伏状态，如山地、丘陵和平原等。地貌的表示方法很多，大比例尺地形图中常用等高线表示地貌。用等高线表示地貌不仅能表示出地面的高低起伏状态，且可根据它求得地面的坡度和高程等。

（1）等高线

1）等高线定义。等高线是地面上相同高程的相邻各点连成的闭合曲线，即设想水准面与地表面相交形成的闭合曲线。

如图 1-12 所示，设想有一座高出水面的小山，与某一静止的水面相交形成的水涯线为一闭合曲线，曲线的形状随小山与水面相交的位置而定，曲线上各点的高程相等。例如，当水面高为 100m 时，曲线上任一点的高程均为 100m；若水位继续升高至 110m、120m，则水涯线的高程分别为 110m、120m。将这些水涯线垂直投影到水平面 H 上，并按一定的比例尺缩绘在图纸上，这就将小山用等高线表示在地形图上了。这些等高线的形状和高程，客观地显示了小山的空间形态。

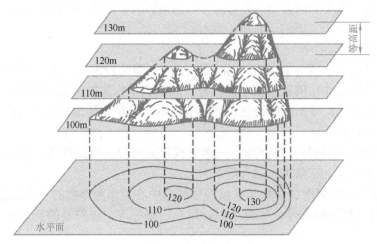

图 1-12　等高线的概念

2）等高距与等高线平距。相邻等高线之间的高差称为等高距或等高线间隔，通常用
A 表示。在同一幅地形图上，等高距是相同的。相邻等高线之间的水平距离称为等高线平
距，常以 d 表示。由于同一幅地形图中等高距是相同的，所以等高线平距 d 的大小与地面
的坡度有关。如图 1-13 所示，地面上 BC 段的坡度小于 AB 段，其等高线平距 d_3 大于 AB
段等高线平距 d_2；相反，地面上 BC 段的坡度小于 CD 段，其等高线平距 d_3 大于 CD 段等
高线平距 d_4。也就是说等高线平距越小，地面坡度越大；平距越大，则坡度越小；平距
相等，则坡度相同。由此可见，根据地形图上等高线的疏、密可判定地面坡度的缓、陡。

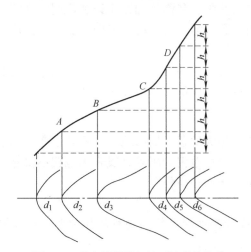

图 1-13　等高线平距与地面坡度的关系

对于同一比例尺测图，选择等高距过小，会成倍地增加测绘工作量。对于山区，有时
会因等高线过密而影响地形图的清晰。等高距的选择，应该根据地形类型和比例尺大小，
并按照相应的规范执行，见表 1-9。

表 1-9　地形图的基本等高距 h　　　　　　　　　　　　　　　　　　　（单位：m）

比例尺	地形类别			
	平地	丘陵地	山地	高山地
1：500	0.5	0.5	0.5 或 1.0	1.0
1：1000	0.5	0.5 或 1.0	1.0	1.0 或 2.0
1：2000	0.5 或 1.0	1.0	2.0	2.0

3）典型地貌的等高线。地貌形态繁多，通过仔细研究和分析就会发现它们是由几种典型的地貌综合而成的。了解和熟悉用等高线表示典型地貌的特征，有助于识读、应用和测绘地形图。

① 山头和洼地的等高线，都是一组闭合曲线。山头等高线特点是内圈等高线的高程大于外圈。洼地等高线特点是内圈等高线的高程小于外圈。另外，如果等高线上没有高程注记，可以用示坡线表示。示坡线是一条垂直于等高线而指示坡度降落方向的短线。如图 1-14 所示，示坡线从内圈指向外圈，说明中间高、四周低，为山头。如图 1-15 所示，示坡线从外圈指向内圈，说明中间低、四周高，为洼地。

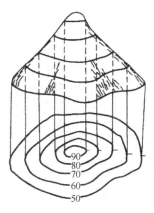

图 1-14　山头的等高线

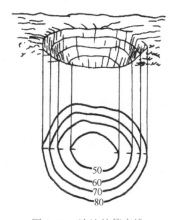

图 1-15　洼地的等高线

② 山脊和山谷的等高线：山脊的等高线是一组凸向低处的曲线，如图 1-16 所示。各条曲线方向改变处的连接线（图中点划线）即为山脊线（又名分水线）。山谷的等高线是一组凸向高处的曲线，如图 1-17 所示，各条曲线方向改变处的连线（图中虚线）即为山谷线（又名集水线）。在地区规划及建筑工程设计时，均要考虑到地面的水流方向、分水线、集水线等问题。因此，山脊线和山谷线在地形图测绘和地形图应用中具有重要的意义。山脊和山谷的两侧为山坡，山坡近似于一个倾斜平面，因此山坡的等高线近似于一组平行线。

③ 鞍部的等高线。典型的鞍部是在相对的两个山脊和山谷的汇聚处，如图 1-18 所示。它的等高线特点是一圈大的闭合曲线内套有两组小的闭合曲线，左右两侧是相对称的两组山脊线和两组山谷线。鞍部在山区道路的选用中是一个关键点，越岭道路常需经过鞍部。

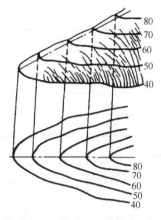

图 1-16 山脊的等高线和山脊线

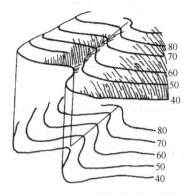

图 1-17 山谷的等高线和山谷线

④ 绝壁和悬崖符号。绝壁又称为陡崖，坡度一般大于 70°。因其等高线较密集，故采用陡崖符号表示，如图 1-19 所示，在地形图上近乎直立的绝壁，一般用锯齿形的断崖符号表示。

悬崖为上部突出、下部凹进的绝壁。其等高线会相交，下部凹进的等高线用虚线表示。如图 1-20 所示。

还有某些特殊地貌，如冲沟、滑坡等，其表示方法参见地形图图示。

掌握上述典型地貌用等高线表示的方法以后，就基本能认识地形图上复杂的地貌。某一地区综合地貌及其等高线地形图，如图 1-21 所示。

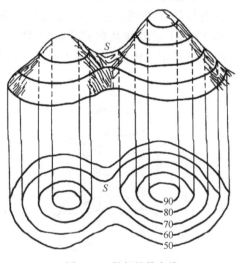

图 1-18 鞍部的等高线

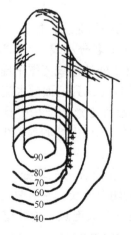

图 1-19 绝壁的等高线

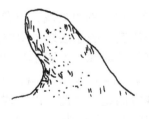

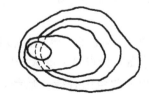

图 1-20 悬崖的等高线

4）等高线的分类。地形图中的等高线主要有首曲线和计曲线，有时也用间曲线和助曲线。

① 首曲线，也称为基本等高线，是指从高程基准面起算，按规定的基本等高距描绘的等高线用宽度为 0.15mm 的细实线表示。

② 计曲线，从高程基准面起算，每隔四条首曲线有一条加粗的等高线，称为计曲线。为了读图方便，计曲线用加粗的等高线表示并注出高程。

③ 助曲线。当首曲线不足以显示局部地貌特征时，按 1/2 基本等高距所加绘的等高线，称为助曲线（又称为半距等高线），用长虚线表示。

④ 间曲线。当首曲线不足以显示局部地貌特征时，按 1/4 基本等高距所加绘的等高线，称为间曲线（又称为辅助等高线），用短虚线表示。

图 1-21　综合地貌及其等高线表示

5）等高线的特性。为了掌握用等高线表示地貌时的规律性，现将等高线的特性归纳如下：

① 同一条等高线上各点高程均相等。

② 等高线是一条闭合曲线，如不在本图幅内闭合，则在相邻的其他图幅内闭合。

③ 除悬崖、陡峭外，不同高程的等高线不能相交。

④ 山脊与山谷的等高线分别与山脊线与山谷线成正交关系，即等高线与山脊线或山谷线的交点作等高线的切线，始终与山脊线与山谷线垂直。

⑤ 在同一幅图内，等高线平距的大小与地面坡度成反比。平距大，地面坡度缓，平距小，则地面剖度陡；平距相等，则坡度相同。倾斜地面上的等高线是间距相等的平行直线。

3. 接图表

说明本图幅与相邻图幅的关系，供索取相邻图幅时使用。通常是中间一格画有斜线的代表本图幅，四邻分别注明相应的图号或图名，并绘注在图廓的左上方。此外，除了接图表外，有些地形图还把相邻图幅的图号分别注在东、西、南、北图廓线中间，进一步表明与四邻图幅的相互关系。

4. 图廓和坐标格网线

图廓是图幅四周的范围线，它有内图廓和外图廓之分。内图廓是地形图分幅时的坐标格网或经纬线。外图廓是距内图廓以外一定距离绘制的加粗平行线，仅起装饰作用。在内图廓外四角处注有坐标值，并在内图廓线内侧，每隔 10cm 绘有 5mm 的短线，表示坐标格网线的位置。在图幅内绘有间隔 10cm 的坐标格网交叉点。

内图廓内的内容是地形图的主体信息，包括坐标格网或经纬网、地物符号、地貌符号和注记。比例尺大于 1∶10 万的地形图只绘制坐标格网。

外图廓以外的内容是为了充分反映地形图特性和用图的方便而布置在外图廓以外的各种说明、注记，统称为说明资料。在外图廓以外还有一些内容，如图示比例尺、三北方向、坡度尺等，是为了便于在地形图上进行量算而设置的各种图解，称为量图图解。

在内、外图廓间注记坐标格网线的坐标，或图廓角点的经纬度。在内图廓和分度带之间的注记为高斯平面直角坐标系的坐标值（以 km 为单位），由此形成该平面直角坐标系的公里格网。

如图 1-22 所示，直角坐标格网左起第二条纵线的纵坐标为 22482km。其中 22 是该图所在投影带的带号，该格网线实际上与 x 轴相距 482km–500km=–18km，即位于中央子午线以西 18km 处。该图中，南边的第一条横向格网线的 x=5189km，表示位于赤道（y轴）以北 5189km。

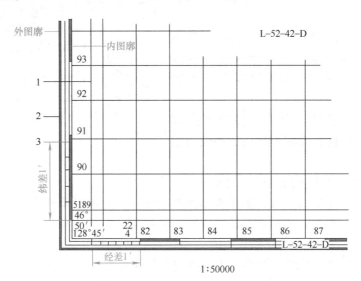

图 1-22　图廓及坐标格网

5. 成图方法

地形图成图的方法主要有三种：航空摄影成图、平板仪测量成图和野外数字测量成图。成图方法应标注在外图廓右下方。此外，地形图还应标注测绘单位、成图日期等，供日后用图时参考。

▶▶ 子任务2　学习地形图的识读方法 ◀◀

正确地识读地形图是一个工程技术人员必须具备的基本技能，要求其能将地形图上的各种注记、符号的含义准确的判读出来。在地形图识读时，一般按先图外后图内、先地物后地貌、先注记后符号、先主要后次要的顺序逐一识读。

1. 图外注记识读

首先了解该图的测绘年月及测绘单位，判定图的新旧，然后了解图的比例尺、图幅范围、坐标系统、高程系统、等高距及相邻图幅的关系等。

2. 地物识读

地形图识读的主要内容是地物识读。地物识读主要是根据地形图图式符号、注记来了解地物的分类和位置，因此熟悉地物符号是提高识读能力的关键。在识读地物时，可按以下几个方面来归类识读。

1）测量控制点。包括三角点、导线点、图根点、水准点等。

2）居民地。包括居住房屋、寺庙、学校等。

3）工矿企业建筑。包括矿井、石油井、加油站、变电室、燃料库、露天设备等，一般指国民经济建设的重要设施。

4）独立地物是判定方位、确定位置的重要标志，如纪念像、纪念碑、独立树、旗杆、水塔、宝塔、亭等。

5）道路。包括公路、铁路、涵洞、隧道、桥梁、高架桥、天桥、车站等。

6）管线和栅栏。管线主要包括各种电力线、通信线以及地上、地下的各种管线、检修井、阀门井等。指长城、砖石城墙、栅栏、围墙、篱笆等。

7）水系及其附属设施。包括河流、水库、沟渠、湖泊、渡口、拦水坝、码头等。

8）植被是覆盖在地表上的各种植物的总称。在地形图上可表示出植物分布、类别、面积等。包括树林、旱地、经济林、耕地等。

9）境界。包括国界、省界、县界、乡界。

10）地貌识读。地貌主要根据等高线来识读，由等高线的疏密程度及其变化情况判断地面坡度的变化、地势起伏的大体趋势，是否有山头、鞍部、山脊和山谷，其大致的走向如何等。还应熟悉特设地貌如陡崖、冲沟等的表示方法，这样对地形图上的整个地貌有个基本了解。

任务 2　应用地形图

地形图是包含丰富的自然地理、人文地理和社会经济信息的载体，是工程建设项目开展可行性研究的重要资料，是工程规划、设计和施工的重要依据。借助地形图可以了解自然和人文地理、社会经济等诸方面因素对工程建设的综合影响，使勘测、规划、设计能充分利用地形条件，优化设计和施工方案。在施工中，利用地形图可以获取施工所需的坐标、高程、方位角等数据和进行工程量的估算等工作。

子任务 1　地形图的基本应用

1. 确定图上任一点的高程

地形图上任一点的高程，可根据等高线及高程标记来确定，如图 1-23 所示，如果 A 点正好在等高线上，则其高程与所在的等高线高程相同。如所求点不在等高线上，则可过 B 点作一条大致垂直于相邻等高线的线段 mn，量取 mn 的长度，再量取 mB 的长度。B 点高程可通过等高线平距与高差成正比的原则用线性内插法来求得。

$$H_B = H_m + \frac{mB}{mn} \times h \qquad (1\text{-}8)$$

式中　h——等高距（单位：m）；

　　　H_m——m 点的高程。

在图上求某点的高程时，通常还可以采用目估法判断 mB 和 mn 的比例来确定 B 点的高程。如图目估高程：H_B=48.3m。

2. 确定图上任一点 A 的坐标

点的平面坐标可以利用地形图上的坐标格网的坐标值确定。

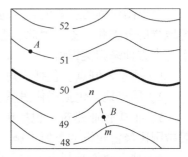

图 1-23　确定图上任一点的高程

在大比例地形图上画有 10cm×10cm 的坐标方格网，并在图廓西、南边上注有方格的纵横坐标值。如图 1-24 所示，要求 A 点的平面直角坐标，可先将 A 点所在坐标方格网用直线连接，得正方形 $abcd$，过 A 点分别作平行于 x 轴和 y 轴的两条直线 pq 和 fg，然后用分规截取 Af 和 Ap 的图上长度，在依比例尺算出 Af 和 Ap 的实地长度值。

则 A 点的坐标为

$$x_A = x_a + Ap \times M$$
$$y_a = y_a + Af \times M \qquad (1\text{-}9)$$

式中　M——地形图比例尺分母。

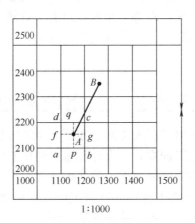

图 1-24　图上任一点 A 的坐标计算

【例 1-5】如图所示，量取：$Af = 0.0607m, Ap = 0.0486m$

则 $x_A = x_a + Ap \times 1000 = 2100m + 48.6m = 2148.6m$
$y_a = y_a + Af \times 1000 = 1100m + 60.7m = 1160.7m$

3. 确定图上两点间的距离

确定两点间的水平距离，可以用下面两种方法。

（1）直接量测

用卡规在图上直接卡出线段长度，再与图示比例尺比量，即可得其水平距离。也可以用刻有毫米的直尺量取图上长度 d_{AB}，并按比例尺（M 为比例尺分母）换算为实地水平距离，即

$$D_{AB}=d_{AB}\cdot M \tag{1-10}$$

（2）解析法

解析法即利用两点的坐标计算出两点间的距离。

若 A、B 不在同一幅图上，或要求精度高一些，可先求出两点的坐标，按下式计算两点间的距离 D_{AB}：

$$D_{AB}=\sqrt{(x_B-x_A)^2+(y_B-y_A)^2} \tag{1-11}$$

4. 确定图上两点间的坡度

如图 1-24 所示，在图上求得 A、B 两点间的高差 h_{AB} 与水平距离 D_{AB} 后，可按下式计算 A、B 直线的平均坡度 i_{AB}，即

$$i_{AB}=\frac{h_{AB}}{D_{AB}}=\frac{H_B-H_A}{D_{AB}} \tag{1-12}$$

式中　h_{AB}——A、B 两点间的高差；

　　　D_{AB}——A、B 两点间的实际水平距离。

例如：$h_{AB}=H_B-H_A=$（86.5–49.8）m=+36.7m，设 D_{AB}=876m，则 i_{AB}=+36.7/876=+0.04=+4%。

坡度一般用百分数或千分数表示。$i_{AB}>0$ 表示上坡；$i_{AB}<0$，表示下坡。若以坡度角表示，则

$$\alpha=\arctan\frac{h_{AB}}{D_{AB}} \tag{1-13}$$

应该注意到，当直线跨越多条等高线，且相邻等高线之间的平距不等时，则所求的坡度与实地坡度不完全一致。

5. 在图上设计规定坡度的线路

对管线、渠道、交通线路等工程进行初步设计时，通常先在地形图上选线。按照技术要求，选定的线路坡度不能超过规定的限制坡度，并且线路最短。

地形图的比例尺为 1∶2000，等高距为 2m。设需在该地形图上选出一条由车站 A 至某工地 B 的最短线路，并且在该线路任何处的坡度都不超 4%。

常见的做法是将两脚规在坡度尺上截取坡度为 4% 时相邻两等高线间的平距；也可以按下式计算相邻等高线间的最小平距（地形图上距离）：

$$d=\frac{h}{M\cdot i}=\frac{2}{2000\cdot 4\%}=25\text{mm}$$

然后，将两脚规的脚尖设置为 25mm，把一脚尖立在以点 A 为圆心上作弧，交另一等高线 1′ 点，再以 1′ 点为圆心，另一脚尖交相邻等高线 2′ 点，如此继续直到 B 点。这样，

由 A、1′、2′、3′ 至 B 连接的 AB 线路，即所选定的坡度不超过 4% 的最短线路。

如果平距 d 小于图上等高线间的平距，则说明该处地面最大坡度小于设计坡度，这时可以在两等高线间用垂线连接。此外，从 A 到 B 的线路可采用上述方法选择多条，例如，由 A、1″、2″、3″ 至 B 所确定的线路。最后选用哪条，则主要根据占用耕地、撤迁民房、施工难度及工程费用等因素决定。

▶▲ 子任务 2　绘制断面图 ▲◀

纵断面图是反映指定方向地面起伏变化的剖面图。在道路、管道等工程设计中，为进行填、挖土（石）方量的概算、合理确定线路的纵坡等，均需较详细地了解沿线路方向上的地面起伏变化情况，为此常根据大比例尺地形图的等高线绘制线路的纵断面图。

如图 1-25 所示的地形图，其比例尺是 1∶2000，等高线为 1m。欲沿 AC 路线绘制纵断面图。绘制方法如下：

1）绘制直角坐标系，横轴表示水平距离，纵轴表示高程。为了绘图方便，水平距离的比例尺一般选择与地形图相同；为了较明显地反映路线方向的地面起伏，以便在断面图上作竖向布置，取高程比例尺是水平距离比例尺的 10 倍或 20 倍。

2）设直线 AC 与等高线的交点分别为 1，2，3，…，12，分别以线段 $A1$，$A2$，$A3$，…，AC 为半径，在横轴上以 A 为起点，截得对应 1，2，3，…，C 点，即两图中同名线段一样长。

3）把 A，1，2，…，C 点的高程作为横轴上同名点的纵坐标值，这样就作出断面上的地面点，把这些点依次平滑地连接起来，就形成路线 AC 方向的断面图，如图 1-26 所示。

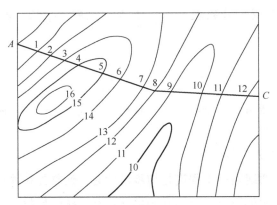

图 1-25　地形图 1∶2000

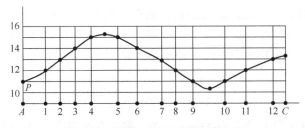

图 1-26　绘制已知方向线的纵断面图

断面图经过山脊和山谷的方向变换点，如4和5之间的最高点，9和10之间的最低点，其高程可按比例尺内插求得。

▶▲ 子任务3 量算面积 ◀◀

在规划设计中，往往需要测定某一地区或某一图形的面积。例如，林场面积、农田水利灌溉面积调查、土地面积规划、工业厂区面积计算等。

设图上面积为 $P_图$，则 $P_实 = P_图 \times M^2$，式中 $P_实$ 为实地面积，M 为比例尺分母。设图上面积为 10mm²，比例尺为 1:2000，则实地面积 $P_实 = 10 \times 2000^2 \div 10^6 = 40m^2$。求算图上某区域的面积 $P_图$，一般有以下几种方法：

1. 几何图形计算法

一个不规则的图形，如图 1-27 所示，可将平面图上描绘的区域分成三角形、梯形或平行四边形等最简单规则的图形，用直尺量出面积计算的元素，根据三角形、梯形等图形面积计算公式计算其面积，则各图形面积之和就是所要求的面积。

计算面积的一切数据，都是用图解法取自图上，因受图解精度的限制，此法测定面积的相对误差大约为 1/100。

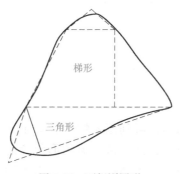

图 1-27　不规则图形

2. 用坐标解析法计算面积

在要求测定面积的方法具有较高精度，且图形为多边形，各顶点的坐标值为已知值时，可采用解析法计算面积。如图 1-28 所示，欲求四边形 1234 的面积，已知其顶点坐标为 1 $(x_1、y_1)$、2 $(x_2、y_2)$、3 $(x_3、y_3)$ 和 4 $(x_4、y_4)$。则其面积相当于相应梯形面积的代数和，多边形 1234 的面积等于梯形 122'1' 面积 $P_{122'1'}$ 与梯形 233'2' 面积 $P_{233'2'}$ 的之和减去梯形 144'1' 面积 $P_{144'1'}$ 与梯形 433'4' 面积之和。即

$$S_{1234} = S_{122'1'} + S_{233'2'} - S_{144'1'} - S_{433'4'}$$

$$= \frac{1}{2}\left[(x_1+x_2)(y_2-y_1) + (x_2+x_3)(y_3-y_2) - (x_1+x_4)(y_4-y_1) - (x_3+x_4)(y_3-y_4)\right]$$

整理得

$$S_{1234} = \frac{1}{2}\left[x_1(y_2-y_4) + x_2(y_3-y_1) + x_3(y_4-y_2) + x_4(y_1-y_3)\right]$$

对于 n 点多边形，其面积公式的一般式为

$$S = \frac{1}{2}\sum_{i=1}^{4} x_i(y_{i-1} - y_{i+1})$$ （1-14）

同理，可推导出 n 边形面积的坐标解析法计算公式为

$$S = \frac{1}{2}\sum_{i=1}^{n} x_i(y_{i-1} - y_{i+1})$$ （1-15）

式中　i——多边形各顶点的序号。当 $i=1$ 时，令 $i-1=n$；当 $i=n$ 时，$i+1$ 取 1。

采用以上两式计算多边形面积时，顶点 1，2，3，$\cdots$，n 是按逆时针方向编号；若顶点依顺时针编号，按上两式计算，其结果都与原结果绝对值相等，符号相反。

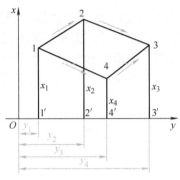

图 1-28　坐标解析法

3. 透明方格纸法

对于曲线包围的不规则图形，可利用绘制边长为 1mm 或 2mm 正方形格网的透明方格纸覆盖在图形上，然后数出该图形包含的整方格数和不完整的方格数，一般将不完整格作为半格计，从而算出图形在地形图上的面积，最后依据地形图的比例尺计算出图形的实地面积。

方格网法土方计算

如图 1-29 所示，先数整格数 n_1，再数不完整的方格数 n_2，则总方格数约为 $n_1 + \frac{1}{2}n_2$，然后计算其总面积 P。则

$$P = (n_1 + \frac{1}{2}n_2) \cdot S$$ （1-16）

式中　S 为一个小方格的面积。

4. 平行线法

先在透明纸上，画出间隔相等的平行线，如图 1-30 所示。为了计算方便，间隔距离取整数为好。将绘有平行线的透明纸覆盖在图形上，旋转平行线，使两条平行线与图形边缘相切，则相邻两平行线间截割的图形面积可全部看成是梯形，梯形的高为平行线间距 d，图形截割各平行线的长度为 l_1、l_2、$\dots$、l_n，则各梯形面积分别为

$$S_1 = 1/2 \times d \times (0 + l_1)$$
$$S_2 = 1/2 \times d \times (l_1 + l_2)$$
$$\vdots$$
$$S_n = 1/2 \times d \times (l_{n-1} + l_n)$$
$$S_{n+1} = 1/2 \times d \times (l_n + 0)$$

则总面积 S 为

$$S = S_1 + S_2 + \cdots + S_n + S_{n+1} = d \cdot \sum_{n=1}^{n} l_n$$

图形面积 S 等于平行线间距乘以梯形各中位线的总长。最后，再根据图的比例尺将其换算为实地面积为

$$S = d\Sigma l M^2 \tag{1-17}$$

式中 M——地形图的比例尺分母。

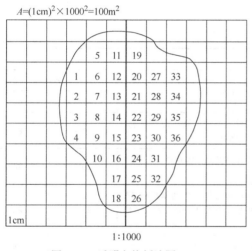

图 1-29 透明方格纸法图

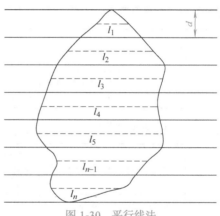

图 1-30 平行线法

【例 1-6】在 1:2000 比例尺的地形图上，量得各梯形上、下底平均值的总和 $\Sigma l = 876\text{mm}$、$d = 2\text{mm}$，求图形面积。

解：$S = d\Sigma l M^2 = (0.002 \times 0.876 \times 2000^2)\text{m}^2 = 7008\,\text{m}^2$

5. 用求积仪法

求积仪是一种专门用来量算图形面积的仪器。其优点是量算速度快，操作简便，适用于各种不同几何图形的面积量算而且能保持一定的精度要求。求积仪有机械求积仪和电子求积仪两种，在此仅介绍电子求积仪。

电子求积仪具有操作简便、功能全、精度高等特点，有定极式和动极式两种，现以 KP—90N 动极式电子求积仪为例说明其特点及其量测方法。

（1）构造

电子求积仪由三大部分组成：一是动极和动极轴，二是微型计算机，三是跟踪臂和跟

踪放大镜。

（2）特点

该仪器可进行面积累加测量、平均值测量和累加平均值测量，可选用不同的面积单位，还可通过计算器进行单位与比例尺的换算，同时可进行测量面积的存贮，精度可达1/500。

（3）测量方法

电子求积仪的测量方法如下：

将图纸水平固定在图板上，把跟踪放大镜放在图形中央，并使动极轴与跟踪臂成90°。

开机后，用"UNIT-1"和"UNIT-2"两功能键选择好单位，用"SCALE"键输入图的比例尺，并按"R-S"键，确认后，即可在欲测图形中心的左边周线上标明一个记号，作为量测的起始点。

然后按"START"键，蜂鸣器发出响声，显示"0"，用跟踪放大镜中心准确地沿着图形的边界线顺时针移动一周后回到起点，其显示值即为图形的实地面积。为了提高精度，对同一面积要重复测量三次以上，取其均值。

项目考核方案设计表

项目1	识读及应用地形图			
过程考核	考核项目及分值比例	评价标准	考核方式及单项权重	
			组员互评	教师评价
	地形图识读及应用的成果汇报与语言表达（80分）	汇报内容完整、表述清晰、语言流利，回答问题正确、熟练	20%	80%
	工作态度（5分）	纪律性好，主动积极，认真负责，勤学好问	20%	80%
	团队合作和协作（5分）	与小组成员和谐合作，主动承担分工，合理处理人际关系并能协助他人完成工作任务	20%	80%
	自主学习能力（10分）	能查阅书籍、规范自主学习		100%
总计	100分			

 思考与习题

一、简述题

1.什么是等高线、等高距和等高线平距？

2.等高线有哪些特性？

3.两地实地距离10km，在图上距离为5cm，计算该图的比例尺。

4.简述绘制线路断面图的基本方法与步骤。

二、计算题

图1-31是1:2000比例尺地形图的一部分。试求算：

（1）A，C两点的坐标和高程。

（2）AC 直线的长度和方位角。

（3）绘制 AB 方向的断面图。

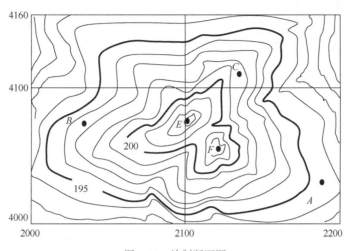

图 1-31　绘制断面图

项目 2　高程控制测量

工作任务 》》》

序号	工作任务	子任务
1	了解高程控制测量	—
2	学习高程控制测量方法	测量两点间高差
		测量等外水准
3	进行高程控制测量	三、四等水准测量
		测设标高
4	检验与校正水准仪	—
5	分析误差	—

任务目标 》》》

序号	知识目标	能力目标	素质目标	权重
1	掌握控制测量概念 掌握高程控制测量的分类	理解控制测量概念	培养学生求真务实、精益求精、勇于探索的创新精神和热爱祖国、忠诚事业、艰苦奋斗、无私奉献的测绘精神	0.1
2	掌握水准点布设方法 掌握水准路线的选择方法 掌握水准仪的使用、水准测量、内业计算方法	能够进行水准点的布设与水准路线的选择 能够熟练地使用水准仪进行高程的观测并进行水准测量内业的计算		0.4
3	掌握四等水准测量、计算方法	能够进行三、四等水准测量 能够进行三、四等水准测量的计算		0.3
4	了解水准仪检验、校正方法	能说出水准仪检验、校正步骤		0.1
5	掌握测量误差分析方法	能够进行水准测量误差分析		0.1
		总计		1.0

学前准备 》》》

仪器	图纸	任务单
水准仪、水准尺、尺垫	施工总平面图	两点间高差测量
		等外水准测量
		四等水准测量
		设计标高的测设
		水准仪检验与校正

在测量实训室，采用集中讲授、动态教学、分组讨论与实训等教学方法。

学前阅读 ≫≫≫

2020 年珠峰高程测量于 4 月 30 日正式启动，这是继 2005 年公布 8844.43m 的珠峰峰顶岩石面海拔高程后，我国时隔 15 年再测世界最高峰。珠峰高程测量的核心是精确测定珠穆朗玛峰高度，精确的峰顶雪深、气象和风速等数据，将为冰川监测、生态环境保护等方面的研究提供第一手资料。在我国多次开展的珠穆朗玛峰高程测量的壮丽进程中，一以贯之地凝聚着我国测绘工作者勇攀高峰的智慧和心血，坚持不懈地传承着测绘队伍挑战极限、理性探索的优良品格，百折不挠地形成了难能可贵的珠峰测量精神。

本项目主要学习高程控制测量，高程测量在实际工作中应用广泛，掌握高程测量相关技能也是测绘人员的基本功，学好本项目，要向珠峰测量队学习，秉承求真务实、精益求精的精神。

任务 1 了解高程控制测量

一、认识控制测量

测量的基本工作是确定地面上地物和地貌特征点的位置，即确定空间点的三维坐标。为保证测点的精度，减少误差积累，测量工作必须遵循"从整体到局部""由高级到低级""先整体后碎部"的组织原则。首先建立控制网，然后根据控制网进行碎部测量和测设。

由在测区内所选定的若干个控制点所构成的几何图形，称为控制网。控制网分为平面控制网和高程控制网两种。测定控制点平面位置（x、y）的工作称为平面控制测量，测定控制点高程（H）的工作称为高程控制测量。

在全国范围内建立的控制网，称为国家控制网。它是全国各种比例尺测图的基本控制网和工程建设的基本依据，并为确定地球的形状和大小提供研究资料。国家控制网是用精密测量仪器和方法，依照施测精度按一、二、三、四共 4 个等级建立的。

国家平面控制网主要布设成三角网，采用三角测量的方法。如图 2-1 所示，一等三角锁是国家平面控制网的骨干；二等三角网布设于一等三角锁环内，是国家平面控制网的全面基础；三、四等三角网为二等三角网的进一步加密。平面控制网的建立，除了三角测量还可用导线测量、GPS 测量（即全球定位系统）。GPS 测量能测定地面点的三维坐标，其具有全天候、高精度、自动化、高效率等显著特点。

国家高程控制网布设成水准网，采用精密水准测量的方法。如图 2-2 所示，一等水准网是国家高程控制网的骨干；二等水准网布设于一等水准环内，是国家高程控制网的全面基础；三、四等水准网为国家高程控制网的进一步加密。

在城市地区，为测绘大比例尺地形图、进行市政工程和建筑工程建设，在国家控制网的控制下而建立的控制网，称为城市控制网。国家控制网与城市控制网的测量工作，由测绘部门完成，成果资料可从有关测绘部门获得。

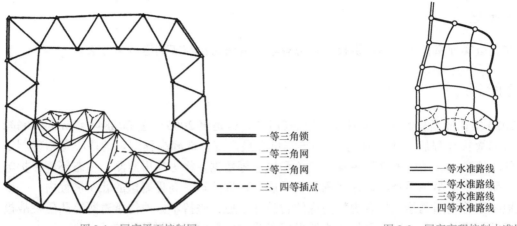

图 2-1　国家平面控制网　　　　　　　　　　图 2-2　国家高程控制水准网

　　城市平面控制网分为二、三、四等和一、二级小三角网，或一、二、三级导线网。最后，再布设直接为测绘大比例尺地形图所用的图根小三角和图根导线。

　　城市高程控制网分为二、三、四等，在四等以下再布设直接为测绘大比例尺地形图用的图根水准测量。

　　直接为地形测图使用的控制点，称为图根控制点，简称图根点。测定图根点位置的工作，称为图根控制测量。图根控制点的密度（含高级控制点），取决于测图比例尺和地形的复杂程度。平坦开阔地区图根点的密度见表 2-1；地形复杂地区、城市建筑密集区和山区，可适当加大图根点的密度。

表 2-1　图根点的密度

测图比例尺	1∶500	1∶1000	1∶2000	1∶5000
图根点密度（点 /km²）	150	50	15	5

　　在面积小于 15km² 范围内建立的控制网，称为小地区控制网。

　　建立小地区控制网时，应尽量与国家（或城市）已建立的高级控制网连测，将高级控制点的坐标和高程，作为小地区控制网的起算和校核数据。如果周围没有国家（或城市）控制点，或附近有国家控制点而不便连测时，可以建立独立控制网。此时，控制网的起算坐标和高程可自行假定，坐标方位角可用测区中央的磁方位角代替。

　　小地区平面控制网，应根据测区面积的大小按精度要求分级建立。在全测区范围内建立的精度最高的控制网，称为首级控制；直接为测图而建立的控制网，称为图根控制网。首级控制网和图根控制网的关系见表 2-2。

表 2-2　首级控制网和图根控制网

测区面积 /km	首级控制网	图根控制网
1 ~ 10	一级小三角或一级导线	两级图根
0.5 ~ 2	二级小三角或二级导线	两级图根
0.5 以下	图根控制	

小地区高程控制网，也应根据测区面积大小和工程要求采用分级的方法建立。在全测区范围内建立三、四等水准路线和水准网，再以三、四等水准点为基础，测定图根点的高程。

二、认识施工控制测量

施工测量的实质，就是把图纸上设计建筑物位置标定到实地，建筑物的位置通常是由它的特征点（线）与其他已知点（线）的相对关系来确定的。当建筑区较大、建筑物较多时，表示建筑物位置的特征点（线）就不仅为数众多，而且往往因分期施工而分批定点（线）。如测量过程中都是从一点开始，逐渐累计进行施测，易导致误差较大，这种误差逐渐增大的现象，叫作误差积累。

为满足设计上的相对位置关系的要求，须在标定建筑物位置前，以设计部门提供的控制点为基准建立施工控制网（由在测区内所选定的若干个控制点所构成的几何图形，称为控制网）。控制网作为每幢建筑物定位和放线的依据，设计部门提供的控制点既有平面位置的数据（以坐标值的形式给出），又有高程数据，而且精度较高。建筑物各特征点（线）的位置都以高精度的控制点为准在地面上标定出来，以避免可能存在的误差积累。这种"先整体后局部"，以高精度控制低精度的测量工作原则，就是施工测量必须遵守的控制准则。为建立施工控制网而进行的测量工作，叫施工控制测量，其目的是：

1）保证整个测区各建筑物、构筑物的位置关系满足设计要求。

2）把整个建筑区划分成若干片，即便于分期分批施工，更便于分期分批地定点放线。

三、认识施工场地的高程控制测量

1. 施工场地高程控制网的建立

建筑施工场地的高程控制测量一般采用水准测量方法，应根据施工场地附近的国家或城市已知水准点，测定施工场地水准点的高程，以便纳入统一的高程系统。

在施工场地上，水准点的密度，应尽可能满足安置一次仪器即可测设出所需的高程。而测图时铺设的水准点往往是不够的，需增设一些水准点。在一般情况下，建筑基线点、建筑方格网点以及导线点也可兼作高程控制点。只需在平面控制点桩面上中心点旁边，设置一个突出的半球状标志即可。

为了便于检核和提高测量精度，施工场地高程控制网应布设成闭合或附合路线。高程控制网可分为首级网和加密网，相应的水准点称为基本水准点和施工水准点。

2. 基本水准点

基本水准点应布设在土质坚实、不受施工影响、无震动和便于实测的位置，并埋设永久性标志。一般情况下，按四等水准测量的方法测定其高程，而对于为连续性生产车间或地下管道测设所建立的基本水准点，则需按三等水准测量的方法测定其高程，如图 2-3 所示。

3. 施工水准点

施工水准点是用来直接测设建筑物高程的。为了测设方便和减少误差，施工水准点应靠近建筑物。

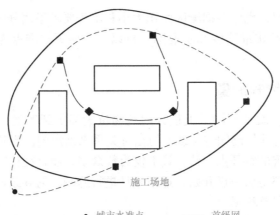

城市水准点   --- 首级网
基本水准点   --·- 加密网
施工水准点

图 2-3 施工场地高程控制网

此外，由于设计建筑物常以底层室内地坪高 ±0.000 标高为高程起算面，为了施工引测设方便，常在建筑物内部或附近测设 ±0.000 水准点。±0.000 水准点的位置，一般选在稳定的建筑物墙、柱的侧面，用红漆绘成顶为水平线的"▼"形，其顶端表示 ±0.000 位置。

任务 2   学习高程控制测量方法

高程测量需要借助于一些测量仪器，通过测量仪器的使用获得相关数据，再对测量数据进行计算，才能获得点的高程。下面设置了 2 个子任务来学习高程测量的基本方法。

子任务 1   测量两点间高差

1. 水准测量原理

水准测量的基本原理是利用水准仪提供的一条水平视线，借助两点水准尺上的读数，测定地面两点间的高差，再根据已知点的高程推算出未知点的高程。如图 2-4 所示，设已知 A 点的高程为 H_A，求 B 点的高程 H_B。

水准测量
原理

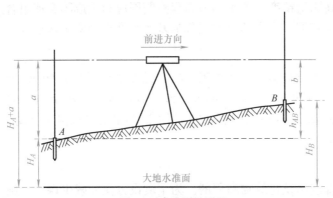

图 2-4 水准测量原理

在 A、B 两点之间安置水准仪，A、B 两点上分别竖立水准尺，根据水准仪提供的水平视线在 A 点水准尺上的读数为 a，在 B 点水准尺上的读数为 b，则 A、B 两点间的高差为

$$h_{AB} = a - b$$

则 B 点的高程为 $H_B = H_A + h_{AB} = H_A + (a - b)$

2. 水准测量方法

（1）高差法

如果水准测量是由 A 到 B 进行的，则 A 点称为后视点，后视点上竖立的标尺称为后视尺，后视尺上的读数称为后视读数，记为 a；B 点称为前视点，前视点上竖立的标尺称为前视尺，前视尺上的读数称为前视读数，记为 b；两点间的高差等于后视读数减去前视读数。即 $h_{AB}=a-b$。测得两点间高差 h_{AB} 后，若已知 A 点的高程 H_A，则 B 点的高程 H_B 可按下式计算：

$$H_B = H_A + h_{AB} = H_A + (a - b) \tag{2-1}$$

如果 $a>b$，则高差 h_{AB} 为正，说明 B 点高于 A 点；反之，$a<b$，则高差 h_{AB} 为负，说明 B 点低于 A 点。在测量和计算 h_{AB} 中应特别注意下标的写法：h_{AB} 表示 A 点至 B 点的高差，而 h_{BA} 则表示 B 点至 A 点的高差，两个高差应该是绝对值相同而符号相反，即 $h_{AB}=-h_{BA}$。此方法适用于根据一个已知点确定单个点高程的情况。

【例 2-1】如图 2-5 所示，已知 A 点高程 H_A=452.623m，后视读数 a=1.571m；前视读数 b=0.685m，求 B 点高程。

解：A 点至 B 点的高差：H_{AB}=1.571−0.685=0.886m

B 点高程为：H_B=452.623−0.886=451.737m

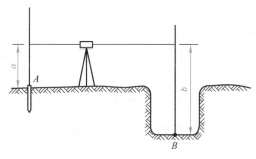

图 2-5　高差法

（2）视线高法

如图 2-6 所示，B 点高程也可以通过仪器视线高程 H_i，求得

视线高：
$$H_i = H_A + a \tag{2-2}$$

待定点高程：
$$H_B = H_i - b \tag{2-3}$$

由式（2-3）通过视线高推算待定点高程的方法称为视线高法。此方法适用于安置一次水准仪需要测出若干点的高程时，计算较为方便。

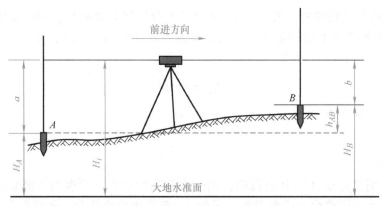

图 2-6 视线高法

【例 2-2】 如图 2-7 所示，已知 A 点高程 H_A=423.518m，要测出相邻 1、2、3 点的高程。先测得 A 点后视读数 a=1.563m，接着在各待定点上立尺，分别测得读数 b_1=0.953m，b_2=1.152m，b_3=1.328m。

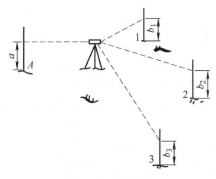

图 2-7 连续观测法

解：先计算出视线高程

$$H_i=H_A+a=423.518m+1.563m=425.081m$$

各待定点高程分别为

$$H_1=H_i-b_1=425.081m-0.953m=424.128m$$

$$H_2=H_i-b_2=425.081m-1.152m=423.929m$$

$$H_3=H_i-b_3=425.081m-1.328m=423.753m$$

高差法和视线高法的测量原理是相同的，区别在于计算高程时次序的不同。在安置一次仪器需求出几个点的高程时，视线高法比高差法方便，因而视线高法在建筑施工中被广泛采用。

3. 水准测量的仪器和工具

水准测量所使用的仪器为水准仪，工具为水准尺和尺垫。水准仪有大地水准仪、自动安平水准仪、电子水准仪等，如图 2-8 所示。

四等测量
仪器介绍

a) 大地水准仪

b) 自动安平水准仪

c) 电子水准仪

图 2-8　水准仪

四等水准仪
构造

　　水准仪分为水准气泡式和自动安平式。前者完全根据水准管气泡安平仪器视线；后者用水准气泡粗平，然后用水平补偿器自动安平视线；现代的电子水准仪是用条纹码水准尺和用仪器的光电扫描进行自动读数的水准仪，其安平方式也属于自动安平式。水准仪按其高程测量精度分为 DS_{05}、DS_1、DS_2、DS_3、DS_{10} 几种等级。"D"和"S"是"大地"和"水准仪"的汉语拼音的第一个字母，下标为每千米水准测量的高差中误差（毫米计），数字越小，精度越高。DS_{05}、DS_1 称精密水准仪，DS_2、DS_3、DS_{10}，属于普通水准仪。如果"DS"改为"DSZ"，则表示该仪器为自动安平水准仪。

　　（1）水准仪及其构造

　　1）DS_3 微倾水准仪。根据水准测量的原理，水准仪的主要作用是提供一条水平视线，并能照准水准尺进行读数。因此，它主要由望远镜、水准器和基座三部分构成。我国生产的 DS_3 型微倾水准仪如图 2-9 所示。

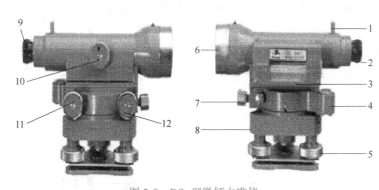

图 2-9　DS_3 型微倾水准仪

1—照门　2—目镜　3—管水准器　4—圆水准器　5—脚螺旋　6—物镜　7—水平制动螺旋　8—基座
9—目镜调焦螺旋　10—物镜调焦螺旋　11—微倾螺旋　12—水平微动螺旋

　　① 望远镜：其作用是瞄准远处目标，提高瞄准精度。

　　DS_3 型水准仪望远镜的构造如图 2-10 所示，主要由物镜、镜筒、调焦透镜、十字丝分划板、目镜等部件构成。物镜、调焦透镜和目镜多采用复合透镜组。物镜固定在物镜筒前端，调焦透镜通过调焦螺旋可沿光轴在镜筒内前后移动。十字丝分划板是安装在物镜与目镜之间的一块平板玻璃，上面刻有两条相互垂直的细线，称为十字丝。如图 2-11 所示，竖的一条是竖丝，中间横的一条称为中丝（或横丝），是为了瞄准目标和读取读数用的。

在中丝的上下对称地刻有两条与中丝平行的短横线，是用来测距离的，称为视距丝。十字丝分划板通过压环安装在分划板座上，套入物镜筒后再通过校正螺钉与镜筒固连。

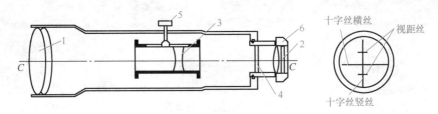

图 2-10　望远镜的构造
1—物镜　2—目镜　3—物镜调焦透镜　4—十字丝分划板　5—物镜调焦螺旋　6—目镜调焦螺旋

图 2-11　十字丝分划板

物镜光心与十字丝交点的连线（CC 线）称为视准轴或视准线，如图 2-12 所示。视准轴是水准测量中用来读数的视线。水准测量是在视准轴水平时，用十字丝的中丝截取水准尺上的读数。

目标 AB 经过物镜后，形成一倒立缩小的实像 ab。移动对光凹透镜可使不同距离的目标均能成像在十字丝平面上，再通过目镜的作用，可看清同时放大了的十字丝和目标影像 $a'b'$。

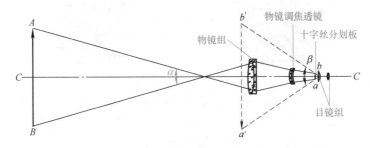

图 2-12　望远镜成像原理

通过望远镜所看到的目标影像的视角与肉眼直接观察该目标的视角之比，称为望远镜的放大率。通过望远镜所看到的目标影像的视角为 β，用肉眼直接观察该目标的视角可近似的认为是 α，故放大率 $V = \beta / \alpha$。DS$_3$ 型水准仪望远镜放大率为 28 倍。

② 水准器：是用来判别视准轴是否水平或仪器竖轴是否竖直的装置。水准器有管水准器和圆水准器两种。管水准器用来判别视准轴是否水平，圆水准器用来判别竖轴是否竖直。

管水准器又称水准管，是把纵向内壁琢磨成圆弧形的玻璃管，管内装酒精和乙醚的混合液，管子加热融闭后，在管内形成一个气泡，如图 2-13 所示。由于气泡很轻，故恒处于管内最高位置。水准管圆弧中点 O 称为水准管零点。过零点与内壁圆弧相切的直线 LL 称为水准管轴。当水准管气泡中心与零点重合时，称气泡居中，这时水准管轴处于水平位置。

水准管 2mm 的弧长所对圆心角 τ 称为水准管分划值，如图 2-14 所示，即气泡每移动一格时水准管轴所倾斜的角值。该值为

$$\tau = \frac{2}{R}\rho \qquad (2\text{-}4)$$

式中　R——水准管圆弧半径，mm；
　　　ρ——206265″。

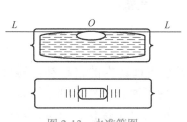

图 2-13　水准管图

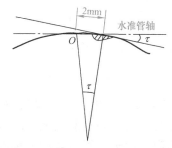

图 2-14　水准管分划值

水准管分划值的大小反映了仪器置平精度的高低。式（2-4）说明水准管半径越大，分划值越小，则水准管灵敏度（整平仪器的精度）越高。安装在 DS_3 型仪器上的水准管，其分划值为 20″／2mm。

为了提高调整水准管气泡居中的精度和速度，微倾式水准仪在水准管上方安装一组符合棱镜，如图 2-15 所示。通过棱镜的折光作用，使气泡两端各半个影像反映在望远镜旁的气泡观察窗中。若气泡两端的半像吻合时，表示气泡居中。若两端半像错开，则表示气泡不居中，这时应转动微倾螺旋使气泡半像吻合，如图 2-15 所示。这种水准器称为符合水准器。

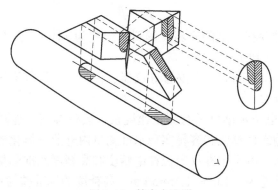

图 2-15　符合水准器

如图 2-16 所示，圆水准器顶面的内壁是一个球面，球面中央有圆分划圈，圆圈的中心称为水准器零点。通过零点的球面法线，称为圆水准轴，当圆水准器气泡居中时，圆水准轴处于竖直位置。圆水准器的分划值是指通过零点的任意一个纵断面上，气泡中心偏离 2mm 的弧长所对圆心角的大小。DS₃ 微倾水准仪圆水准器分划值一般为 8′ ～ 10′/2mm。由于它的精度较低，故只用于仪器的概略整平。

③ 基座：其作用是支撑仪器的上部并与三脚架连接。如图 2-17 所示，基座主要由轴座、脚螺旋和连接板构成。仪器上部通过竖轴插入轴座内，由基座托承。整个仪器用连接螺旋与三脚架连结。

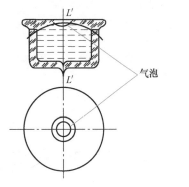

图 2-16　圆水准器

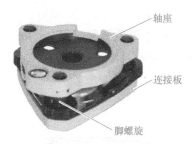

图 2-17　基座

2）自动安平水准仪。自动安平水准仪是用设置在望远镜内的自动补偿器代替水准管，观测时，只需将水准仪上的圆水准器气泡居中，便可通过中丝读到水平视线在水准尺上的读数。由于仪器不需调节水准管气泡居中，从而简化了操作，可提高观测速度约40%。

自动安平原理如图 2-18 所示。视准轴水平时，十字丝交点在 B 处，读到水平视线的读数为 a。当视准轴倾斜了一个小角 α 时，十字丝交点从 B 移到 A 处，显然，$AB=f\alpha$（f 为物镜等效焦距），这时从 A 处看到的水准尺的读数 a 不是水平视线的读数，为了在视准轴倾斜时，仍能在十字丝交点 A 处看到水平视线水准尺的读数 a，在光路中装置一个光学补偿器，使水准尺上读数为 a 的水平光线经过补偿器偏转 β 角后恰好通过倾斜视准轴的十字丝交点 A。这时 $AB=d\beta$（d 为补偿器到十字丝交点 A 的距离）。因此，补偿器必须满足条件：

$$f\alpha=d\beta \tag{2-5}$$

这样，即使视准轴存在一定的倾斜（倾斜角限度为 ±10′），在十字丝交点 A 处却能读到水平视线的读数 a，达到了自动安平的目的。

使用自动安平水准仪观测时，在安置好仪器、将圆水准器气泡居中后，即可照准水准尺，直接读出水准尺读数。

3）电子水准仪。电子水准仪具有测量速度快、读数客观、能减轻作业劳动强度、精度高、测量数据便于输入计算机和容易实现水准测量内外业一体化的特点，因此它投放市场后很快受到用户青睐。电子水准仪定位在中精度和高精度水准测量范围，分为两个精度等级，中等精度的标准差为：1.0 ～ 1.5mm/km，高精度的标准差为：0.3 ～ 0.4mm/km。

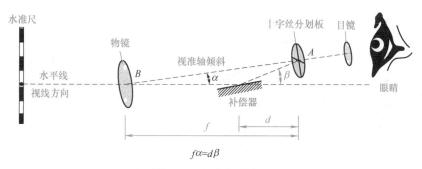

图 2-18　自动安平原理

①电子水准仪的基本原理：电子水准仪又称数字水准仪，它是在自动安平水准仪的基础上发展起来的。它采用条码标尺，各厂家标尺编码的条码图案不相同，不能互换使用。目前照准标尺和调焦仍需目视进行。人工完成照准和调焦之后，标尺条码一方面被成像在望远镜分化板上，供目视观测，另一方面通过望远镜的分光镜，标尺条码又被成像在光电传感器（又称探测器）上，即线阵探测器上，供电子读数。因此，如果使用传统水准标尺，电子水准仪又可以像普通自动安平水准仪一样使用，不过这时的测量精度低于电子测量的精度。

②电子水准仪的共同特点：电子水准仪是以自动安平水准仪为基础，在望远镜光路中增加了分光镜和探测器，并采用条码标尺和图像处理电子系统构成的光机电测一体化的高科技产品。它与传统仪器相比有以下共同特点：

◆ 读数客观。不存在误差、误记问题，没有人为读数误差。

◆ 精度高。视线高和视距读数都是采用大量条码分划图像经处理后取平均得出来的，因此削弱了标尺分划误差的影响。

◆ 速度快。由于省去了报数、听记、现场计算的时间以及人为出错的重测数量，测量时间与传统仪器相比可以节省 1/3 左右。

◆ 效率高。只需调焦和按键就可以自动读数，减轻了劳动强度。视距还能自动记录、检核，处理并能输入电子计算机进行后处理，可实现内外业一体化。

（2）水准尺和尺垫

水准尺是水准测量时使用的标尺。其质量的好坏直接影响水准测量的精度。因此，水准尺需用不易变形且干燥的优质木材制成，要求尺长稳定，分划准确。如图 2-19 所示，常用的水准尺有双面尺和塔尺两种，用优质木材或玻璃钢制成。

塔尺由两节或三节套接而成，如图 2-20 所示，长度有 3m 和 5m 两种。尺的底部为零刻划，尺面以黑白相间的分划刻划，每格宽 1cm，也有的为 0.5cm，分米处注有数字，大于 1m 的数字注记加注红点或黑点，点的个数表示米数。塔尺因节段接头处存在误差，故多用于精度要求较低的水准测量中。

双面尺多用于三、四等水准测量，尺的长度有 2m 和 3m 两种。尺的双面均有刻划，一面为黑白相间，称为黑面尺（也称基本分划），尺底端起点为零；尺的另一面为红白相间，称为红面尺（也称辅助分划），尺底端起点不为零，而是一常数 K。一根尺常数为 4.787m，另一根尺常数为 4.687m。一根尺由 4.687m 开始至 6.687m 或 7.687m，另一根尺由 4.787m 开始至 6.787m 或 7.787m。双面尺一般成对使用，利用黑红面尺零点差可对水准测量读数进行检核。

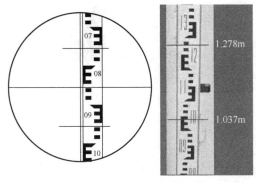
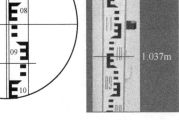

图 2-19　双面水准尺

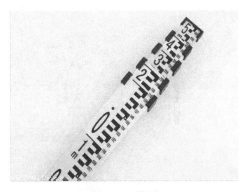

图 2-20　塔尺

尺垫由三角形的铸铁块制成，如图 2-21 所示，上部中央有突起的半球。使用时，将尺垫踏实，以防下沉，把水准尺立于突起的半球顶部。突起的半球顶点作为竖立水准尺和标志转点之用。

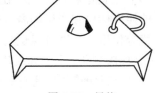

图 2-21　尺垫

4. 使用水准仪测量两点间高差

水准仪的使用包括安置水准仪、粗略整平、瞄准和调焦、精平和读数等操作步骤。

（1）安置水准仪

安置水准仪的基本方法是：在测站上安置三脚架，调节架脚使高度适中，目估使架头大致水平，检查脚架伸缩螺旋是否拧紧。然后打开仪器箱取出水准仪，用连接螺旋把水准仪安置在三脚架头上，安装时应用手扶住仪器，以防仪器从架头滑落。地面松软时，应将三脚架踩入土中，在踩脚架时应注意使圆水准气泡尽量靠近中心。

水准仪的
使用

（2）粗略整平

粗略整平是用仪器脚螺旋将圆水准器气泡调节到居中位置，借助圆水准器的气泡居中，使仪器竖轴大致铅直，视准轴粗略水平。具体作法是：先将脚架的两架脚踏实，操纵另一架脚左右、前后缓缓移动，使圆水准气泡基本居中（气泡偏离零点不要太远），再将此架脚踏实，然后调节脚螺旋使气泡完全居中。调节脚螺旋的方法，如图 2-22 所示。在整平过程中，气泡移动的方向与左手（右手）大拇指转动方向一致。有时要按上述方法反复调整脚螺旋，才能使气泡完全居中。

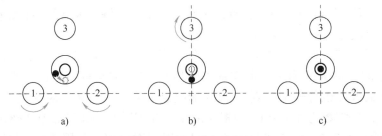

图 2-22　圆水准气泡粗平

（3）瞄准和调焦

首先进行目镜对光，即把望远镜对着明亮背景，转动目镜调焦螺旋使十字丝成像清晰。松开制动螺旋，转动望远镜，用望远镜筒上部的准星和照门大致对准水准尺后，拧紧制动螺旋。然后从望远镜内观察目标，调节物镜调焦螺旋，使水准尺成像清晰。最后用微动螺旋转动望远镜，使十字丝竖丝对准水准尺的中间稍偏一点，以便读数。

在物镜调焦后，当眼睛在目镜端上下作少量移动时，有时会出现十字丝与目标有相对运动的现象，这种现象称为视差。产生视差的原因是目标通过物镜所成的像没有与十字丝平面重合，如图 2-23 所示。由于视差的存在会影响观测结果的准确性，所以必须加以消除。

消除视差的方法是仔细地反复进行目镜和物镜调焦，直到眼睛上下移动，读数不变为止。此时，从目镜看到十字丝与目标的像都十分清晰。

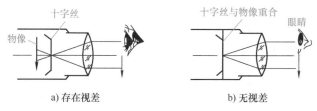

图 2-23　视差现象

（4）精平

精确整平简称精平，即在读数前右手转动微倾螺旋使水准管气泡居中（气泡影响符合），从而达到视准轴精确水平的目的。

（5）读数

读取十字丝中丝在水准尺上的读数。直接读出米、分米和厘米，估读出毫米，如图 2-24 所示。现在的水准仪多采用倒像望远镜，因此读数时应从小往大，即从上往下读。也有正像望远镜，读数与此相反。

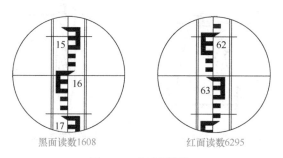

图 2-24　水准尺读数

子任务2　测量等外水准

国家水准网布设成一等、二等、三等、四等 4 个等级，这 4 个等级之外的水准测量称为等外水准测量。

一、水准测量外业观测

1. 埋设水准点

用水准测量方法测定的高程控制点称为水准点，记为 BM。水准测量通常是从已知水准点引测到其他点的高程。水准点有永久性和临时性两种。水准点的位置应选在土质坚硬、便于长期保存和使用方便的地点。

水准点按其精度分为不同的等级。国家水准点分为 4 个等级，即一、二、三、四等水准点，按国家规范要求埋设永久性标石标志。地面水准点按一定规格埋设，一般用石料或钢筋混凝土制成，埋深到地面冻结线以下。在标石顶部设置有不易腐蚀的材料制成的半球状标志，如图 2-25a 所示；墙脚水准点应按规格要求设置在永久性建筑物上，如图 2-25b 所示。

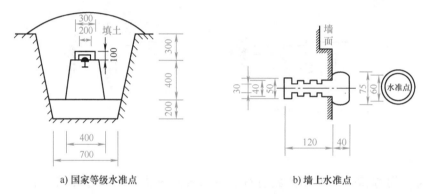

a) 国家等级水准点   b) 墙上水准点

图 2-25　二、三等水准点标石埋设图（单位：mm）

在地面上突出的坚硬岩石或房屋四周水泥面、台阶等处用红油漆做出标志，称为永久性水准点，如图 2-26a 所示。地形测量中的图根水准点和一些施工测量使用的水准点，常采用临时性标志，可用木桩或道钉打入地面，如图 2-26b 所示。

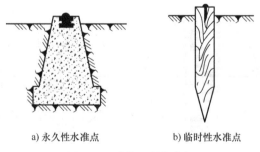

a) 永久性水准点   b) 临时性水准点

图 2-26　建筑工程水准点

2. 拟定水准路线

在水准点间进行水准测量所经过的路线，称为水准路线。相邻两水准点间的路线称为测段。在水准测量中，为了避免观测、记录和计算中发生人为差错，并保证测量成果达到一定的精度要求，必须布设某种形式的水准路线，利用一定的条件来检核所测结果的正确性。在一般的工程测量中，水准路线布设形式主要有以下三种。

（1）附合水准路线

如图 2-27a 所示，从已知高程的水准点 BM_A 出发，沿待定高程的水准点 1、2、3 进行水准测量，最后附合到另一已知高程的水准点 BM_B 所构成的水准路线，称为附合水准路线。

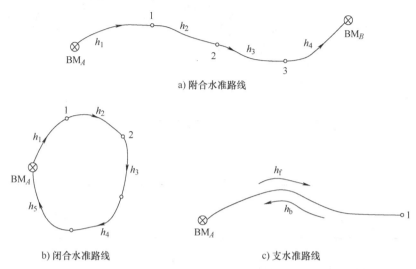

a) 附合水准路线

b) 闭合水准路线　　　　　　c) 支水准路线

图 2-27　水准路线

（2）闭合水准路线

如图 2-27b 所示，从已知高程的水准点 BM_A 出发，沿各待定高程的水准点 1、2、3、4 进行水准测量，最后又回到原出发点 BM_A 的环形路线，称为闭合水准路线。

（3）支水准路线

如图 2-27c 所示，从已知高程的水准点 BM_A 出发，沿待定高程的水准点 1 进行水准测量，这种既不闭合又不附合的水准路线，称为支水准路线。支水准路线要进行往返测量，以资检核。

3. 进行水准测量的施测

在水准测量过程中，如果两点距离较近、坡度也不大时，可以在距离两点大致相等的位置安置仪器，直接进行观测，求出两点高差。但在实际工作中，往往两点间距离较远或者坡度较陡，不可能安置一次仪器就能测出两点间的高差，如图 2-28 所示。因此须在实测路线中设置若干个过渡点，即转点，这些转点将观测路线分成若干段，连续设置仪器，依次测得各段高差，然后再根据 A 点高程，求得 B 点高程。

转点：是临时的立尺点，作为传递高程的过渡点，用 TP（Turning Point）表示，转点必须选在比较坚实、易于观测的地方。

（1）观测与记录

已知水准点 BM_A 的高程为 H_A=132.815m，共设 5 个测站，欲求 B 点高程。首先将仪器安置在第 I 站，后视 A 点标尺读数为 1.453m，在转点 TP_1 立标尺得前视读数 0.873m，将第 I 站的读数填入表中，见表 2-3。依次测量，将数据填入表中。

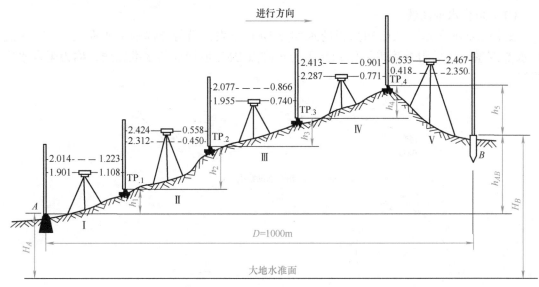

图 2-28　水准路线施测

表 2-3　水准测量手簿

测站[①]	测点	水准尺读数 /m		高差 /m		高程 /m	备注
		后视读数	前视读数	+	−		
1	BM_A	1.453		0.580		132.815	
	TP_1		0.873				
2	TP_1	2.532		0.770			
	TP_2		1.762				
3	TP_2	1.372		1.337			
	TP_3		0.035				
4	TP_3	0.874			0.929		
	TP_4		1.803				
5	TP_4	1.020			0.564		
	B		1.584			134.009	
计算检核	Σ	7.251	6.057	2.687	1.493		
		$\sum a - \sum b = +1.194$		$\sum h = +1.194$		$h_{AB}=H_B-H_A=+1.194$	

注：注意在相邻两站观测过程中转点尺垫不许有任何变动。
①每安置一次仪器，称为一个测站。

（2）计算

每一测站都可测得前、后视两点的高差，即

$$h_1 = a_1 - b_1$$
$$h_2 = a_2 - b_2$$
$$\vdots$$
$$h_4 = a_4 - b_4$$

将上述各式相加，得

$$h_{AB} = \sum h = \sum a - \sum b$$

则 B 点高程为

$$H_B = H_A + h_{AB} = H_A + \sum h = 132.815\text{m} + 1.194\text{m} = 134.009\text{m}$$

（3）计算检核

为了保证记录表中数据的正确，应对后视读数总和减前视读数总和、高差总和、B 点高程与 A 点高程之差进行检核，这三个数字应相等。

$$\sum a - \sum b = 7.251\text{m} - 6.057\text{m} = +1.194\text{m}$$
$$\sum h = 2.687\text{m} - 1.493\text{m} = +1.194\text{m}$$
$$H_B - H_A = 134.009\text{m} - 132.815\text{m} = +1.194\text{m}$$

（4）水准测量的测站检核

1）变动仪器高法。变动仪器高法是在同一个测站上用两次不同的仪器高度，测得两次高差进行检核。要求改变仪器高度应大于 10cm，两次所测高差之差不超过容许值（例如等外水准测量容许值为 ±6mm），取其平均值作为该测站最后结果，否则必须重测。

2）双面尺法。双面尺法分别对双面水准尺的黑面和红面进行观测。利用前、后视的黑面和红面读数，分别算出两个高差。如果两次高差不超过规定的限差（例如四等水准测量容许值为 ±5mm），取其平均值作为该测站最后结果，否则必须重测。

二、水准测量的等级及主要技术要求

工程建设中的高程控制测量按照由高级到低级分级布设的原则，高程控制网的等级分为二、三、四、五等级水准测量。视测区的大小、各等级水准均可作为测区的首级高程控制。首级应布设成环形路线，加密时宜布设成附合路线或结点网，水准点应有一定的密度。在工程上常用的水准测量有三、四等水准测量和等外水准测量，见表 2-4 和表 2-5。

表 2-4 水准测量的主要技术要求

等级	每千米高差中误差 /mm	路线长度 /km	水准仪型号	水准尺	观测次数		往返较差、附合或环线闭合差	
					与已知点联测	附合或环线	与已知点联测	附合或环线
二等	2	—	DS1	因瓦	往返各一次	往返各一次	$4\sqrt{L}$	—
三等	6	≤50	DS1	因瓦	往返各一次	往一次	$12\sqrt{L}$	$4\sqrt{n}$
			DS3	双面		往返各一次		
四等	10	≤16	DS3	双面	往返各一次	往一次	$20\sqrt{L}$	$6\sqrt{n}$
五等	15	—	DS3	单面	往返各一次	往一次	$30\sqrt{L}$	—

注：1. 结点之间或结点与高级点之间，其路线的长度，不应大于表中规定的 0.7 倍。

　　2. L 为往返测段，附合或环线的水准路线长度（km）；n 为测站数。

表 2-5　水准观测的主要技术要求

等级	水准仪的型号	视线长度 /m	前后视较差 /m	前后视累积差 /m	视线离地面最低高度 /m	基本分划、辅助分划或黑面、红面读数较差 /mm	基本分划、辅助分划或黑面、红面所测高差较差 /mm
二等	DS1	50	1	3	0.5	0.5	0.7
三等	DS1	100	3	6	0.3	1.0	1.5
	DS2	75				2.0	3.0
四等	DS2	100	5	10	0.2	3.0	5.0
五等	DS2	100	大致相等	—	—	—	—

注：1. 二等水准视线长度小于 20m 时，其视线高度不应低于 0.3m。

　　2. 三、四等水准采用变动仪器高度观测单面水准尺时，所测两次高差较差，应与黑面、红面所测高差之差的要求相同。

　　3. 数字水准仪观测，不受基、辅分划或黑、红面读数较差指标的限制，但测站两次观测的高差较差，应满足表中相应等级基、辅分划或黑、红面所测高差较差的限值。

三、水准测量内业计算

在水准测量的实施过程中，测站检核只能检核一个测站测量是否存在错误，计算检核只能发现每页计算是否有误。对于一条水准路线来说，测站检核和计算检核都不能发现立尺点变动的错误，更不能说明整个水准路线测量的精度是否符合要求。同时，由于受温度、风力、大气折射和水准尺下沉等外界条件的影响，以及水准仪和观测者本身的原因，测量不可避免会存在误差。这些误差很小，在一个测站上反映不很明显，但随着测站数的增多使误差积累，有时也会超过规定的限差。因此应对整个水准路线的成果进行检核，在检核无误，满足规定等级的精度要求下，进行内业计算。

1. 闭合水准路线内业计算

（1）成果检核

如图 2-27b 所示，当测区附近只有一个水准点 BM_A 时，欲求得 1、2、3 的高程，可以从点 BM_A 起实施水准测量，经过 1、2、3 点后，再重新闭合到点 BM_A 上，称为一个闭合水准路线。显然，理论上闭合水准路线的高差总和应等于零，即

$$\sum h_{\text{理}} = 0$$

由于测量中各种误差的影响，实测高差总和 $\sum h_{\text{测}}$ 不为零，它与理论高差总和的差数称为高差闭合差 (f_h)。用公式表示为

$$f_h = \sum h_{\text{测}} - \sum h_{\text{理}} = \sum h_{\text{测}} \qquad (2\text{-}6)$$

各种测量规范对不同等级的水准测量规定了高差闭合差均不应超过规定允许值，否则认为水准测量结果不符合要求。高差闭合差的允许值大小与测量等级有关。测量规范对不同等级的水准测量作了高差闭合差允许值的规定。等外水准测量的高差闭合差允许值规定为

$$平地 \quad f_{h允} = \pm40\sqrt{L} \text{ mm}$$

$$山地 \quad f_{h允} = \pm12\sqrt{n} \text{ mm}$$

式中　L——水准路线长度，以 km 计；

　　　n——测站数。

（2）内业计算

水准测量的外业测量数据，如经检核无误，满足了规定等级的精度要求，就可以进行内业成果计算。内业计算工作的主要内容是调整高差闭合差，最后计算出各待定点的高程，下面介绍闭合水准路线内业计算方法。

【例 2-3】如图 2-29 所示，闭合水准路线各段高差观测值及其长度均注于图中，已知水准点 BM_5 的高程为 37.141m，求 1、2、3 点的高程。

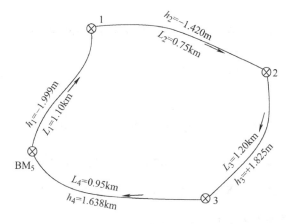

图 2-29　闭合水准路线

1. 计算路线闭合差 f_h

$$f_h = \sum h_测 = +44\text{mm},$$

$$f_{h允} = \pm40\sqrt{L} = \pm80\text{mm},$$

可见 $f_h < f_{h允}$，说明该成果符合要求。

2. 闭合差的调整

（1）计算高差闭合差改正数（v_i）

对同一条水准路线，假设观测条件是相同的，可认为每个测站产生误差的机会是相等的。因此，闭合差调整的原则和方法，是按与测段距离（或测站数）成正比例，并反其符号改正到各相应的高差上，得改正后高差，即

按距离：
$$v_i = -\frac{f_h}{\sum L} \times l_i \qquad\qquad （2\text{-}7）$$

或按测站数：
$$v_i = -\frac{f_h}{\sum n} \times n_i \qquad (2\text{-}8)$$

式中，$\sum L$ 为水准路线的总长，l_i 为各测段的距离，$\sum n$ 为水准路线测站数总和，n_i 为各测段的测站数，分配完后，必须满足 $\sum v = -f_h$，否则说明计算有误，应重新计算。

（2）计算改正后高差

高差观测值加上高差改正数，即得改正后的高差 $h_{i改}$：
$$h_{i改} = h_i + v_i \qquad (2\text{-}9)$$

以第 1 和第 2 测段为例，测段改正数为

$$v_1 = -\frac{f_h}{\sum L} \times l_1 = -（0.044/4）\times 1.1 = -0.012\text{m}$$

$$v_2 = -\frac{f_h}{\sum L} \times l_2 = -（0.044/4）\times 0.75 = -0.008\text{m}$$

检核：$\sum v = -f_h = -0.044\text{m}$

第 1 与第 2 测段改正后的高差为

$$h_{1改} = h_{1测} + v_1 = -1.999 - 0.012 = -2.011\text{m}$$

$$h_{2改} = h_{2测} + v_2 = -1.420 + （-0.008）= -1.428\text{m}$$

检核：改正后的高差之和 $\sum h_{改}$ 应等于 0，否则应检查计算。

各测段改正后高差列入表 2-6 中。

表 2-6　闭合水准路线高差闭合差调整与高程计算表

点号	距离 /km	高差观测值 /m	高差改正数 /m	改正后高差 /m	高程 /m	备注
BM₅					37.141	
	1.10	−1.999	−0.012	−2.011		
1					35.130	
	0.75	−1.420	−0.008	−1.428		
2					33.702	
	1.20	+1.825	−0.013	+1.812		BM₅ 为已知
3					35.514	高程点
	0.95	+1.638	−0.011	+1.627		
BM₅					37.141	
Σ	4.00	+0.044	−0.044	0		
辅助计算	$f_h = +44\text{mm}$　$\sum L = 4.00\text{km}$ $f_{h允} = \pm40\sqrt{L} = \pm80\text{mm} - f_h/\sum L = -11\text{mm}$					

3. 高程计算

根据检核过的改正后高差，由起点 A 开始，逐点推算出各点高程，如

$$H_1 = H_{BM5} + h_{1改} = 37.141 + (-2.011) = 35.130 \text{m}$$

$$H_2 = H_1 + h_{2改} = 37.130 + (-1.428) = 33.702 \text{m}$$

逐点计算，各点高程填入表 2-6，最后算的点高程应与已知高程相等，即

$$\text{BM}_{5(算)} = \text{BM}_{5(已知)} = 37.141 \text{m}$$

否则说明高程计算正确。

2. 附合水准路线内业计算

（1）成果检核

从已知高程水准点出发，沿各个待定高程的点进行水准测量，最后附合到另一已知高程水准点，这种水准路线称为附合水准路线。

理论上，附合水准路线中各待定高程点间高差的代数和，应等于始、终两个已知水准点高程之差，即

$$\sum h_{理} = H_{终} - H_{始}$$

式中 $H_{终}$ 与 $H_{始}$——表示最终点与起始已知点的高程。

按高差闭合差的定义可知：

$$f_h = \sum h_{测} - \sum h_{理} = \sum h_{测} - (H_{终} - H_{始}) \tag{2-10}$$

高差闭合差的允许值和校核要求与闭合水准路线相同。

（2）内业计算

以图 2-30 和表 2-7 中的观测数据为例来说明附合水准路线高差闭合差调整与高程计算。

【例 2-4】 如图 2-30 所示，一附合水准路线等外水准测量示意图，A、B 为已知高程的水准点，1、2、3 为待定高程的水准点，h_1、h_2、h_3 和 h_4 为各测段观测高差，n_1、n_2、n_3 和 n_4 为各测段测站数，L_1、L_2、L_3 和 L_4 为各测段长度。现已知 H_A=65.376m，H_B=68.623m。

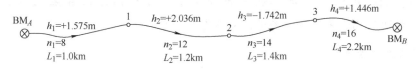

图 2-30　附合水准路线

1. 填写观测数据和已知数据

将点号、测段长度、测站数、观测高差及已知水准点 A、B 的高程填入附合水准路线成果计算，见表 2-7。

表 2-7　水准测量成果计算表

点号	距离 /km	测站数	实测高差 /m	改正数 /mm	改正后高差 /m	高程 /m	点号	备注
BM$_A$	1.0	8	+1.575	−12	+1.563	65.376	BM$_A$	
1	1.2	12	+2.036	−14	+2.022	66.939	1	
2	1.4	14	−1.742	−16	−1.758	68.961	2	
3	2.2	16	+1.446	−26	+1.420	67.203	3	
BM$_B$						68.623	BM$_B$	
Σ	5.8	50	+3.315	−68	+3.247			

辅助计算	$f_h = \sum h_m - (H_B - H_A) = 3.315\text{m} - (68.623\text{m} - 65.376\text{m}) = +0.068\text{m} = +68\text{mm}$ $f_{h允} = \pm 40\sqrt{L} = \pm 40\sqrt{5.8} = \pm 96\text{mm}$　　$\left\|f_h\right\| < \left\|f_{h允}\right\|$

2. 计算高差闭合差

$$f_h = \sum h - (H_B - H_A) = 3.315\text{m} - (68.623\text{m} - 65.376\text{m}) = +0.068\text{m} = +68\text{mm}$$

根据附合水准路线的测站数及路线长度计算每公里测站数：

$$\frac{\sum n}{\sum L} = \frac{50\text{站}}{5.8\text{km}} = 8.6 \text{（站/km）} < 16 \text{（站/km）}$$

故高差闭合差允许值采用平地公式计算。等外水准测量平地高差闭合差允许值 $f_{h允}$ 的计算公式为

$$f_{h允} = \pm 40\sqrt{L} = \pm 40\sqrt{5.8}\text{mm} = \pm 96\text{mm}$$

因 $\left|f_h\right| < \left|f_{h允}\right|$，说明观测成果精度符合要求，可对高差闭合差进行调整。如果 $\left|f_h\right| > \left|f_{h允}\right|$，说明观测成果不符合要求，必须重新测量。

3. 调整高差闭合差

本例中，各测段改正数为

$$v_1 = -\frac{f_h}{\sum L}L_1 = -\frac{68\text{mm}}{5.8\text{km}} \times 1.0\text{km} = -12\text{mm}$$

$$v_2 = -\frac{f_h}{\sum L}L_2 = -\frac{68\text{mm}}{5.8\text{km}} \times 1.2\text{km} = -14\text{mm}$$

$$v_3 = -\frac{f_h}{\sum L}L_3 = -\frac{68\text{mm}}{5.8\text{km}} \times 1.4\text{km} = -16\text{mm}$$

$$v_4 = -\frac{f_h}{\sum L}L_4 = -\frac{68\text{mm}}{5.8\text{km}} \times 2.2\text{km} = -26\text{mm}$$

计算检核: $\sum v_i = -f_h$

将各测段高差改正数填入, 见表2-7。

4. 计算各测段改正后高差

各测段改正后高差等于各测段观测高差加上相应的改正数, 即

$$h_{i改} = h_i + v_i$$

式中 $h_{i改}$——第i段的改正后高差 (m)。

本例中, 各测段改正后高差为

$$h_{1改} = h_1 + v_1 = +1.575\text{m} + (-0.012\text{m}) = +1.563\text{m}$$
$$h_{2改} = h_2 + v_2 = +2.036\text{m} + (-0.014\text{m}) = +2.022\text{m}$$
$$h_{3改} = h_3 + v_3 = -1.742\text{m} + (-0.016\text{m}) = -1.758\text{m}$$
$$h_{4改} = h_4 + v_4 = +1.446\text{m} + (-0.026\text{m}) = +1.420\text{m}$$

计算检核: $\sum h_i = H_B - H_A$

将各测段改正后高差填入, 见表2-7。

5. 计算待定点高程

根据已知水准点A的高程和各测段改正后高差, 即可依次推算出各待定点的高程, 即

$$H_1 = H_A + h_{1改} = 65.376\text{m} + 1.563\text{m} = 66.939\text{m}$$
$$H_2 = H_1 + h_{2改} = 66.939\text{m} + 2.022\text{m} = 68.961\text{m}$$
$$H_3 = H_2 + h_{3改} = 68.961\text{m} + (-1.758\text{m}) = 67.203\text{m}$$
$$H_{B(推算)} = H_3 + h_{4改} = 67.203\text{m} + 1.420\text{m} = 68.623\text{m} = H_{B(已知)}$$

计算检核:

最后推算出的B点高程应与已知的B点高程相等, 以此作为计算检核。将推算出各待定点的高程填入, 见表2-7。

3. 支水准路线内业计算

(1) 成果检核

如图2-30所示, 由已知水准点BM_A出发, 沿各待定点进行水准测量, 既不附合到其他水准点上, 也不自行闭合, 这种水准路线称为支水准路线。支水准路线要进行往返观测, 往测高差与返测高差的代数和$\sum h_{往} + \sum h_{返}$理论上应为零, 并以此作为支水准路线测量正确性与否的检验条件。如不等于零, 则高差闭合差为

$$f_h = \sum h_往 + \sum h_返 \qquad\qquad (2\text{-}11)$$

（2）内业计算

对于支水准路线取其往返测高差的平均值作为成果，高差的符号应以往测为准，最后推算出待测点的高程。

【例2-5】如图2-31所示，一支水准路线等外水准测量，A 为已知高程的水准点，其高程 H_A 为45.276m，1点为待定高程的水准点，往返测量的所观测高差分别为 $h_往$=+2.532m，$h_返$=−2.520m。n_w 和 n_f 为往、返测的测站数共16站，则1点的高程计算如下。

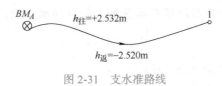

图2-31　支水准路线

1. 计算高差闭合差

$$f_h = h_w + h_f = +2.532m + (-2.520m) = +0.012m = +12mm$$

2. 高差改正

（1）计算高差允许闭合差

测站数：
$$n = \frac{1}{2}(n_w + n_f) = \frac{1}{2} \times 16站 = 8站$$

$$f_{h允} = \pm 12\sqrt{n} = \pm 12\sqrt{8}mm = \pm 34mm$$

因 $|f_h| < |f_{h允}|$，说明符合普通水准测量的要求。

（2）计算改正后高差

取往测和返测的高差绝对值的平均值作为 A 和1两点间的高差，其符号和往测高差符号相同，即

$$h_{A1} = \frac{2.532m + 2.520m}{2} = +2.526m$$

3. 计算待定点高程

$$H_1 = H_A + h_{A1} = 45.276m + 2.526m = 47.802m$$

任务3　进行高程控制测量

施工场地需要建立高程可靠的水准点，应与国家高程控制系统相联系，建立水准网，测出拟定水准点的高程。同时施工场地的平整、室内地坪位置、基础底面位置确定时需要进行高程测量与测设。

子任务1　三、四等水准测量

三、四等水准测量除用于国家高程控制网加密，还可用于小地区首级高程控制。三、四等水准路线的布设，在加密国家控制点时，多布设为附合水准路线、结点网的形式，在测区作为首级高程控制时，应布设成闭合水准路线形式，而在山区、带状工程测区，可布设为水准支线。

一、普通视距测量

视距测量是用望远镜内的视距丝装置，根据光学原理同时测定距离和高差的一种方法。这种方法具有操作方便、速度快、一般不受地形限制等优点。虽然精度较低（普通视距测量仅能达到 1/200 ～ 1/300 的精度），但能满足测定碎部点位置的精度要求，所以视距测量被广泛地应用于地形测图中。

1. 视距测量原理

视距测量所用的仪器主要有经纬仪、水准仪等。进行视距测量，要用到视距丝和视距尺。视距丝即望远镜内十字丝平面上的上下两根短丝，它与横丝平行且等距离，视距尺是有刻划的尺子，和水准尺基本相同。

2. 视线水平时视距公式

如图 2-32 所示，在 A 点安置经纬仪，在 B 点竖立视距尺，用望远镜照准视距尺，当望远镜视线水平时，视线与尺子垂直。如果视距尺上 M、N 点成像在十字丝分划板上的两根视距丝 m、n 处，那么视距尺上 MN 的长度，可由上、下视距丝读数之差求得。上、下视距丝读数之差称为视距间隔或尺间隔，用 l 表示。

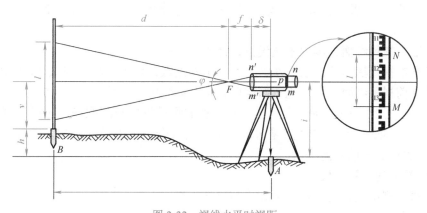

图 2-32　视线水平时视距

$p=mn$ 为上、下视距丝的间距，$l=MN$ 为视距间隔，f 为物镜焦距，δ 为物镜中心到仪器中心的距离。由相似 $\triangle m'Fn'$ 和 $\triangle MFN$ 可得

$$\frac{d}{l}=\frac{f}{p} \quad 即 \quad d=\frac{f}{p}l$$

因此，得

$$D=d+f+\delta=\frac{f}{p}l+f+\delta$$

令 $K = \dfrac{f}{p}$，$C = (f + \delta)$，则有

$$D = Kl + C \qquad (2\text{-}12)$$

式中　K——视距乘常数，通常 $K=100$；

　　　C——视距加常数。

式（2-12）是用外对光望远镜进行视距测量时计算水平距离的公式。对于内对光望远镜，其加常数 C 值接近零，可以忽略不计，故水平距离为

$$D = Kl = 100l \qquad (2\text{-}13)$$

同时，可知 A、B 两点间的高差 h 为

$$h = i - v \qquad (2\text{-}14)$$

式中　i——仪器高（m）；

　　　v——十字丝中丝在视距尺上的读数，即中丝读数（m）。

二、三、四等水准测量的观测与记录方法

1. 双面尺法

四等水准测量（双面尺法）

采用的水准尺为配对的双面尺，在测站应按以下顺序观测读数，读数应填入记录表的相应位置，见表 2-8。

（1）一个测站上的观测顺序

1）瞄准后视尺黑面，读取下丝、上丝、中丝读数，计入（1）、（2）、（3）中；

2）瞄准后视尺红面，读取中丝读数，计入（8）；

3）瞄准前视尺黑面，读取下丝、上丝、中丝读数，计入（4）、（5）、（6）中；

4）瞄准前视尺红面，令气泡重新准确符合，读取中丝读数，计入（7）。

以上（1），（2），…，（8）表示三、四等水准测量每站观测顺序。这样的观测顺序简称为"后—后—前—前"，其优点是可以大大减弱仪器下沉误差的影响。四等水准测量测站观测顺序也可后—前—前—后。

（2）测站上的计算及校核

1）在每一测站上，应进行以下计算与检核工作：

① 视距计算：

后视距离 = ［（1）项 –（2）项］×100，记入第（9）项；

前视距离 = ［（5）项 –（6）项］×100，记入第（10）项；

前、后视距离差 d=（9）项 –（10）项，记入第（11）项。

该值在三等水准测量时，不得超过 3m，四等水准测量时不得超过 5m。

② 同一水准尺黑、红面中丝读数的检核。同一水准尺红、黑面中丝读数之差，应等于该尺红、黑面常数 K（4.687 或 4.787），其差值为：

后视尺：（3）项 +K–（4）项 =（13）项；

前视尺：（7）项 +K–（8）项 =（14）项。

（13）、（14）值的大小在三等水准测量时，不得超过 2mm；四等水准测量时，不得超过 3mm。

③ 高差计算及检核：

黑面所测高差：（3）项 – （7）项 = （15）项（黑面尺高差）；

红面所测高差：（4）项 – （8）项 = （16）项（红面尺高差）。

黑红面所测高差之差：（17）项 = （15）项 – [（16）项 ±0.1m]。

该值在三等水准测量中不得超过 3mm，四等水准测量中不得超过 5mm，式中 0.100 为单、双号两根水准尺红面底部注记之差，以米为单位。

平均高差：高差中数（18）项 $= \frac{1}{2}$ [（15）项 + （16）项 ±0.1m]

2）记录手薄每页应进行的计算与检核：

① 视距计算检核：前视距离总和减后视距离总和应等于末站视距累积差，即：

前、后距差累积值 $\sum d$= 本站视距差 + 前站视距累积差，记入第（12）项。

② 高差计算检核：红、黑面后视总和减红、黑面前视总和应等于红、黑面高差总和，还应等于平均高差总和的两倍。

对于测站数为偶数：

$\sum$ [（3）+（8）] – $\sum$ [（6）+（7）] = $\sum$ [（15）+（16）] =2$\sum$18

对于测站数为奇数：

$\sum$ [（3）+（8）] – $\sum$ [（6）+（7）] = $\sum$ [（15）+（16）] =2$\sum$18±0.100

四等水准计算

用双面尺法进行三、四等水准测量的记录、计算与检核实例，见表 2-8。

表 2-8　三、四等水准测量的记录（双面尺法）

测站编号	点号	后尺下丝 后尺上丝 后视距 视距差 d	前尺下丝 前尺上丝 前视距 ∑d	方向及尺号	水准尺读数 黑面	水准尺读数 红面	K+ 黑 – 红	高差中数	高程
		（1）	（4）	后	（3）	（8）	（13）	（18）	
		（2）	（5）	前	（6）	（7）	（14）		
		（9）	（10）	后 – 前	（15）	（16）	（17）		
		（11）	（12）						
1	BM₁ TP₁	1.571 1.197 37.4 –1.2	0.744 0.358 38.6 –1.2	后 47 前 46 后 – 前	1.384 0.551 +0.833	6.171 5.239 +0.932	0 –1 +1	+0.8325	43.578

（续）

测站编号	点号	后尺下丝 / 后尺上丝 / 后视距 / 视距差 d	前尺下丝 / 前尺上丝 / 前视距 / Σd	方向及尺号	水准尺读数 黑面	水准尺读数 红面	$K+$黑$-$红	高差中数	高程
2	TP$_1$ TP$_2$	2.121	2.201	后 46	1.934	6.921	0	−0.0745	
		1.747	1.816	前 47	2.008	6.796	−1		
		37.4	38.5	后 − 前	−0.074	−0.175	+1		
		−1.1	−2.3						
3	TP$_2$ TP$_3$	1.919	2.053	后 47	1.726	6.513	0	−0.1405	
		1.534	1.676	前 46	1.866	6.554	−1		
		38.5	37.7	后 − 前	−0.140	−0.041	+1		
		+0.8	−1.5						
4	TP$_3$ TP$_3$	1.965	2.141	后 46	1.832	6.519	0	−0.1745	
		1.700	1.874	前 47	2.007	6.793	+1		
		26.5	26.7	后 − 前	−0.175	−0.274	−1		
		−0.2	−1.7						

（3）水准路线的整理计算

外业成果经验核无误后，按水准测量成果计算的方法，经高差闭合差的调整后，计算各水准点的高程。

2. 单面尺法

四等水准测量时，如果采用单面尺观测，则可按变更仪器高法进行检核。观测顺序是"后 − 前 − 变仪器高 − 前 − 后"，变高前按三丝读数，变高后按中丝读数。在每个测站上需变动仪器高 10cm 以上。

（1）一个测站上的观测顺序

后视立于水准点上的水准尺，瞄准、粗平、读上、下、中丝读数，记入观测手簿；

前视立于第一点上的水准尺，瞄准、粗平、读上、下、中丝读数，记入观测手簿；

改变水准仪高度 10cm 以上，重新安置水准仪；

前视立于第一点上的水准尺，瞄准、精平、读中丝读数，记入观测手簿；

后视立于水准点上的水准尺，瞄准、精平、读中丝读数，记入观测手簿；

（2）单面尺计算检核

单面尺法的计算，见表 2-9，变更仪器高所测量的两次高差之差不得超过 5mm，其他要求与双面尺相同，合格时取两次的平均值作为测站高差。

表 2-9　四等水准测量记录（变更仪器高法）

测站	点号	后尺上丝	前尺上丝	第一次仪器高：后尺中丝	第二次仪器高：后尺中丝	平均高差 h_i/m	修正后的高差 $\bar{h}_i = h_i - \dfrac{L_i}{L} f_h$ /m	高程/m
		后尺下丝	前尺下丝	第一次仪器高：前尺中丝	第二次仪器高：前尺中丝			
		后视距	前视距	第一次仪器高：高差/m	第二次仪器高：高差/m			
		视距差	累计差	—	—			
A	BM₁	1.681	0.849	1.494	11.372	0.832		H_A=10.44
		1.307	0.473	0.66	0.541			
		37.4	37.6	0.833	0.831			
		−0.2	−0.2					

注意事项：

当水准仪瞄准、读数时，水准尺必须立直，尺子的左、右倾斜，观测者在望远镜中根据纵丝可以发觉，而尺子的前后倾斜则不易发觉，立尺者应注意。

每一测站，两次仪器高测得两个高差值之差不应大于 5mm，否则该测站应重测。

每一测站，通过上述测站检索，才能搬站；仪器未搬迁时，前、后视水准尺的立尺点如有尺垫则均不得移动，仪器搬迁了，说明已通过测站检核，后视的立尺人才能携尺前进至另一点；前视的立尺人仍不得移动尺垫，只是将尺面转向，由前视转变为后视。

▶ 子任务2　测设标高 ◀

根据施工场地附近的水准点，用水准测量的方法，把设计标高在地面上或建筑物的立面上标定出来，如在平整场地、开挖基槽、定室内地坪高度时均需将设计标高测设在施工现场并设立必要的标志，这也称为已知高程的测设。如图 2-33 所示，室内地坪相对标高为 ±0.000，它的绝对标高为 78.100m，需要把地坪整平成绝对标高为 78.100m 地面。

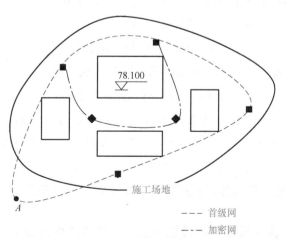

图 2-33　施工场地

1. 地面上设计高程点的测设

设计高程点的测设是根据附近已知的水准点，将已知的设计高程点测设到现场作用面上。在建筑设计和施工中，为了计算方便，一般把建筑物的室内地坪用 ±0.000 表示，基础、门窗等的标高都是以 ±0.000 为依据确定的。

假设在设计图纸上查得建筑物的室内地坪的高程为 $H_设$，而附近有一水准点 A，其高程为 H_A，现要求把 $H_设$ 测设到木桩 B 上。如图 2-34 所示，在木桩和水准点之间安置水准仪，在 A 点上立尺，读数为 a，则水准仪视线高程为

视线高程：
$$H_i = H_A + a$$

根据视线高程和地坪设计高程可算出 B 点尺上应有的读数为

$$b_应 = H_i - H_设$$

然后将水准尺紧靠 B 点木桩面上下移动，直到水准尺读数为 $b_应$ 时，沿尺底在木桩侧面划线，此线就是测设的高程位置。

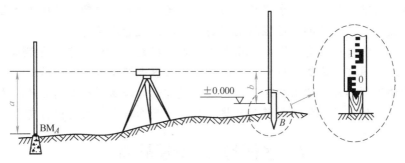

图 2-34　已知高程的测设

【例 2-6】 如图 2-34 所示，某建筑物的设计高程为 45.000m，室内地坪 ±0.000 标高，附近有一水准点 BM_A，其高程为 H_A=44.680m。现在要求把该建筑物的室内地坪高程测设到木桩 B 上，作为施工时控制高程的依据。测设方法如下：

（1）在水准点 BM_A 和木桩 B 之间安置水准仪，在 BM_A 立水准尺上，用水准仪的水平视线测得后视读数为 1.556m，此时视线高程为

$$44.680m+1.556m=46.236m$$

（2）计算 B 点水准尺尺底为室内地坪高程时的前视读数：

$$b=46.236m-45.000m=1.236m$$

（3）上下移动竖立在木桩 B 侧面的水准尺，直至水准仪的水平视线在尺上截取的读数为 1.236m 时，紧靠尺底在木桩上画一水平线，其高程即为 45.000m。

2. 基坑及二层以上楼层的设计高程点的测设

建筑施工中的开挖基槽或修建较高建筑、需要向低处或高处传递高程，此时可用悬挂的钢尺代替水准尺。

如图 2-35 所示，欲在深基坑内设置一点 B，使其高程为 $H_设$。地面附近有一水准点 A，其高程为 H_A。测设方法如下：

1）在基坑一边架设吊杆，杆上吊一根零点向下的钢尺，尺的下端挂上 10kg 的重锤；

2）在地面安置一台水准仪，设水准仪在 A 点所立水准尺上读数为 a_1，在钢尺上读数为 b_1；

3）在坑底安置另一台水准仪，设水准仪在钢尺上读数为 a_2；

4）计算 B 点水准尺底高程为 $H_设$ 时，B 点处水准尺的读数应为

$$b_应 = (H_A + a_1) - (b_1 - a_2) - H_设 \qquad (2\text{-}15)$$

若向建筑物上部传递高程时，可采用如图 2-36 所示方法。若欲在 B 处设置高程 H_B，则可在该点悬挂钢尺，使零端在上、上下移动钢尺，使水准仪的前视读数为

$$b_应 = (H_A + a_1) - (b_1 - a_2) - H_设$$

则钢尺零刻度所在的位置即为欲测设的高程。

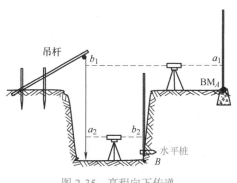

图 2-35　高程向下传递

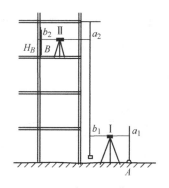

图 2-36　高程向上传递

任务 4　检验与校正水准仪

一、水准仪应满足的几何条件

根据水准测量的原理，水准仪必须能提供一条水平的视线，它才能正确地测出两点间的高差。为此，水准仪在结构上应满足的条件，如图 2-37 所示。

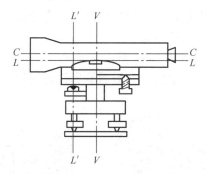

图 2-37　水准仪的轴线

1）圆水准器轴 $L'L'$ 应平行于仪器的竖轴 VV，即 $L'L'//VV$。当条件满足时，圆水准气泡居中，仪器的竖轴处于垂直位置，这样仪器转动到任何位置，圆水准气泡都应居中。

2）十字丝的中丝应垂直于仪器的竖轴 VV，即十字丝横丝水平，这样，在水准尺上进行读数时，可以用横丝的任何部位读数。

3）水准管轴 LL 应平行于视准轴 CC，即 $LL/\!/CC$。当此条件满足时，水准管气泡居中，视准轴处于水平位置。

以上这些条件，在仪器出厂前经过严格检校都是满足的，但是由于仪器长期使用和运输中的震动等原因，可能使某些部件松动，上述各轴线间的关系会发生变化。因此，为保证水准测量质量，在正式作业之前，必须对水准仪进行检验与校正。

二、水准仪的检验与校正

1. 圆水准器轴 $L'L'$ 平行于仪器的竖轴 VV 的检验与校正

（1）检验方法

旋转脚螺旋使圆水准气泡居中，然后将仪器绕竖轴旋转 180°，如果气泡仍居中，则表示该几何条件满足；如果气泡偏出分划圈外，如图 2-38 所示，说明 $L'L'$ 不平行于 VV，则需要校正。

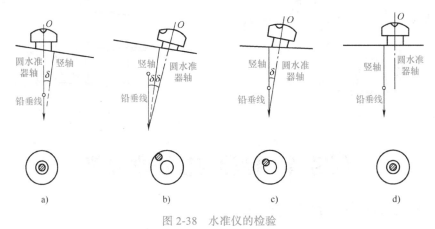

图 2-38　水准仪的检验

（2）校正方法

先调整脚螺旋，使气泡向零点方向移动偏离值的一半，此时竖轴处于铅垂位置。然后，稍旋松圆水准器底部的固定螺钉，用校正针拨动三个校正螺钉，使气泡居中，这时圆水准器轴平行于仪器竖轴且处于铅垂位置。

圆水准器校正螺钉的结构如图 2-39 所示。此项校正，需反复进行，直至仪器旋转到任何位置时，圆水准器气泡皆居中为止，最后旋紧固定螺钉。

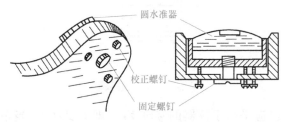

图 2-39　圆水准器的校正

2.十字丝中丝垂直于仪器的竖轴的检验与校正

（1）检验方法

安置水准仪，使圆水准器的气泡严格居中后，先用十字丝交点瞄准某一明显的点状目标 M，如图 2-40a 所示，然后旋紧制动螺旋，转动微动螺旋，如果目标点 M 不离开中丝，如图 2-40b 所示，则表示中丝垂直于仪器的竖轴；如果目标点 M 离开中丝，如图 2-40c 所示，则需要校正。

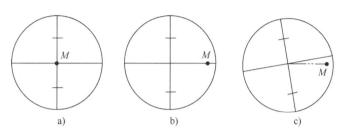

a)   b)   c)

图 2-40　十字丝横丝的检验

（2）校正方法

松开十字丝分划板座的固定螺钉转动十字丝分划板座，使中丝一端对准目标点 M，再将固定螺钉拧紧。此项校正也需反复进行。

3.水准管轴平行于视准轴的检验与校正

（1）检验方法

如图 2-41 所示，在较平坦的地面上选择相距约 80m 的 A、B 两点，打下木桩或放置尺垫。用皮尺丈量，定出 AB 的中间点 C。

1）在 C 点处安置水准仪，用变动仪器高法，连续两次测出 A、B 两点的高差，若两次测定的高差之差不超过 3mm，则取两次高差的平均值 h_{AB} 作为最后结果。由于距离相等，视准轴与水准管轴不平行所产生的前、后视读数误差 x_1 相等，故高差 h_{AB} 不受视准轴误差的影响。

2）在离 B 点大约 3m 的 D 点处安置水准仪，精平后读得 B 点尺上的读数为 b_2，因水准仪离 B 点很近，两轴不平行引起的读数误差 x_2 可忽略不计。根据 b_2 和高差 h_{AB} 算出 A 点尺上视线水平时的应读读数为

$$a_2' = b_2 + h_{AB}$$

然后，瞄准 A 点水准尺，读出中丝的读数 a_2，如果 a_2' 与 a_2 相等，表示两轴平行。否则存在 i 角，其角值为

$$i = \frac{a_2' - a_2}{D_{AB}} \rho \qquad (2-16)$$

式中　D_{AB}——A、B 两点间的水平距离（m）；

　　　　i——视准轴与水准管轴的夹角（″）；

　　　　ρ——一弧度的秒值，$\rho = 206265''$。

对于 DS_3 型水准仪来说，i 角值不得大于 20″，如果超限，则需要校正。

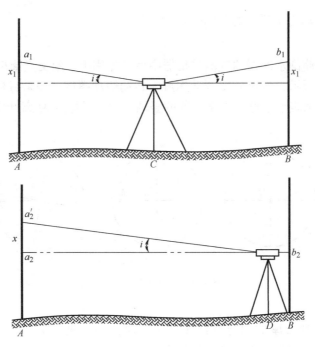

图 2-41　水准管轴平行于视准轴的检验

（2）校正方法

转动微倾螺旋，使十字丝的中丝对准 A 点尺上应读读数 a_2'，用校正针先拨松水准管一端左、右校正螺钉，如图 2-42 所示，再拨动上、下两个校正螺钉，使偏离的气泡重新居中，最后将校正螺钉旋紧。此项校正工作需反复进行，直至达到要求为止。

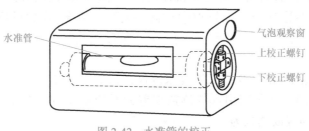

图 2-42　水准管的校正

任务 5　分析误差

水准测量的误差主要来源于三个方面：仪器结构的不完善（仪器误差）、观测者感觉器官的鉴别能力有限（观测误差）、外界自然条件的影响（外界条件误差）。测量工作者应根据误差产生的原因，采取相应的措施，尽量减少或消除各种误差的影响。

一、仪器误差

1. 仪器校正后的残余误差

例如，水准仪的水准管轴与视准轴不平行，虽经过校正但仍然残存少量误差，因而使读数产生误差。这项误差与仪器至立尺点的距离成正比，只要在测量中，使前、后视距离相等，在高差计算中就可消除或减少该项误差的影响。

2. 水准尺误差

由于水准尺刻划不准确、尺长变化、弯曲等影响，都会影响水准测量的精度。因此，水准尺须经过检验才能使用。至于水准尺的零点误差在成对使用水准尺时，可采取设置偶数测站的方法来消除，也可在前、后视中使用同一根水准尺来消除。

二、观测误差

1. 水准管气泡居中误差

由于水准管内液体与管壁的粘滞作用和观测者眼睛分辨能力的限制，致使气泡没有严格居中引起的误差。水准管气泡居中误差一般为 $\pm 0.15\tau''$（τ'' 为水准管分划值），采用符合水准器时，气泡居中精度可提高一倍。故由气泡居中误差引起的读数误差为

$$m_x = \frac{0.15\tau''}{2\rho}D \qquad (2\text{-}17)$$

式中　D——水准仪到水准尺的距离。

2. 读数误差

在水准尺上估读毫米数的误差，该项误差与人眼分辨能力、望远镜放大率以及视线长度有关。通常按下式计算：

$$m_v = \frac{60''}{v} \cdot \frac{D}{\rho''} \qquad (2\text{-}18)$$

式中　　v——望远镜放大率；

　　　　$60''$——人眼能分辨的最小角度。

为保证估读数精度，各等级水准测量对仪器望远镜的放大率和最大视线长都有相应规定。

3. 视差影响

当存在视差时，十字丝平面与水准尺影像不重合，若眼睛观察位置的不同，便读出不同的读数，因此产生读数误差。操作中应仔细调焦，避免出现视差。

4. 水准尺倾斜误差

水准尺倾斜将使尺上读数增大，其误差大小与尺倾斜的角度和在尺上的读数大小有关。例如，尺子倾斜 3°30′，视线在尺上读数为 1.0m 时，会产生约 2mm 的读数误差。因此，测量过程中，要认真扶尺，尽可能保持尺上水准气泡居中，将尺立直。

三、外界条件影响

1. 仪器下沉

仪器安置在土质松软的地方，在观测过程中会产生下沉。由于仪器下沉，使视线降低，从而引起高差误差。若采用"后、前、前、后"的观测程序，可减小其影响。此外，

应选择坚实的地面作测站，并将脚架踏实。

2. 尺垫下沉

仪器搬站时，如果在转点处尺垫下沉，会使下一站后视读数增大，这将引起高差误差。所以转点也应选在坚实地面并将尺垫踏实，或采取往返观测的方法，取其成果的平均值，可以消减其影响。

3. 地球曲率及大气折光的影响

如图 2-43 所示，A、B 为地面上两点，大地水准面是一个曲面，如果水准仪的视线 $a'b'$ 平行于大地水准面，则 A、B 两点的正确高差为

$$h_{AB} = a' - b'$$

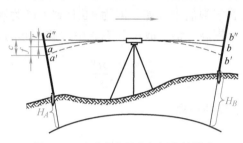

图 2-43　地球曲率及大气折光的影响

但是，水平视线在水准尺上的读数分别为 a''、b''。a'、a'' 之差与 b'、b'' 之差，就是地球曲率对读数的影响，用 c 表示。由式（0-11）知：

$$c = \frac{D^2}{2R} \tag{2-19}$$

式中　D——水准仪到水准尺的距离（km）；

　　　R——地球的平均半径，$R=6371$km。

由于大气折光的影响，视线是一条曲线，在水准尺上的读数分别为 a、b。a、a'' 之差与 b、b'' 之差，就是大气折光对读数的影响，用 r 表示。在稳定的气象条件下，r 约为 c 的 1/7，即

$$r = \frac{1}{7}c = \frac{D^2}{14R} \tag{2-20}$$

地球曲率和大气折光的共同影响为

$$f = c - r = 0.43\frac{D^2}{R} \tag{2-21}$$

地球曲率和大气折光的影响，可采用使前、后视距离相等的方法来消除。

4. 温度的影响

温度的变化不仅会引起大气折光变化，造成水准尺影像在望远镜内十字丝面内上、下跳动，难以读数。当烈日直晒仪器时也会影响水准管气泡居中，造成测量误差。因此水准

测量时，应撑伞保护仪器，并选择有利的观测时间。

项目考核方案设计表

项目 2	高程控制测量			
过程考核	考核项目及分值比例	评价标准	考核方式及单项权重	
			组员互评	教师评价
	仪器构造认识、使用（80分）	仪器操作正确、熟练	20%	80%
	工作态度（5分）	纪律性好，主动积极，认真负责，勤学好问	20%	80%
	团队合作和协作（5分）	与小组成员和谐合作，主动承担分工，合理处理人际关系并能协助他人完成工作任务	20%	80%
	自主学习能力（10分）	能查阅书籍、规范自主学习	—	100%
总计	100分			

思考与习题

一、填空题

1. 水准仪主要由_____、_____、_____组成。

2. 水准仪上圆水准器的作用是_____。

3. 望远镜产生视差的原因是_____。

4. 水准路线按布设形式分为_____、_____、_____。

5. 某站水准测量时，由 A 点向 B 点进行测量，测得 AB 两点之间的高差为0.506m，且 B 点水准尺的读数为2.376m，则 A 点水准尺的读数为_____。

6. 水准测量测站检核可以采用_____或_____测量两次高差。

7. 四等水准测量中丝读数法的观测顺序为_____、_____、_____、_____。

8. 已知 A 点高程为14.305m，欲测设高程为15.000m的 B 点，水准仪安置在 A、B 两点中间，在 A 尺读数为2.314m，则在 B 尺读数应为_____m，才能使 B 尺零点的高程为设计值。

二、名词解释

1. 圆水准器

2. 视差

3. 附合水准路线、闭合水准路线、支水准路线

4. 四等水准测量

三、问答题

1. 水准测量的基本原理是什么？

2. 水准仪使用的基本操作程序是什么？

3. 简述水准测量的误差来源及相应消除或减弱措施。

4. 简述水准测量时水准仪的粗平目的。

四、计算题

1. 已知 A 点的高程为10.010m，在 AB 两点之间进行连续水准测量，数据如图2-44所示，试计算 B 点的高程 H_b。

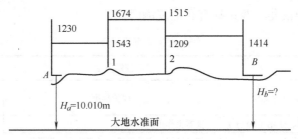

图 2-44　求 B 点高程

2. A、B 为已知水准点，A 点高程为 65.376m，B 点高程为 68.623m，1、2、3 为待测水准点，各测段高差、测站数如下：

$$h_1=+1.575m \qquad h_2=+2.036m \qquad h_3=-1.742m \qquad h_4=+1.446m;$$

$$n_1=8 \qquad n_2=12 \qquad n_3=14 \qquad n_4=16$$

计算：

（1）求附合水准路线的闭和差；

（2）求各段高差的改正数；

（3）求各段改正后的高差；

（4）求 1、2、3 点高程。

3. 由四个水准点组成闭合水准路线，已知 BM_A 高程为 $H_A=57.680m$，每两点间测站数和高差观测值见表 2-10。

计算：（1）求高差闭合差；

（2）平差后，每点的高程。

表 2-10　各测站数和高差观测值

5 点号	距离 /km（测站数）	高差 /m	改正数 /m	改正后高差 /m	高程 /m	备注
BM_A	1	1.467			57.680	
1	2	1.783				
2						
3	3	−2.526				
BM_A	4	−0.744				
Σ						

4. 由四个水准点组成附合水准路线，已知 BM_A 高程为 $H_A=71.620m$，$H_B=69.140m$，每两点间测站数和高差观测值见表 2-11，计算 1、2 点高程。

表 2-11 各测站数和高差观测值

点号	测站数	高差 /m	改正数 /m	改正后高差 /m	高程 /m	备注
BM_A					71.620	
	1	1.168				
1						
	2	−2.073				
2						
	3	−1.587				
BM_A					69.140	
Σ						

项目 3　平面控制测量

工作任务 》》》

序号	工作任务	子任务
1	了解平面控制测量	—
2	进行平面控制测量的基本测量	测量水平角
		测设水平角
		测量竖直角
		测量距离
		测设距离
		测量三角高程
		推算坐标方位角
		测设平面位置
3	进行平面控制测量	测量导线
		测设建筑基线
		测设建筑方格网

任务目标 》》》

序号	知识目标	能力目标	素质目标	权重
1	掌握施平面控制网	掌握施平面控制网的基本形式		0.1
2	掌握全站仪测量与测设水平角操作及计算方法 掌握竖直角、三角高程测量及计算方法 掌握钢尺、全站仪距离测量与测设及计算方法 掌握坐标方位角计算方法	能使用全站仪测量与测设水平角并计算 能进行竖直角、三角高程测量与计算 能进行钢尺、全站仪距离测量、测设及计算 能进行坐标方位角计算	培养精益求精的大国工匠精神、吃苦耐劳的意志品质及安全保密和维护国家安全意识	0.5
3	掌握基线、方格网及导线测设方案编制方法 掌握基线、方格网及导线测设、计算及精度控制方法	能够编制基线、方格网及导线测量方案 能进行场地基线、方格网及导线测设、计算与精度控制		0.4
	总计			1.0

仪器	图纸	任务单
经纬仪、全站仪	地形图	水平角测量、竖直角测量、距离测量、水平角测设、距离测设、三角高程测量、导线测量、基线测设、建筑方格网测设

学 教 建 议 >>>

在教室，采用集中讲授、动态教学、分组讨论与实训等教学方法。

学前阅读 >>>

长期以来，西藏测绘部门立足维护国家主权、安全和利益，承担起了守护地理信息资源安全的重要使命，自治区省级基础测绘部门实现了从无到有的历史突破，并得到持续快速发展，"十一五"以来，持续实施西藏自治区平面控制网建设，布设测量全区已呈定位大地控制点 678 点（截至 2019 年），初步建成覆盖全区主要国、省道交通沿线的平面控制网。

本项目主要学习平面控制测量，掌握平面控制测量相关技能是对我们测绘人员的基本要求，学好本项目，除了要秉承求真务实、精益求精的工匠精神，更要懂得自觉维护国家安全。

任务 1　了解平面控制测量

平面控制测量遵循"从整体到局部，先控制后碎部"的原则，施工之前，施工场地须先建立平面控制网，然后根据控制网进行建筑物测设。测定控制点平面位置（x，y）的工作，称为平面控制测量。

平面控制网可以布设成导线网、建筑方格网、建筑基线、三角网及 GPS 网形式。

1）导线网。对于地势平坦，通视又比较困难的施工场地，可采用导线网，如图 3-1 所示。

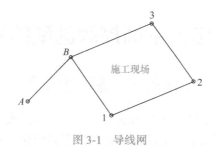

图 3-1　导线网

2）建筑方格网。对于建筑物多为矩形且布置比较规则和密集的施工场地，可采用建筑方格网，如图 3-2 所示。

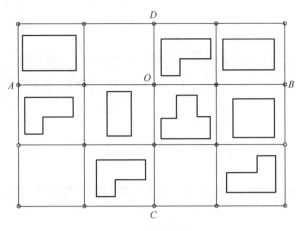

图 3-2 建筑方格网

3）建筑基线。对于地势平坦且又简单的小型施工场地，可采用建筑基线，如图 3-3 所示。

4）三角网。对于地势起伏较大，通视条件较好的施工场地，可采用三角网法，如图 3-4 所示。

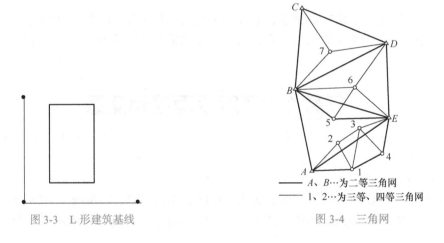

图 3-3 L 形建筑基线

图 3-4 三角网

任务 2 进行平面控制测量的基本测量

▶ 子任务 1 测量水平角 ◀

角度测量是确定地面点位时的基本测量工作之一，包括水平角测量和竖直角测量，前者用于测定平面点位，后者用于测定高程或将倾斜距离转化为水平距离。角度测量常用的仪器为经纬仪或全站仪。

一、水平角测量原理

水平角为一点到两目标的方向线所作两竖直面间的二面角。如图 3-5 所示，A、B、O 为地面上任意三点，连线 BO、AO 铅垂线方向投影到水平面上，得到相应的 A_1、B_1、O_1 点，则 B_1O_1 与 A_1O_1 的夹角 β 即为地面 A、B、O 点在 O 点的水平角。

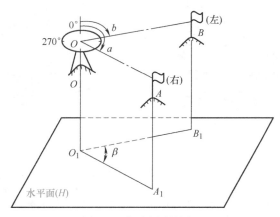

图 3-5　水平角测量原理

为测定水平角，在顶点 O 铅垂线上安置一架经纬仪或全站仪，由上述原理可知，仪器需具有对中装置，即使仪器中心保证在地面点的铅垂线上；仪器的望远镜不但能瞄准高低不同的目标，还应能瞄准左右方向的目标，即望远镜能够在水平和竖直方向转动；仪器有一个能水平安置的刻度圆盘——水平度盘，度盘上有顺时针 $0° \sim 360°$ 刻划。通过望远镜瞄准不同目标 A 和 B，在水平度盘上的读数分别为 a 和 b，则水平角为 β 为这两个读数之差，即

$$\beta = \text{右目标读数} - \text{左目标读数} = b - a$$

二、经纬仪和角度测量工具

1. 光学经纬仪

（1）光学经纬仪的基本组成

经纬仪按照不同测角精度又分成多种等级，如 DJ_1、DJ_2、DJ_6、DJ_{10} 等。"D" 和 "J" 为 "大地测量" 和 "经纬仪" 的汉语拼音第一个字母。下标数字代表该仪器测量精度。如 DJ_6 表示一测回方向观测中误差不超出 $\pm 6''$。

经纬仪
构造

在工程中常用的经纬仪有 DJ_2、DJ_6 和 DJ_{10}。不同厂家生产的经纬仪其构造略有区别，但其基本原理相同。下面详细介绍 DJ_6 经纬仪。

DJ_6 型光学经纬仪主要由照准部、水平度盘和基座三部分组成，如图 3-6 所示。

1）照准部。照准部是指经纬仪上部的能够转动的部分，主要包括望远镜、竖直度盘、水准器、照准部旋转轴、横轴、读数设备、支架装置、水平和竖直制动及微动装置等。

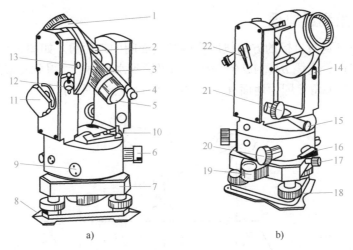

a)   b)

图 3-6   DJ$_6$ 型光学经纬仪

1—望远镜物镜 2—粗瞄器 3—对光螺旋 4—读数目镜 5—望远镜目镜 6—转盘手轮 7—基座 8—导向板
9、13—堵盖 10—水准器 11—反光镜 12—自动归零旋钮 14—调指标差盖板 15—光学对点器 16—水平制动扳钮
17—固定螺旋 18—脚螺旋 19—圆水准器 20—水平微动螺旋 21—望远镜微动螺旋 22—望远镜制动钮

照准部下部的旋转轴插在水平度盘空心轴内，水平度盘空心轴插在基座竖轴轴套内。旋转轴的几何中心线称为竖轴。望远镜与横轴固连在一起安置在支架上，支架上装有望远镜的制动和微动螺旋控制望远镜在竖直方向的转动。竖直度盘（简称竖盘）固定在横轴的一端，用于测量竖直角。竖盘随望远镜一起转动，而竖盘读数指标不动，但可通过竖盘指标水准管微动螺旋作为小移动。调整此微动螺旋使竖盘指标水准管气泡居中，指标位于正确位置。目前，有许多经纬仪已不采用竖盘指标水准管，而用自动归零装置代替。照准部水准管是用来整平仪器的，圆水准器用作粗略整平。读数设备包括一个读数显微镜、测微器以及光路中一系列的透镜和棱镜等。此外，为了控制照准部水平方向的转动，装有水平制动和微动螺旋。望远镜可以绕横轴在竖直面内上、下转动，又能随着支架绕竖轴作水平方向 360° 旋转。利用水平和竖直制动及微动螺旋，可以使望远镜固定在任一位置。望远镜边上设有光学读数显微镜，通过它可以读出水平角和竖直角。

2）水平度盘。水平度盘是由光学玻璃制成的精密刻度盘，用于测量水平角。度盘全圆周刻划 0°～360°，最小间隔有 1°、30′、20′ 三种，水平度盘顺时针注记。在水平角测角过程中，水平度盘固定不动，不随照准部转动。

为了改变水平度盘位置，仪器设有水平度盘转动装置，一种使水平度盘位置发生变换的手轮，或称转盘手轮。使用时，将手轮推压进去，转动手轮，此时水平度盘随着转动。待转到所需位置时，将手松开，手轮退出，水平度盘位置即安置好，这种结构不能使度盘随照准部一起转动。

3）基座。基座用于支承整个仪器，利用中心螺旋使经纬仪照准部紧固在三脚架上。基座上有三个脚螺旋，用于整平仪器。基座上连接着一个竖轴轴套及固定螺旋。该螺旋拧紧后，可将照准部固定在基座上，所以使用仪器时切勿随意松动此螺旋，以免照准部与基座分离而坠落。中心螺旋下有一个挂钩，用于挂垂球。当垂球尖对准地面测点，水平度盘水平时，水平度盘中心位于测点的铅垂线上。

（2）光学经纬仪读数

光学经纬仪的水平度盘和竖直度盘的分划线是通过一系列的棱镜和透镜成像在望远镜目镜边的读数显微镜内。由于度盘尺寸有限，最小分划间隔难以直接刻划到秒。为了实现精密测角，要借助光学测微技术。不同的测微技术读数方法也不同，DJ$_6$型光学经纬仪常用分微尺测微器和单平板玻璃测微器两种方法。

DJ$_6$型光学经纬仪采用分微尺测微器进行读数。这类仪器的度盘分划值为1°，按顺时针方向注记每度的读数。在读数显微镜的读数窗上装有一块带分划的分微尺，度盘上1°的分划线间隔经显微物镜放大后成像于分微尺上。图3-7就是读数显微镜内所看到的度盘和分微尺的影像，上面注有"H"（或"水平"）的为水平度盘读数窗。注有"V"（或"竖直"）的为竖直度盘读数窗。分微尺的长度等于放大后度盘分划线间隔1°的长度，分微尺分为60个小格，每小格为1′。分微尺上每10小格注有数字，表示0′、10′、20′、…、60′，其注记增加方向与度盘注记相反。角度的整度值可从度盘上直接读出，不足1°的值在分微尺上读取。这种读数装置可以直接读到1′，估读到0.1′，即6″。

读数时，分微尺上的0分划线为指标线，它所指的度盘上的位置就是度盘读数的位置，如图3-7所示，在水平度盘的读数的读数窗中，由落在分微尺上的度盘分划的注记读出319°，图中为6格，故为6′，不足一格估读秒数为42″（估读数只能是6的倍数），因此水平度盘的读数应是319°06′42″，同理，竖直度盘读数应是86°35′30″。

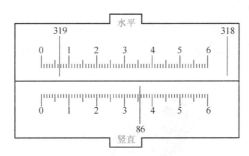

图3-7　经纬仪读数

2. 角度测量工具

标杆、测钎和觇板均为经纬仪瞄准目标时所使用的照准工具，如图3-8所示。

通常将标杆、测钎的尖端对照目标点的标志，并竖直立好作为瞄准的依据。测钎适于距测站较近的目标，标杆适于距测站较远的目标。觇板（或称为觇牌）一般连接在基座上并通过连接螺旋固定在三脚架上使用，远近皆可适用。觇牌一般为红白或黑白相间，且常与棱镜结合用于电子经纬仪或全站仪，有时也可悬挂垂球用垂球线作为瞄准标志。

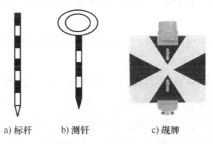

a) 标杆　　b) 测钎　　c) 觇牌

图3-8　角度测量工具

三、经纬仪的使用

角度测量时，应将经纬仪安置在测站（角顶点）上，然后再进行观测。经纬仪的使用包括对中、整平、瞄准、读数四个步骤。对中和整平是仪器的安置工作，瞄准和读数是观测工作。

经纬仪的
使用

1. 对中

对中的目的是使仪器的旋转轴位于测站点的铅垂线上。对中可用垂球对中或光学对点器对中。垂球对中精度一般在 3mm 之内，光学对点器对中精度可达到 1mm。

（1）用垂球对中

1）张开三脚架，调节架腿，使三脚架高度适中、架头大致水平，架腿与地面约成 75°角，并使架头中心初步对准标志中心。

2）装上仪器，使其位于架头中部，拧紧中心螺旋，挂上垂球。如果垂球尖偏离标志中心较大，可平移脚架，使垂球尖靠近标志中心，并将三脚架的脚尖踩入土中。同时，注意保持架头大致水平和垂球偏离标志中心不超过 1cm。

3）稍许松开中心连接螺旋，在架头上慢慢移动仪器，使垂球尖对准标志中心，再旋紧中心连接螺旋，如图 3-9 所示。垂球对中的误差可小于 3mm。

（2）用光学对中器对中

光学对中器是装在照准部的一个小望远镜，光路中装有直角棱镜，是通过仪器纵轴中心的光轴由铅垂方向折射成水平方向，便于观察对中情况，如图 3-10 和图 3-11 所示。

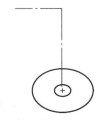

图 3-9　垂球对中　　　图 3-10　对中器对中　　　图 3-11　光学经纬仪对中器光路图

1）首先使架头大致水平，用垂球（或目估）初步对中；然后转动（拉出）对中器目镜，使测站标志的影像清晰。

2）转动脚螺旋，使标志中心影像位于对中器小圆圈（或十字分划线）中心，此时圆水准器气泡偏离。

3）伸缩脚架使圆水准气泡居中，但需注意脚尖位置不得移动；再转脚螺旋使水准管气泡居中。

4）检查对中情况，标志中心是否位于小圆圈中心，若有很小偏差可稍许松开中心连接螺旋，平移基座，使标志中心和分划圈中心重合。

5）检查水准管气泡，若气泡仍居中，说明对中已经完成。否则，应重复1）、2）、3）、4）的步骤直至标志中心与分划圈中心重合后水准管气泡仍居中为止。最后，将中心螺旋旋紧。

用光学对中器对中的优点是不受风力的影响且能提高对中精度,其误差一般可小于1mm。

2. 整平

整平的目的是使仪器竖轴在铅垂位置、水平度盘在水平位置。操作步骤为:

1)转动照准部,使水准管与任意两个脚螺旋连线平行。双手相向转动这两个脚螺旋使气泡居中,如图3-12a所示。

2)将照准部旋转90°,调整第三个脚螺旋使气泡居中,如图3-12b所示。

3)按上述方法反复操作,直到仪器旋至任意位置气泡均居中为止。注意气泡移动方向与左手大拇指移动方向一致。

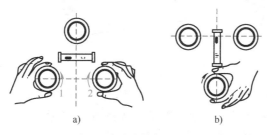

图3-12　水准管气泡调整

3. 瞄准

1)松开望远镜制动螺旋和照准部制动螺旋,将望远镜朝向明亮背景,调节目镜对光螺旋,使十字丝清晰。

2)利用望远镜上的照门和准星粗略对准目标,拧紧照准部及望远镜制动螺旋。调节物镜对光螺旋,使目标影像清晰,并注意消除视差。

3)转动照准部和望远镜微动螺旋,精确瞄准目标。测量水平角时,应用十字丝交点附近的竖丝瞄准目标底部,如图3-13所示。

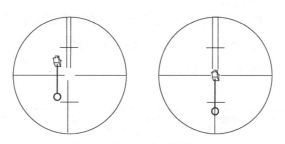

图3-13　测水平角时瞄准目标

4. 读数

1)打开反光镜,调节反光镜镜面位置,使读数窗亮度适中。
2)转动读数显微镜目镜对光螺旋,使度盘、测微尺及指标线的影像清晰。
3)根据仪器的读数设备,按前述的经纬仪读数方法进行读数。

四、水平角测量

水平角的观测方法一般根据目标的多少、测角精度的要求和施测时所用的仪器来确定，常用的观测方法有测回法和方向观测法。

1. 测回法

测回法适用于观测两个方向之间的单个水平角。如图 3-14 所示，A、O、B 分别为地面上的 3 个点，欲测定 OA 与 OB 所构成的水平角，其操作步骤如下：

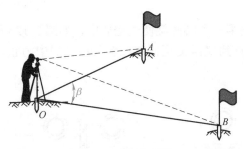

水平角测量
（测回法）

图 3-14　水平角测量

1）在测站点 O 安置经纬仪，在 A、B 两点竖立测杆或测钎等，作为目标标志。

2）将仪器置于盘左位置，转动照准部，先瞄准左目标 A，读取水平度盘读数 a_L，设读数为 0°01′30″，记入水平角观测手簿表 3-1 相应栏内。松开照准部制动螺旋，顺时针转动照准部，瞄准右目标 B，读取水平度盘读数 b_L，设读数为 98°20′48″，记入表 3-1 相应栏内。

以上称为上半测回，盘左位置的水平角角值（也称上半测回角值）β_L 为

$$\beta_L = b_L - a_L = 98°20′48″ - 0°01′30″ = 98°19′18″$$

3）松开照准部制动螺旋，倒转望远镜成盘右位置，先瞄准右目标 B，读取水平度盘读数 b_R，设读数为 278°21′12″，记入表 3-1 相应栏内。松开照准部制动螺旋，逆时针转动照准部，瞄准左目标 A，读取水平度盘读数 a_R，设读数为 180°01′42″，记入表 3-1 相应栏内。

以上称为下半测回，盘右位置的水平角角值（也称下半测回角值）β_R 为

$$\beta_R = b_R - a_R = 278°21′12″ - 180°01′42″ = 98°19′30″$$

上半测回和下半测回构成一个测回。

测回法内业
计算

表 3-1　测回法观测手簿

测站	竖盘位置	目标	水平度盘读数 ° ′ ″	半测回角值 ° ′ ″	一测回角值 ° ′ ″	各测回平均值 ° ′ ″	备注
第一测回点 O	左	A	0　01　30	98　19　18	98　19　24	98　19　30	
		B	98　20　48				
	右	A	180　01　42	98　19　30			
		B	278　21　12				
第二测回点 O	左	A	90　01　06	98　19　30	98　19　36		
		B	188　20　36				
	右	A	270　00　54	98　19　42			
		B	8　20　36				

4）对于 DJ_6 型光学经纬仪，如果上、下两半测回角值之差不超出 ±40″，则认为观测合格。此时，可取上、下两半测回角值的平均值作为一测回角值 β。

在本例中，上、下两半测回角值之差为

$$\Delta\beta = \beta_L - \beta_R = 98°19'18'' - 98°19'30'' = -12''$$

一测回角值为

$$\beta = \frac{1}{2}(\beta_L + \beta_R) = \frac{1}{2} \times (98°19'18'' + 98°19'30'') = 98°19'24''$$

将结果记入表 3-1 相应栏内。

注意：由于水平度盘是顺时针刻划和注记的，所以在计算水平角时，总是用右目标的读数减去左目标的读数，如果不够减，则应在右目标的读数上加上 360°，再减去左目标的读数，决不可以倒过来减。

当测角精度要求较高时，需对一个角度观测多个测回，应根据测回数 n，以 $180°/n$ 的差值，安置水平度盘读数。例如，当测回数 $n=2$ 时，第一测回的起始方向读数可安置在略大于 0° 处；第二测回的起始方向读数可安置在略大于（180°/2）=90° 处。各测回角值互差如果不超过 ±40″（对于 DJ_6 型），取各测回角值的平均值作为最后角值，记入表 3-1 相应栏内。

2. 方向观测法

方向观测法简称方向法，适用于在一个测站需要观测 3 个及 3 个以上方向，即观测多个角度时。该方法以某个方向为起始方向（又称零方向），依次观测其余各个目标相对于起始方向的方向值，则每一角度就组成该角的两个方向值之差。

（1）方向观测法的观测步骤

如图 3-15 所示，设 O 为测站点，A、B、C、D 为观测目标，用方向观测法观测各方向间的水平角，具体施测步骤如下：

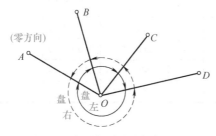

水平角测量（方向观测法）

图 3-15　水平角测量（方向观测法）

1）安置仪器。在测站点 O 安置经纬仪或全站仪，对中、整平，在 A、B、C、D 观测目标处竖立观测标志或棱镜。

2）盘左位置。将度盘置于盘左位置并选择一个明显目标 A 作为起始方向，瞄准零方向 A，将水平度盘读数安置在稍大于 0° 处，读取水平度盘读数，记入表 3-2 方向观测法观测手簿第 4 列。松开照准部制动螺旋，顺时针方向旋转照准部，依次瞄准 B、C、D 各目标，分别读取水平度盘读数，记入表 3-2 第 4 列。为了校核，再次瞄准零方向的目标

A，称为归零，并读数，以上为上半测回，两次瞄准 A 点的读数之差称为"归零差"，记入表 3-2 第 4 列，不同精度等级的仪器，其限差要求不同。对于 DJ_6 级经纬仪，半测回归零差允许值为 18″。如果在允许范围之内，则取的平均值作为起始零方向的方向值，如果超限则需重新观测。

3）盘右位置。将度盘置于盘右位置瞄准起始方向 A 并读数，然后按逆时针方向依次照准目标 D、C、B、A，读数，并将水平度盘读数由下向上记入表 3-2 第 5 列，此为下半测回。

上、下两个半测回合称一个测回。在同一测回内不能第二次改变水平度盘的位置。为了提高精度，有时在一个测站上的水平方向须观测 n 个测回，则各测回间应将水平度盘的起始位置按照 $180°/n$ 进行变换。例如，要观测 2 个测回，则每个测回起始零方向的水平度盘读数应分别在 0°、90° 附近；观测 3 个测回时，则分别在 0°、60°、90° 附近。

方向观测法
内业计算

表 3-2　方向观测法记录手簿

测站	测回数	目标	水平度盘读数		2c	平均读数	归零后方向值	各测回归零后方向平均值	略图及角值
			盘左	盘右					
			° ′ ″	° ′ ″	″	° ′ ″	° ′ ″	° ′ ″	
1	2	3	4	5	6	7	8	9	10
O	1	A	0 02 12	180 02 00	+12	(0 02 10) 0 02 06	0 00 00	0 00 00	
		B	37 44 15	217 44 05	+10	37 44 10	37 42 00	37 42 03	
		C	110 29 04	290 28 52	+12	110 28 58	110 26 48	110 26 52	
		D	150 14 51	330 14 43	+8	150 14 47	150 12 37	150 12 33	
		A	0 02 18	180 02 08	+10	0 02 13			
	2	A	90 03 30	270 03 22	+8	(90 03 24) 90 03 26	0 00 00		
		B	127 45 34	307 45 28	+6	127 45 31	37 42 07		
		C	200 30 24	20 30 18	+6	200 30 21	110 26 57		
		D	240 15 57	60 15 49	+8	240 15 53	150 12 29		
		A	90 03 25	270 03 18	+7	90 03 22			

（2）方向观测法的计算

1）计算两倍照准误差 2c 值：

$$2c = 盘左读数 - （盘右读数 \pm 180°）$$

上式中，盘右读数大于 180° 时取"−"号，盘右读数小于 180° 时取"+"号。2c 值是同一个方向盘左盘右水平方向值之差，它应为一常数，各方向的 2c 值的变化是方向观测中偶然误差的反映。对于 DJ_2 经纬仪，规定 2c 值的变化不应大于 13″；对于 DJ_6 经纬仪，规范没有此规定。如果 2c 值的变化没有超限，则取盘左、盘右的平均值作为该方向的方向值；如果超限，应在原度盘位置重测。

2）计算各方向的平均读数。平均读数又称为各方向的方向值：

$$平均读数 = \frac{1}{2}\big[盘左读数 + （盘右读数 \pm 180°）\big]$$

计算时，以盘左读数为准，将盘右读数加或减 180° 后，和盘左读数取平均值。计算各方向的平均读数，填入表 3-2 第 7 列。起始方向有两个平均读数，故应再取其平均值，填入表 3-2 第 7 列上方小括号内。

3）计算归零后的方向值。将各方向的平均读数减去起始方向的平均读数（括号内数值），即得各方向的"归零后方向值"，填入表 3-2 第 8 列。起始方向归零后的方向值为零。

4）计算各测回归零后方向值的平均值。多测回观测时，同一方向值各测回互差，若符合表 3-3 中的规定，则取各测回归零后方向值的平均值，作为该方向的最后结果，填入表 3-2 第 9 列。

5）计算各目标间水平角角值。

将第 9 列相邻两方向值相减即可求得各目标间水平角方向值，注于第 10 列略图的相应位置上。

当需要观测的方向为 3 个时，除不做归零观测外，其他均与 3 个以上方向的观测方法相同。

表 3-3　方向观测法的各项限差要求

经纬仪级别	半测回归零差（″）	2c 值变化范围（″）	同一方向各测回互差（″）
DJ$_2$	8	13	9
DJ$_6$	18	—	24

子任务 2　测设水平角

水平角的测设，就是在已知角点并根据一个已知边方向，标定出另一边方向，使两方向的水平夹角等于已知水平角角值。根据精度要求不同，测设方法有两种。

1. 一般测设方法

当测设水平角的精度要求不高时，可采用盘左、盘右分中的方法，得到欲测设的角度。如图 3-16 所示。设地面已知方向 OA，O 为角点，β 为已知水平角角值，OB 为欲定的方向线。测设方法如下：

1）在 O 点安置经纬仪或全站仪，盘左位置瞄准 A 点，使水平度盘读数为 0°00′00″。

2）转动照准部，使水平度盘读数恰好为 β 值，在此视线上定出 B′ 点。

3）盘右位置，重复上述步骤，再测设一次，定出 B″ 点。

4）取 B′ 和 B″ 的中点 B，则 ∠AOB 就是要测设的 β 角。

2. 精确测设方法

当测设水平角精度要求较高时，需采用精确方法。其基本方法是在一般测设方法的基础上进行垂线改正，从而提高测设精度。可按如下步骤进行测设，如图 3-17 所示。

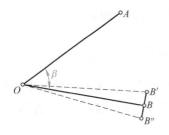

图 3-16 已知水平角测设的一般方法

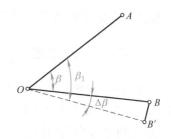

图 3-17 已知水平角测设的精确方法

1）安置仪器于 O 点，先用一般方法测设出 β 角，在地面上定出 B' 点。

2）用测回法对 $\angle AOB$ 观测若干个测回（测回数根据要求的精度而定），求出各测回角值的平均值 β_1 作为观测结果，并计算出

$$\Delta\beta = \beta - \beta_1$$

3）量取 OB' 的水平距离。

4）用式（3-1）计算改正距离。

$$BB' = OB'\tan\Delta\beta \approx OB'\frac{\Delta\beta}{\rho} \tag{3-1}$$

5）自 B' 点沿 OB' 的垂直方向量出距离 BB'，定出 B 点，则 $\angle AOB$ 就是要测设的角度。

量取改正距离时，如 $\Delta\beta$ 为正，则沿 OB' 的垂直方向向外量取；如 $\Delta\beta$ 为负，则沿 OB' 的垂直方向向内量取。

➤➤ 子任务 3 测量竖直角 ◄◄

1.竖直角测量原理

在同一铅垂面内，观测视线与水平线之间的夹角，称为竖直角，用 α 表示。其角值范围为 $-90° \sim +90°$。如图 3-18 所示，视线在水平线的上方，则竖直角为仰角，符号为正（$+\alpha$）；视线在水平线的下方，则竖直角为俯角，符号为负（$-\alpha$）。

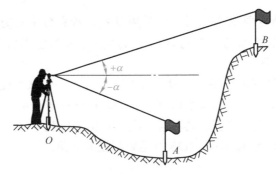

图 3-18 竖直角测量原理

与水平角一样，竖直角的角值也是度盘上两个方向的读数之差，即望远镜瞄准目标的

视线与水平线分别在竖直度盘上有对应读数，两读数之差即为垂直角的角值。所不同的是，竖直角的两方向中的一个方向是水平方向。无论对哪一种经纬仪或全站仪来说，视线水平时的竖盘读数都应为 90° 的倍数。所以，测量竖直角时，只要瞄准目标读出竖盘读数，即可计算出竖直角。

2. 竖直度盘的构造

如图 3-19 所示，光学经纬仪竖直度盘的构造包括竖盘、读数指标、竖盘指标水准管和竖盘指标水准管微动螺旋。

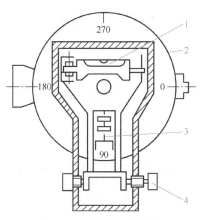

图 3-19 竖直度盘的构造

1—竖盘指标水准管 2—竖盘 3—读数指标 4—竖盘指标水准管微动螺旋

竖直度盘固定在横轴的一端，且垂直于望远镜横轴，随望远镜的上下而转动。在竖盘中心的下方装有反映读数指标线的棱镜，它与竖盘指标水准管连在一起，不随望远镜转动，只能通过调节指标水准管微动螺旋，使棱镜和指标水准管一起作微小转动。当指标水准管气泡居中时，棱镜放映的读数指标线处于正确位置。竖盘的注记形式分天顶式注记和高度式注记两类。所谓天顶式注记就是假想望远镜指向天顶时，竖盘读数指标指示的读数为 0° 或 180°；高度式注记就是假想望远镜指向天顶时，竖盘读数指标指示的读数为 90° 或 270°。竖直度盘是一个玻璃圆环，分划与水平度盘相似，度盘刻度 0°～360° 的注记有顺时针方向和逆时针方向两种。顺时针方向注记，如图 3-20a 所示。逆时针方向注记，如图 3-20b 所示。

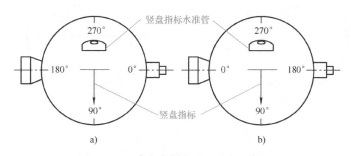

图 3-20 竖直度盘刻度注记（盘左位置）

竖直度盘构造的特点是：当望远镜视线水平，竖盘指标水准管气泡居中时，盘左位置的竖盘读数为 90°，盘右位置的竖盘读数为 270°。

3. 竖直角计算公式

由于竖盘注记形式不同，垂直角计算的公式也不一样。现在以顺时针注记的竖盘为例，推导竖直角计算的公式。

如图 3-21 所示，盘左位置：视线水平时，竖盘读数为 90°。当瞄准一目标时，竖盘读数为 L，则盘左竖直角 α_L 为

$$\alpha_L = 90° - L \tag{3-2}$$

如图 3-21 所示，盘右位置：视线水平时，竖盘读数为 270°。当瞄准原目标时，竖盘读数为 R，则盘右竖直角 α_R 为

$$\alpha_R = R - 270° \tag{3-3}$$

将盘左、盘右位置的两个竖直角取平均值，即得竖直角 α 计算公式为

$$\alpha = \frac{1}{2}(\alpha_L + \alpha_R) \tag{3-4}$$

对于逆时针注记的竖盘，用类似的方法推得竖直角的计算公式为

$$\begin{aligned} \alpha_L &= L - 90° \\ \alpha_R &= 270° - R \end{aligned} \tag{3-5}$$

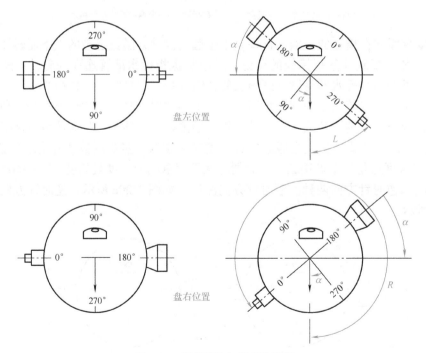

图 3-21　竖盘读数与垂直角计算

在观测竖直角之前，将望远镜大致放置水平，观察竖盘读数，首先确定视线水平时的读数；然后上仰望远镜，观测竖盘读数是增加还是减少。

若读数增加，则竖直角的计算公式为

$$\alpha = \text{瞄准目标时竖盘读数} - \text{视线水平时竖盘读数} \qquad (3\text{-}6)$$

若读数减少，则竖直角的计算公式为

$$\alpha = \text{视线水平时竖盘读数} - \text{瞄准目标时竖盘读数} \qquad (3\text{-}7)$$

以上规定，适合任何竖直度盘注记形式和盘左盘右观测。

4. 竖盘读数指标差

在竖直角计算公式中，认为当视准轴水平、竖盘指标水准管气泡居中时，竖盘读数应是 90° 的整数倍。但是实际上这个条件往往不能满足，竖盘指标常常偏离正确位置，这个偏离的差值 x 角，称为竖盘指标差。竖盘指标差 x 本身有正负号，一般规定当竖盘指标偏移方向与竖盘注记方向一致时，x 取正号；反之 x 取负号。

如图 3-22 所示，盘左位置，由于存在指标差，其正确的竖直角计算公式为

$$\alpha = 90° - L + x = \alpha_L + x \qquad (3\text{-}8)$$

如图 3-22 所示，盘右位置，其正确的竖直角计算公式为

$$\alpha = R - 270° - x = \alpha_R - x \qquad (3\text{-}9)$$

将式（3-8）和式（3-9）相加并除以 2，得

$$\alpha = \frac{1}{2}(\alpha_L + \alpha_R) = \frac{1}{2}(R - L - 180°) \qquad (3\text{-}10)$$

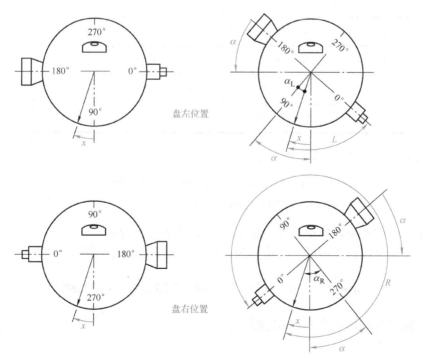

图 3-22　竖直度盘指标差

由此可见，在竖直角测量时，用盘左、盘右观测，取平均值作为垂直角的观测结果，可以消除竖盘指标差的影响。

将式（3-8）和式（3-9）相减并除以2，得

$$x = \frac{1}{2}(\alpha_R - \alpha_L) = \frac{1}{2}(L + R - 360°) \qquad (3-11)$$

式（3-11）为竖盘指标差的计算公式。指标差互差（即所求指标差之间的差值）可以反映观测成果的精度。有关规范规定：竖直角观测时，指标差互差的限差，DJ$_2$型仪器不得超过 ±15″；DJ$_6$型仪器不得超过 ±25″。

5. 竖直角观测

竖直角的观测、记录和计算步骤如下：

1）在测站点 O 安置全站仪，在目标点 A 竖立观测标志，按前述方法确定该仪器垂直角计算公式，为方便应用，可将公式记录于竖直角观测手簿表 3-4 备注栏中。

2）盘左位置：瞄准目标 A，使十字丝横丝精确地切于目标中心。然后读取竖盘读数 L，设为 95°23′06″，记入竖直角观测手簿表 3-4 相应栏内。

3）盘右位置：重复步骤 2，设其读数 R 为 264°36′48″，记入表 3-4 相应栏内。

表 3-4　竖直角观测手簿

测站	目标	竖盘位置	竖盘读数	半测回垂直角	一测回垂直角	备注
			° ′ ″	° ′ ″	° ′ ″	
1	2	3	4	5	7	8
O	A	左	95 23 06	−5 23 06	−5 23 09	
		右	264 36 48	−5 23 12		
O	B	左	81 12 36	+8 47 24	+8 47 22	
		右	278 47 20	+8 47 20		

4）根据竖直角计算公式计算，得

$$\alpha_L = 90° - L = 90° - 95°23′06″ = -5°23′06″$$
$$\alpha_R = R - 270° = 264°36′48″ - 270° = -5°23′12″$$

如果上、下两半测回角值之差不超出 ±10″，认为观测合格。

取上、下两半测回角值的平均值作为一测回角值 a。那么一测回竖直角为：

$$a = \frac{1}{2}(\alpha_L + \alpha_R) = \frac{1}{2}(-5°23′06″ - 5°23′12″) = -5°23′09″$$

将计算结果分别填入表 3-4 相应栏内。

≫≫▲子任务4 测量距离▲≪≪

一、钢尺量距

1. 量距所用工具

（1）钢尺

钢尺是用薄钢片制成的带状尺，可卷入金属圆盒内，故又称钢卷尺。尺宽 10 ～ 15mm，长度有 20m、30m 和 50m 等多种。钢尺的基本分划为厘米，每分米及每米处刻有数字注记，全长都刻有毫米分划，如图 3-23 所示。根据尺的零点位置不同，有端点尺和刻线尺之分。

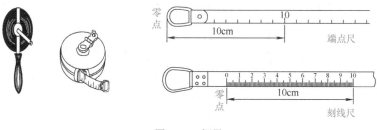

图 3-23 钢尺

钢尺的优点：钢尺抗拉强度高，不易拉伸，所以量距精度较高，在工程测量中常用钢尺量距。

钢尺的缺点：钢尺性脆，易折断，易生锈，使用时要避免扭折、防止受潮。

（2）测杆

测杆多用木料或铝合金制成，直经约 3cm、全长有 2m、2.5m 及 3m 等多种规格。杆上油漆成红、白相间的 20cm 色段，非常醒目，测杆下端装有尖头铁脚，便于插入地面，作为照准标志，如图 3-24a 所示。

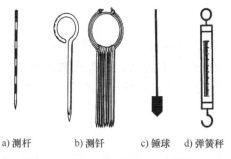

a) 测杆   b) 测钎   c) 锤球   d) 弹簧秤

图 3-24 测杆、测钎、锤球、弹簧秤

（3）测钎

测钎一般是用钢筋制成，上部弯成小圆环，下部磨尖，直径 3 ～ 6mm，长度 30 ～ 40cm。钎上可用油漆涂成红、白相间的色段。通常 6 根或 11 根系成一组。量距时，将测钎插入地面，用以标定尺端点的位置，亦可作为近处目标的瞄准标志，如图 3-24b 所示。

（4）锤球、弹簧秤

锤球用金属制成，上大下尖呈圆锥形，上端中心系一细绳，悬吊后，锤球尖与细绳在同一垂线上，如图 3-24c 所示。它常用于在斜坡上丈量水平距离。弹簧秤和温度计等将在精密量距中应用。弹簧秤用于对钢尺施加一定的拉力，如图 3-24d 所示。

2. 直线定线

水平距离测量时，当地面上两点间的距离超过一整尺长时，或地势起伏较大，一尺段无法完成丈量工作时，需要在两点的连线上标定出若干个点，这项工作称为直线定线。按精度要求的不同，直线定线有目估定线和经纬仪定线两种方法。

（1）目估定线法

如图 3-25 所示，A、B 两点为地面上互相通视的两点，欲在 A、B 两点间的直线上定出 C、D 等分段点。定线工作可由甲、乙两人进行。

图 3-25　目估定线法

1）定线时，先在 A、B 两点上竖立测杆，甲立于 A 点测杆后面约 1～2m 处，用眼睛自 A 点测杆后面瞄准 B 点测杆。

2）乙持另一测杆沿 BA 方向走到离 B 点大约一尺段长的 C 点附近，按照甲指挥手势左右移动测杆，直到测杆位于 AB 直线上为止，插下测杆（或测钎），定出 C 点。

3）乙又带着测杆走到 D 点处，同法在 AB 直线上竖立测杆（或测钎），定出 D 点，依此类推。这种从直线远端 B 走向近端 A 的定线方法，称为走近定线。直线定线一般应采用走近定线方法。

（2）经纬仪定线法

A、B 两点互相通视，安置经纬仪于 A 点，经过对中、整平后，用望远镜纵丝瞄准 B 点，制动照准部，望远镜可以上下转动，指挥在两点间某一点上的助手，左右移动标杆，直至标杆像被纵丝所平分。精密定线时，标杆可以用直径更小的测钎或垂球线所代替。

3. 进行钢尺量距

钢尺量距一般需要三人，分别担任前尺手、后尺手及记录人员。在地势起伏较大的地区或行人、车辆较多地区丈量时，还应增加辅助人员。丈量的方法随地面情况而有所不同。

（1）平坦地面上的量距方法

平坦地面上的量距方法为量距的基本方法。丈量前，先将待测距离的两个端点用木桩（桩顶钉一小钉）标志出来，如图 3-26 所示，清除直线上的障碍物后，一般由两人在两点间边定线边丈量，具体作法如下：

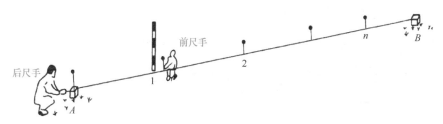

图 3-26 平坦地面上的量距方法

1）如图 3-26 所示，量距时，首先在 A、B 两点上竖立测杆（或测钎），标定直线方向，然后由后尺手持钢尺的零端位于 A 点，前尺手持钢尺的末端并携带一束测钎，沿 AB 方向前进，至一尺段长处停下，两人都蹲下。

2）后尺手以手势指挥前尺手将钢尺拉在 AB 直线方向上，后尺手以尺的零点对准 A 点，两人同时将钢尺拉紧、拉平、拉稳后，喊"预备"，后尺手将钢尺零点准确对准 A 点，并喊"好"，前尺手随即将测钎对准钢尺末端刻划竖直插入地面（在坚硬地面处，可用铅笔在地面划线作标记），得 1 点。这样便完成了第一尺段 $A1$ 的丈量工作。

3）接着后尺手与前尺手共同举尺前进，后尺手走到 1 点时，即喊"停"。同法丈量第二尺段，然后由后尺手拔起 1 点上的测钎。如此继续丈量下去，直至最后量出不足一整尺的余长 q。则 A、B 两点间的水平距离为

$$D_{AB} = nl + q \tag{3-12}$$

式中　n——整尺段数（即在 A、B 两点之间所拔测钎数）；

　　　l——钢尺长度（m）；

　　　q——不足一整尺的余长（m）。

为了防止丈量错误和提高精度，一般还应由 B 点量至 A 点进行返测，返测时应重新进行定线。取往、返测距离的平均值作为直线 AB 最终的水平距离。

$$D_{\mathrm{v}} = \frac{1}{2}(D_{\mathrm{w}} + D_{\mathrm{f}}) \tag{3-13}$$

式中　D_{v}——往、返测距离的平均值（m）；

　　　D_{w}——往测的距离（m）；

　　　D_{f}——返测的距离（m）。

量距精度通常用相对误差 K 来衡量，相对误差 K 化为分子为 1 的分数形式。即

$$K = \frac{|D_{\mathrm{w}} - D_{\mathrm{f}}|}{D_{\mathrm{v}}} = \frac{1}{\dfrac{D_{\mathrm{v}}}{|D_{\mathrm{w}} - D_{\mathrm{f}}|}} \tag{3-14}$$

【例 3-1】用 30m 长的钢尺往返丈量 A、B 两点间的水平距离，丈量结果分别为：往测 4 个整尺段，余长为 9.98m；返测 4 个整尺段，余长为 10.02m。计算 A、B 两点间的水平距离 D_{AB} 及其相对误差 K。

解：$D_{AB} = nl + q = 4 \times 30\text{m} + 9.98\text{m} = 129.98\text{m}$

$D_{BA} = nl + q = 4 \times 30\text{m} + 10.02\text{m} = 130.02\text{m}$

$$D_v = \frac{1}{2}(D_{AB} + D_{BA}) = \frac{1}{2}(129.98\text{m} + 130.02\text{m}) = 130.00\text{m}$$

$$K = \frac{|D_w - D_f|}{D_v} = \frac{|129.98 - 130.02\text{m}|}{130.00\text{m}} = \frac{0.04\text{m}}{130.00\text{m}} = \frac{1}{3250}$$

相对误差分母愈大，则 K 值愈小，精度愈高；反之，精度愈低。在平坦地区，钢尺量距一般方法的相对误差一般不应大于 1/3000；在量距较困难的地区，其相对误差也不应大于 1/1000。

（2）倾斜地面上的量距方法

1）平量法。在倾斜地面上量距时，如果地面起伏不大，可将钢尺拉平进行丈量。如图 3-27 所示，丈量时，后尺手以尺的零点对准地面 A 点，并指挥前尺手将钢尺拉在 AB 直线方向上，同时前尺手抬高尺子的一端，并目估使尺水平，将锤球绳紧靠钢尺上某一分划，用锤球尖投影于地面上，再插以插钎，得 1 点。此时钢尺上分划读数即为 A、1 两点间的水平距离。同法继续丈量其余各尺段。当丈量至 B 点时，应注意锤球尖必须对准 B 点。各测段丈量结果的总和就是 A、B 两点间的往测水平距离。为了方便起见，返测也应由高向低丈量。若精度符合要求，则取往返测的平均值作为最后结果。

2）斜量法。当倾斜地面的坡度比较均匀时，如图 3-28 所示，可以沿倾斜地面丈量出 A、B 两点间的斜距 L，用经纬仪测出直线 AB 的倾斜角 α，或测量出 A、B 两点的高差 h_{AB}，然后计算 AB 的水平距离 D_{AB}，即 $D_{AB} = \dfrac{h_{AB}}{\tan A}$

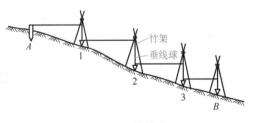

图 3-27　平量法

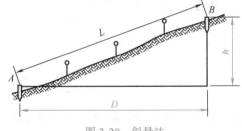

图 3-28　斜量法

4. 钢尺量距精密方法

（1）钢尺长度检定

钢尺两端点刻划间的标准长度称为钢尺的实际长度，尺面上刻注的长度称为名义长度。钢尺由于材料原因、刻划误差、长期使用的变形以及丈量时温度和拉力不同的影响，其实际长度往往不等于名义长度，用这样的尺子去量距离，每丈量一整段尺长，就会使量得的结果包含一定的差值，而且这种差值具有累积性。因此，为了丈量的准确性，量距前应对钢尺进行检定。

1）尺长方程式。经过检定的钢尺，其长度可用尺长方程式表示。即

$$l_t = l_0 + \Delta l + \alpha(t - t_0)l_0 \qquad (3\text{-}15)$$

式中　l_t——钢尺在温度 t 时的实际长度（m）；

　　　l_0——钢尺的名义长度（m）；

　　　Δl——尺长改正数，即钢尺在温度 t_0 时的改正数（m）；

　　　α——钢尺的膨胀系数，一般取 $\alpha = 1.25 \times 10^{-5} \text{m}/1\text{℃}$；

　　　t_0——钢尺检定时的温度（℃）；

　　　t——钢尺使用时的温度（℃）。

式（3-15）所表示的含义是：钢尺在施加标准拉力下，其实际长度等于名义长度与尺长改正数和温度改正数之和。对于 30m 和 50m 的钢尺，其标准拉力为 100N 和 150N。

2）钢尺的检定方法。钢尺的检定方法有与标准尺比较和在测定精确长度的基线场进行比较两种方法。下面介绍与标准尺长比较的方法。

可将被检定钢尺与已有尺长方程式的标准钢尺相比较。两根钢尺并排放在平坦地面上，都施加标准拉力，并将两根钢尺的末端刻划对齐，在零分划附近读出两尺的差数。这样就能够根据标准尺的尺长方程式计算出被检定钢尺的尺长方程式。这里认为两根钢尺的膨胀系数相同。检定宜选在阴天或背阴的地方进行，使气温与钢尺温度基本一致。

【例 3-2】已知 1 号标准尺的尺长方程式为 $l_{t1} = 30\text{m} + 0.004\text{m} + 1.25 \times 10^{-5} \times (t - 20\text{℃}) \times 30\text{m}$，被检定的 2 号钢尺，其名义长度也是 30m。比较时的温度为 24℃，当两把尺子的末端刻划对齐并施加标准拉力后，2 号钢尺比 1 号标准尺短 0.007m，试确定 2 号钢尺的尺长方程式。

解：　$l_{t2} = l_{t1} - 0.007\text{m}$

　　　　$= 30\text{m} + 0.004\text{m} + 1.25 \times 10^{-5} \times (24\text{℃} - 20\text{℃}) \times 30\text{m} - 0.007\text{m}$

　　　　$= 30\text{m} - 0.002\text{m}$

故 2 号钢尺的尺长方程式为：

$$l_{t2} = 30\text{m} - 0.002\text{m} + 1.25 \times 10^{-5} \times (t - 24\text{℃}) \times 30\text{m}$$

如果可以不考虑尺长改正数 ΔL 因温度升高而引起的变化，那么 2 号钢尺的尺长方程式亦可这样计算：

　　　　$l_{t2} = l_{t1} - 0.007\text{m}$

　　　　$= 30\text{m} + 0.004\text{m} + 1.25 \times 10^{-5} \times (t - 20\text{℃}) \times 30\text{m} - 0.007\text{m}$

2 号钢尺的尺长方程式为：

$$l_{t2} = 30\text{m} - 0.003\text{m} + 1.25 \times 10^{-5} \times (t - 20\text{℃}) \times 30\text{m}$$

（2）钢尺的精密量距

1）准备工作。准备工作包括清理场地、直线定线和测桩顶间高差。

①清理场地：在欲丈量的两点方向线上，清除影响丈量的障碍物，必要时要适当平整场地，使钢尺在每一尺段中不致因地面障碍物而产生挠曲。

②直线定线：精密量距用经纬仪定线。如图 3-29 所示，安置经纬仪于 A 点，照准 B

点，固定照准部，沿 *AB* 方向用钢尺进行丈量，按稍短于一尺段长的位置，由经纬仪指挥打下木桩。桩顶高出地面 10～20cm，并在桩顶钉一小钉，使小钉在 *AB* 直线上，或在木桩顶上划十字线，使十字线其中的一条在 *AB* 直线上，小钉或十字线交点即为丈量时的标志。

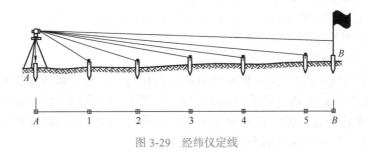

图 3-29 经纬仪定线

③ 测桩顶间高差：利用水准仪，用双面尺法或往、返测法测出各相邻桩顶间高差。所测相邻桩顶间高差之差，一般不超过 ±10mm，在限差内取其平均值作为相邻桩顶间的高差，以便将沿桩顶丈量的倾斜距离改算成水平距离。

2）丈量方法

① 人员组成：两人拉尺，两人读数，一人测温度兼记录，共 5 人。

② 进行丈量：丈量时，后尺手挂弹簧秤于钢尺的零端，前尺手执尺子的末端，两人同时拉紧钢尺，把钢尺有刻划的一侧贴切于木桩顶十字线的交点，达到标准拉力时，由后尺手发出"预备"口令，两人拉稳尺子，由前尺手喊"好"。在此瞬间，前、后读尺员同时读取读数，估读至 0.5mm，记录员依次记入，并计算尺段长度，填入表 3-5 中。

表 3-5 精密量距记录计算表

钢尺号码：No：12   钢尺膨胀系数：125×10^{-5} 钢尺检定时温度 t_0：20℃
钢尺名义长度 l_0：30m   钢尺检定长度 l'：30.005m   钢尺检定时拉力：100N

尺段编号	实测次数	前尺读数/m	后尺读数/m	尺段长度/m	温度/℃	高差/m	温度改正数/mm	倾斜改正数/mm	尺长改正数/mm	改正后尺段长/m
A～1	1	29.4350	0.0410	29.3940	+25.5	+0.36	+1.9	-2.2	+4.9	29.3976
	2	510	580	930						
	3	025	105	920						
	平均			29.3930						
1～2	1	29.9360	0.0700	29.8660	+26.0	+0.25	+2.2	-1.0	+5.0	29.8714
	2	400	755	645						
	3	500	850	650						
	平均			29.8652						
2～3	1	29.9230	0.0175	29.9055	+26.5	-0.66	+2.3	-7.3	+5.0	29.9057
	2	300	250	050						
	3	380	315	065						
	平均			299057						

（续）

钢尺号码：No：12　　钢尺膨胀系数：125×10^{-5}　　钢尺检定时温度 t_0：20℃

钢尺名义长度 l_0：30m　　钢尺检定长度 l'：30.005m　　钢尺检定时拉力：100N

尺段编号	实测次数	前尺读数 /m	后尺读数 /m	尺段长度 /m	温度 /℃	高差 /m	温度改正数 /mm	倾斜改正数 /mm	尺长改正数 /mm	改正后尺段长 /m
3～4	1	29.9253	0.0185	29.9050	+27.0	−0.54	+2.5	−4.9	+5.0	29.9083
	2	305	255	050						
	3	380	310	070						
	平均			29.9057						
4～B	1	15.9755	0.0765	15.8990	+27.5	+0.42	+1.4	−5.5	+2.6	15.8975
	2	540	555	985						
	3	805	810	995						
	平均			15.8990						
总和				134.9686			+10.3	−20.9	+22.5	134.9805

　　前、后移动钢尺一段距离，同法再次丈量。每一尺段测三次，读三组读数，由三组读数算得的长度之差要求不超过 2mm，否则应重测。如在限差之内，取三次结果的平均值，作为该尺段的观测结果。同时，每一尺段测量应记录温度一次，估读至 0.5℃。如此继续丈量至终点，即完成往测工作。完成往测后，应立即进行返测。

　　3）成果计算。每一尺段丈量结果经过尺长改正、温度改正和倾斜改正改算成水平距离，并求总和，得到直线往测、返测的全长。往、返测误差符合精度要求后，取往、返测结果的平均值作为最后成果。

　　尺段长度计算：根据尺长改正、温度改正和倾斜改正，计算尺段改正后的水平距离。

尺长改正：

$$\Delta l_d = \frac{\Delta l}{l_0} l \qquad (3\text{-}16)$$

温度改正：

$$\Delta l_t = \alpha(t - t_0)l \qquad (3\text{-}17)$$

倾斜改正：

$$\Delta l_h = -\frac{h^2}{2l} \qquad (3\text{-}18)$$

尺段改正后的水平距离：

$$D = l + \Delta l_d + \Delta l_t + \Delta l_h \qquad (3\text{-}19)$$

式中　　Δl_d——尺段的尺长改正数（mm）；

　　　　Δl_t——尺段的温度改正数（mm）；

　　　　Δl_h——尺段的倾斜改正数（mm）；

　　　　h——尺段两端点的高差（m）；

　　　　l——尺段的观测结果（m）；

　　　　D——尺段改正后的水平距离（m）。

　　【例3-3】已知钢尺的名义长度 l_0=30m，实际长度 l'=30.005m，检定钢尺时温度 t_0=20℃，钢尺的膨胀系数 α=1.25×10^{-5}。$A \sim 1$ 尺段，l=29.3930m，t=25.5℃，h_{AB}=+0.36m，计算尺段改正后的水平距离。

解：$\Delta l = l' - l_0 = 30.005\text{m} - 30\text{m} = +0.005\text{m}$

$\Delta l_d = \dfrac{\Delta l}{l_0} l = \dfrac{+0.005\text{m}}{30\text{m}} \times 29.3930\text{m} = +0.0049\text{m} = +4.9\text{mm}$

$\Delta l_t = \alpha(t - t_0)l = 1.25 \times 10^{-5} \times (25.5°\text{C} - 20°\text{C}) \times 29.3930\text{m} = +0.0020\text{m} = +2.0\text{mm}$

$\Delta l_h = -\dfrac{h^2}{2l} = -\dfrac{(+0.36\text{m})^2}{2 \times 29.3930\text{m}} = -0.0022\text{m} = -2.2\text{mm}$

$D = l + \Delta l_d + \Delta l_t + \Delta l_h = 29.3930\text{m} + 0.0049\text{m} + 0.0020\text{m} + (-0.0022\text{m}) = 29.3977\text{m}$

计算全长将各个尺段改正后的水平距离相加，便得到直线 AB 的往测水平距离。表 3-5 中往测的水平距离 D_w 为 $D_w = 134.9805\text{m}$

同样，按返测记录，计算出返测的水平距离 D_f 为 $D_f = 134.9868\text{m}$

取平均值作为直线 AB 的水平距离 D_{AB}：$D_{AB} = 134.9837\text{m}$

其相对误差为

$$K = \frac{|D_w - D_f|}{D_v} = \frac{|134.9805\text{m} - 134.9868\text{m}|}{134.9837\text{m}} \approx \frac{1}{21000}$$

相对误差如果在限差以内，则取其平均值作为最后成果。若相对误差超限，应返工重测。

5. 钢尺量距的误差及注意事项

（1）尺长误差

钢尺的名义长度和实际长度不符，产生尺长误差。尺长误差是积累性的，它与所量距离成正比。

（2）定线误差

丈量时钢尺偏离定线方向，将使测线成为一条折线，导致丈量结果偏大，这种误差称为定线误差。

（3）拉力误差

钢尺有弹性，受拉会伸长。钢尺在丈量时所受拉力应与检定时拉力相同。如果拉力变化 ±2.6kg，尺长将改变 ±1mm。一般量距时，只要保持拉力均匀即可。精密量距时，必须使用弹簧秤。

（4）钢尺垂曲误差

钢尺悬空丈量时中间下垂，称为垂曲，由此产生的误差为钢尺垂曲误差。钢尺垂曲误差会使量得的长度大于实际长度，故在钢尺检定时，亦可按悬空情况检定，得出相应的尺长方程式。在成果整理时，按此尺长方程式进行尺长改正。

（5）钢尺不水平的误差

用平量法丈量时，钢尺不水平，会使所量距离增大。对于 30m 的钢尺，如果目估尺子水平误差为 0.5m（倾角约 1°），由此产生的量距误差为 4mm。因此，用平量法丈量时应尽可能使钢尺水平。精密量距时，测出尺段两端点的高差，进行倾斜改正，可消除钢尺不水平的影响。

（6）丈量误差

钢尺端点对不准、测钎插不准、尺子读数不准等引起的误差都属于丈量误差。这种误差对丈量结果的影响可正可负，大小不定。在量距时应尽量认真操作，以减小丈量误差。

（7）温度改正

钢尺的长度随温度变化，丈量时温度与检定钢尺时温度不一致，或测定的空气温度与钢尺温度相差较大，都会产生温度误差。所以，精度要求较高的丈量，应进行温度改正，并尽可能用点温计测定尺温，或尽可能在阴天进行，以减小空气温度与钢尺温度的差值。

二、视距测量

视距测量是利用望远镜内的视距装置配合视距尺，根据几何光学和三角测量原理，同时测定距离和高差的方法。最简单的视距装置是在测量仪器（如经纬仪、水准仪）的望远镜十字丝分划板上刻制上、下对称的两条短线，称为视距丝，如图 3-30 所示。

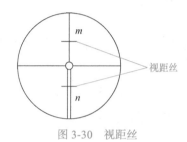

图 3-30　视距丝

视距测量精度一般为 $\dfrac{1}{300} \sim \dfrac{1}{200}$，精密视距测量可达 $\dfrac{1}{2000}$。

1. 视距测量的原理

（1）视准轴水平时视距测量原理

如图 3-31 所示，在 A 点安置经纬仪，在 B 点竖立视距尺，用望远镜照准视距尺，当望远镜视线水平时，视线与尺子垂直。如果视距尺上 M、N 点成像在十字丝分划板上的两根视距丝 m、n 处，那么视距尺上 MN 的长度，可由上、下视距丝读数之差求得。上、下视距丝读数之差称为视距间隔或尺间隔，用 l 表示。

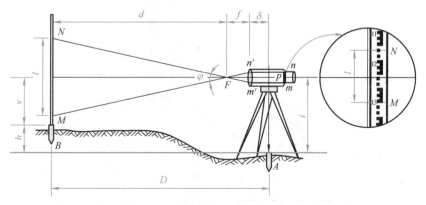

图 3-31　视准轴水平时的视距测量原理

$p=mn$ 为上、下视距丝的间距，$l=MN$ 为视距间隔，f 为物镜焦距，δ 为物镜中心到仪器中心的距离。由相似 $\triangle m'Fn'$ 和 $\triangle MFN$ 可得

$$\frac{d}{l}=\frac{f}{p}, \quad 即 d=\frac{f}{p}l$$

因此，由图 3-31 得

$$D = d + f + \delta = \frac{f}{p}l + f + \delta$$

令 $K=\dfrac{f}{p}, C=f+\delta$，则有

$$D = Kl + C \tag{3-20}$$

式中　K——视距乘常数，通常 $K=100$；

　　　C——视距加常数。

式（3-20）是用外对光望远镜进行视距测量时计算水平距离的公式。对于内对光望远镜，其加常数 C 值接近零，可以忽略不计，故水平距离为

$$D = Kl = 100l \tag{3-21}$$

同时，由图 3-31 可知，A、B 两点间的高差 h 为

$$h=i-v \tag{3-22}$$

式中　i——仪器高，是测站点到仪器横轴中心的高度（m）；

　　　v——十字丝中丝在视距尺上的读数，即中丝读数（m）。

（2）视线倾斜时的水平距离与高差计算公式

在地面起伏较大的地区进行视距测量时，必须使视线倾斜才能读取视距间隔，如图 3-32 所示。由于视线不垂直于视距尺，故不能直接应用上述公式。如果能将视距间隔 MN 换算为与视线垂直的视距间隔 $M'N'$，按公式（3-21）计算倾斜距离 L，再根据 L 和竖直角 α 算出水平距离 D 及其高差 h。

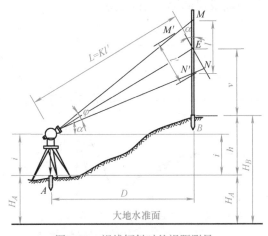

图 3-32　视线倾斜时的视距测量

在 $\triangle EM'M$ 和 $\triangle EN'N$ 中，由于 φ 角很小（约 $34'$），可把 $\angle EM'M$ 和 $\angle EN'N$ 视为直角。而 $\angle MEM'=\angle NEN'=\alpha$，因此

$$M'N'=M'E+EN'=ME\cos\alpha+EN\cos\alpha=(ME+EN)\cos\alpha=MN\cos\alpha$$

式中 $M'N'$ 就是假设视距尺与视线相垂直的尺间隔 l'，MN 是尺间隔 l，所以

$$l'=l\cos\alpha$$

将上式代入式（3-21），得倾斜距离 L：

$$L=Kl'=Kl\cos\alpha$$

因此，A、B 两点间的水平距离为

$$D=L\cos\alpha=Kl\cos^2\alpha \tag{3-23}$$

由图 3-32 可知，测站到立尺点的高差为

$$h=D\tan\alpha+i-v \tag{3-24}$$

式（3-24）中的 D 可用式（3-23）代入，得

$$h=\frac{1}{2}Kl\sin 2\alpha+i-v \tag{3-25}$$

式（3-25）为视线倾斜时高差的计算公式。

2. 视距测量的观测与计算

施测时，如图 3-32 所示，安置仪器于 A 点，量出仪器高 i，转动照准部瞄准 B 点视距尺，分别读取上、下、中三丝的读数 M、N、v，计算视距间隔 $l=M-N$。再使竖盘指标水准管气泡居中（如为竖盘指标自动补偿装置的经纬仪则无此项操作），读取竖盘读数，并计算竖直角 α。然后按式（3-23）和式（3-25）用计算器计算出水平距离和高差，填入表 3-6 中。

表 3-6　经纬仪普通视距测量手簿

仪器型号 DJ₆　测站 A　测站高程 20.18　仪器高 1.42m

观测者_____　记录者_____　日期_____

测点	下丝读数上丝读数尺间隔 /m	中丝读数 /m	竖盘读数 ° ′	竖直角 ° ′	水平距离 /m	高差 /m	高程 /m	备注
1	1.768 0.934 0.834	1.35	80　26	9　34	81.10	13.74	33.92	
2	2.182 0.660 1.522	1.42	88　11	1　49	152.05	4.82	25.00	
3	2.440 1.862 0.578	2.15	95　27	−5　27	57.28	−6.19	13.99	

3. 视距测量误差及注意事项

（1）视距测量误差

1）读数误差。读数误差直接影响尺间隔 l，当视距乘常数 $K=100$ 时，读数误差将扩大 100 倍地影响距离测定。如读数误差为 1mm，则对距离的影响为 0.1m。因此，读数时应注意消除视差。

2）标尺不竖直误差。标尺立得不竖直对距离的影响与标尺倾斜度和竖直角有关。当标尺倾斜 1°，竖直角为 30° 时，产生的视距相对误差可达 1/100。为减小标尺不竖直误差的影响，应选用安装圆水准器的标尺。

3）外界条件的影响。外界条件的影响主要有大气的竖直折光、空气对流使标尺成像不稳定，风力使尺子抖动等。因此，应尽可能使仪器高出地面 1m，并选择合适的天气作业。

上述三种误差对视距测量影响较大。此外，还有标尺分划误差、竖直角观测误差视距常数误差等。

（2）视距测量注意事项

1）为减少垂直折光的影响，观测时应尽可能使视线离地面 1m 以上。

2）作业时，视距尺应竖直，尽量采用带水准器的视距尺。

3）要严格测定视距常数，K 值应在 100±0.1 之内，否则应加以改正。

4）视距尺应是厘米刻划的整体尺，如果使用塔尺，应注意检查各节尺的接头是否准确。

5）要在成像稳定的情况下进行观测。

三、全站仪测距

采用全站仪测距，其具体操作步骤如下：

1）如图 3-33 所示，在测站点 A 安置全站仪，在目标点 B 安置反光棱镜。

2）用全站仪瞄准反光棱镜的觇牌中心，操作键盘，输入测量时的温度、气压和棱镜常数，按测量键，即可显示水平距离 D。

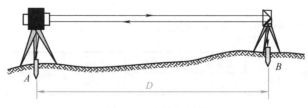

图 3-33　全站仪测距

子任务 5　测设距离

已知水平距离的测设，是从地面上一个已知点出发，沿给定的方向，量出已知（设计）的水平距离，在地面上定出这段距离另一端点的位置。

1. 一般放样（钢尺量距）

当测设精度要求不高时，从已知点 A 开始，沿给定的方向，用钢尺直接丈量出已知

水平距离 D_{AB}，定出这段距离的另一端点 B。为了校核，应再丈量一次 AB 距离得 D_{AB}，若两次丈量的相对误差在 1/5000 ～ 1/3000 内，取平均值作为该端点的最后位置。

2. 精确放样（全站仪放样）

测设方法如下：

1）如图 3-34 所示，在 A 点安置全站仪，反光棱镜设置在距离 A 点大约等于水平距离 D_{AC} 点上（目估），按全站仪测量键，获得此时水平距离值 D'，比较此时距离 D' 与要求放样距离 D 差值 $\Delta D = D - D'$，若相差较大，需在已知方向上前后移动棱镜，使仪器显示值略大于或小于测设的距离，定出 C' 点。

2）在 C' 点安置反光棱镜，测出水平距离 D'，求出 D' 与应测设的水平距离 D 之差 $\Delta D = D - D'$。

3）根据 ΔD 的数值在实地用钢尺沿测设方向将 C' 改正至 C 点，并用木桩标定其点位。

4）将反光棱镜安置于 C 点，再实测 A、C 两点间距离，其差值应在限差之内，否则应再次进行改正，直至符合限差为止。

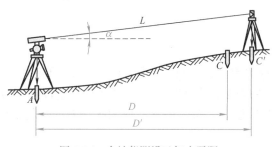

图 3-34 全站仪测设已知水平距

⫸ 子任务 6 测量三角高程 ⫷

在地形起伏较大的地区及位于较高建筑物上的控制点，用水准测量方法测定控制点的高程较为困难，通常采用三角高程测量的方法。随着光电测距仪器的普及，电磁波测距三角高程测量也得到广泛应用。《工程测量标准》（GB 50026—2020）对其技术要求作了规定，其高程测量的精度可以达到四等水准测量的精度。

1. 三角高程测量的原理

三角高程测量是根据两点间的水平距离和垂直角，计算两点间的高差。如图 3-35 所示，已知 A 点的高程 H_A，欲测定 B 的高程 H_B，可在 A 点上安置经纬仪，量取仪器高 i（即仪器水平轴至测点的高度），并在 B 点设置观测标志（称为觇标）。用望远镜中丝瞄准觇标的顶部 M 点，测出垂直角 α，量取觇标高 v（即觇标顶部 M 点至目标点的高度），再根据 A、B 两点间的水平距离 D_{AB}，则 A、B 两点间的高差 h_{AB} 为

$$h_{AB} = D \tan \alpha + i - v$$

若用测距仪测得斜距 s，则

$$h_{AB} = S\sin\alpha + i - v$$

B 点的高程 H_B 为

$$H_B = H_A + h_{AB} = H_A + D\tan\alpha + i - v \tag{3-26}$$

或 $$H_B = H_A + h_{AB} = H_A + S\tan\alpha + i - v \tag{3-27}$$

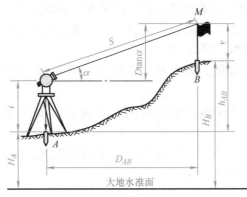

图 3-35　三角高程测量

2. 三角高程测量的对向观测

为了消除或减弱地球曲率和大气折光的影响，三角高程测量一般应进行对向观测，亦称直、返觇观测。三角高程测量对向观测，所求得的高差较差不应大于 0.4D（m），其中 D 为水平距离，以 km 为单位。若符合要求，取两次高差的平均值作为最终高差。

3. 三角高程测量的施测

1）将经纬仪安置在测站 A 上，用钢尺量仪器高 i 和觇标高 v，分别量两次，精确至 0.5cm，两次的结果之差不大于 1cm，取其平均值记入表 3-7 中。

2）用十字丝的中丝瞄准 B 点觇标顶端，盘左、盘右观测，读取竖直度盘读数 L 和 R，计算出垂直角 α，记入表 3-7 中。

3）将经纬仪搬至 B 点，同法对 A 点进行观测。

4. 三角高程测量的计算

外业观测结束后，按式（3-26）和式（3-27）计算高差和所求点高程，计算实例，见表 3-7。

表 3-7　三角高程测量计算

所求点	B	
起算点	A	
觇法	直	返
平距 D/m	286.36	286.36
垂直角 α	+10°32′26″	−9°58′41″
$D\tan\alpha$/m	+53.28	−50.38
仪器高 i/m	+1.52	+1.48

（续）

所求点	B	
起算点	A	
觇法	直	返
觇标高 v/m	−2.76	−3.20
高差 h/m	+52.04	−52.10
对向观测的高差较差 /m	−0.06	
高差较差容许值 /m	0.11	
平均高差 /m	+52.07	
起算点高程 /m	105.72	
所求点高程 /m	157.79	

5. 三角高程测量的精度等级

1）在三角高程测量中，如果 A、B 两点间的水平距离（或斜距）是用测距仪或全站仪测定的，称为光电测距三角高程，采取一定措施后，其精度可达到四等水准测量的精度要求。

2）在三角高程测量中，如果 A、B 两点间的水平距离是用钢尺测定的，称为经纬仪三角高程，其精度一般只能满足图根高程测量的精度要求。

6. 三角高程控制测量

用三角高程测量方法测定平面控制点的高程时，应组成闭合或附合的三角高程路线。每条边均要进行对向观测。用对向观测所得高差平均值，计算闭合或附合路线的高差闭合差的容许值，计算式如下：

$$h_{AB} = D\tan\alpha + i - v$$

$$f_{h容} = \pm0.05\sqrt{D^2}\,(\text{m}) \tag{3-28}$$

式中　D——各边的水平距离（km）。

当 f_h 不超过 $f_{h容}$ 时，按与边长成正比原则，将 f_h 反符号分配到各高差之中，然后用改正后的高差，从起算点推算各点高程。电磁波测距三角高程测量的主要技术要求见表 3-8。

表 3-8　电磁波测距三角高程测量的主要技术要求

等级	每千米高差全中误差 /mm	边长 /km	观测方式	对向观测高差较差 /mm	附和或环形闭合差 /mm
四等	10	≤1	对向观测	$40\sqrt{D}$	$20\sqrt{\sum D}$
五等	15	≤1	对向观测	$60\sqrt{D}$	$30\sqrt{\sum D}$

注：1. D 为测距边的长度（km）。
　　2. 起讫点的精度等级，四等应起讫于不低于三等水准的高程点上，五等应起讫于不低于四等的高程点上。
　　3. 路线长度不应超过相应等级水准路线的长度限值。

子任务 7　推算坐标方位角

一、直线定向

确定地面上两点之间的相对位置，除了需要测定两点之间的水平距离外，还需确定两点所连直线的方向。一条直线的方向，是根据某一标准方向来确定的。确定直线与标准方向之间的关系，称为直线定向。

1. 标准方向的分类

（1）真子午线方向

通过地球表面某点的真子午线的切线方向，称为该点的真子午线方向。真子午线方向可用天文测量方法测定。

（2）磁子午线方向

磁子午线方向是在地球磁场作用下，磁针在某点自由静止时其轴线所指的方向。磁子午线方向可用罗盘仪测定。

（3）坐标纵轴方向

在高斯平面直角坐标系中，坐标纵轴线方向就是地面点所在投影带的中央子午线方向。在同一投影带内，各点的坐标纵轴线方向是彼此平行的。

2. 直线方向的表示方法

（1）方位角

测量工作中，常采用方位角表示直线的方向。从直线起点的标准方向北端起，顺时针方向量至该直线的水平夹角，称为该直线的方位角。方位角取值范围是 $0° \sim 360°$。因标准方向有真子午线方向、磁子午线方向和坐标纵轴方向之分，对应的方位角分别称为真方位角（用 A 表示）、磁方位角（用 A_m 表示）和坐标方位角（用 α 表示）。

（2）象限角

由坐标纵轴的北端或南端起，沿顺时针或逆时针方向量至直线的锐角，称为该直线的象限角，用 R 表示，其角值范围为 $0° \sim 90°$。如图 3-36 所示，直线 01、02、03 和 04 的象限角分别为北东 R_{01}、南东 R_{02}、南西 R_{03} 和北西 R_{04}。

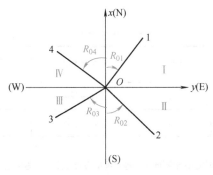

图 3-36　象限角

3.坐标方位角与象限角的换算关系

如图 3-37 所示，坐标方位角与象限角的换算关系：

在第 I 象限，$R = \alpha$；在第 II 象限，$R = 180° - \alpha$

在第 III 象限，$R = \alpha - 180°$；在第 IV 象限，$R = 360° - \alpha$

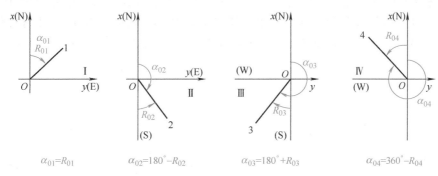

$\alpha_{01} = R_{01}$　　$\alpha_{02} = 180° - R_{02}$　　$\alpha_{03} = 180° + R_{03}$　　$\alpha_{04} = 360° - R_{04}$

图 3-37　坐标方位角与象限角的换算关系

4.三种方位角之间的关系

因标准方向选择的不同，使得一条直线有不同的方位角，如图 3-38 所示。过 1 点的真北方向与磁北方向之间的夹角称为磁偏角，用 δ 表示。过 1 点的真北方向与坐标纵轴北方向之间的夹角称为子午线收敛角，用 γ 表示。

δ 和 γ 的符号规定相同：当磁北方向或坐标纵轴北方向在真北方向东侧时，δ 和 γ 的符号为 "+"；当磁北方向或坐标纵轴北方向在真北方向西侧时，δ 和 γ 的符号为 "-"。同一直线的三种方位角之间的关系为

$$A = A_{m12} + \delta ; \quad A = \alpha_{12} + \gamma$$

$$\alpha = A_{m12} + \delta - \gamma$$

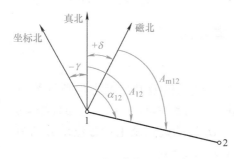

图 3-38　三种方位角之间的关系

二、推算坐标方位角

1.正、反坐标方位角

如图 3-39 所示，以 A 为起点、B 为终点的直线 AB 的坐标方位角 α_{AB}，称为直线 AB 的坐标方位角。而直线 BA 的坐标方位角 α_{BA}，称为直线 AB 的反坐标方位角。正、反坐标

方位角间的关系为

$$\alpha_{AB} = \alpha_{BA} \pm 180° \tag{3-29}$$

2. 坐标方位角的推算

在实际工作中并不需要测定每条直线的坐标方位角，而是通过与已知坐标方位角的直线连测后，推算出各直线的坐标方位角。如图 3-40 所示，已知直线 12 的坐标方位角 α_{12}，观测了水平角 β_2 和 β_3，要求推算直线 23 和直线 34 的坐标方位角。

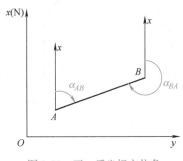

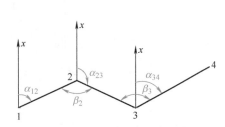

图 3-39　正、反坐标方位角　　　　　　　图 3-40　坐标方位角的推算

$$\alpha_{23} = \alpha_{21} - \beta_2 = \alpha_{12} + 180° - \beta_2$$
$$\alpha_{34} = \alpha_{32} + \beta_3 = \alpha_{23} + 180° + \beta_3$$

因 β_2 在推算路线前进方向的右侧，该转折角称为右角；β_3 在左侧，称为左角。从而可归纳出推算坐标方位角的一般公式为

$$\alpha_{前} = \alpha_{后} + 180° + \beta_{左} \tag{3-30}$$

$$\alpha_{前} = \alpha_{后} + 180° - \beta_{右} \tag{3-31}$$

计算中，如果 $\alpha_{前} > 360°$，应自动减去 360°；如果 $\alpha_{前} < 0°$，则自动加上 360°。

三、坐标计算的基本公式

1. 坐标正算

根据直线起点的坐标、直线长度及其坐标方位角计算直线终点的坐标，称为坐标正算。如图 3-41 所示，已知直线 AB 起点 A 的坐标为 (x_A, y_A)，AB 边的边长及坐标方位角分别为 D_{AB} 和 α_{AB}，需计算直线终点 B 的坐标。

直线两端点 A、B 的坐标值之差，称为坐标增量，用 Δx_{AB}，Δy_{AB} 表示。坐标增量的计算公式为

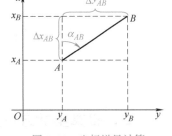

图 3-41　坐标增量计算

$$\Delta x_{AB} = x_B - x_A = D_{AB} \cos\alpha_{AB}$$
$$\Delta y_{AB} = y_B - y_A = D_{AB} \sin\alpha_{AB} \tag{3-32}$$

根据式（3-32）计算坐标增量时，sin 和 cos 函数值随着 α 角所在象限而有正负之分，

因此算得的坐标增量同样具有正、负号。坐标增量正、负号的规律，见表 3-9。

表 3-9　坐标增量正、负号的规律

象限	坐标方位角 α	Δx	Δy
Ⅰ	$0° \sim 90°$	+	+
Ⅱ	$90° \sim 180°$	−	+
Ⅲ	$180° \sim 270°$	−	−
Ⅳ	$270° \sim 360°$	+	−

则 B 点坐标的计算公式为

$$\left.\begin{aligned} x_B = x_A + \Delta x_{AB} = x_A + D_{AB} \cos \alpha_{AB} \\ y_B = y_A + \Delta y_{AB} = y_A + D_{AB} \sin \alpha_{AB} \end{aligned}\right\} \tag{3-33}$$

【例 3-4】已知 AB 边的边长及坐标方位角为 $D_{AB} = 135.62\mathrm{m}$，$\alpha_{AB} = 80°36'54''$，若 A 点的坐标为 $x_A = 435.56\mathrm{m}$，$y_A = 658.82\mathrm{m}$，试计算终点 B 的坐标。

解：根据式（3-33）得

$$x_B = x_A + D_{AB} \cos \alpha_{AB} = 435.56\mathrm{m} + 135.62\mathrm{m} \times \cos 80°36'54'' = 457.68\mathrm{m}$$

$$y_B = y_A + D_{AB} \sin \alpha_{AB} = 658.82\mathrm{m} + 135.62\mathrm{m} \times \sin 80°36'54'' = 792.62\mathrm{m}$$

2. 坐标反算

根据直线起点和终点的坐标，计算直线的边长和坐标方位角，称为坐标反算。如图 3-42 所示，已知直线 AB 两端点的坐标分别为 (x_A, y_A) 和 (x_B, y_B)，则直线边长 D_{AB} 和坐标方位角 α_{AB} 的计算公式为

$$D_{AB} = \sqrt{\Delta x_{AB}^2 + \Delta y_{AB}^2} \tag{3-34}$$

$$\alpha_{AB} = \arctan \frac{\Delta y_{AB}}{\Delta x_{AB}} \tag{3-35}$$

应该注意的是坐标方位角的角值范围在 $0° \sim 360°$ 间，而 arctan 函数的角值范围在 $-90° \sim +90°$ 间，两者是不一致的。按式（3-29）计算坐标方位角时，计算出的是象限角，因此，应根据坐标增量 Δx、Δy 的正、负号，按表 3-9 决定其所在象限，再把象限角换算成相应的坐标方位角。

子任务 8　测设平面位置

建筑物平面位置的测设，其实质是测设建筑物的轴线，轮廓线的转折点的平面位置。测设点位的方法有直角坐标法、极坐标法、角度交会法、距离交会法等。实际中应用哪一种方法，可根据施工现场的仪器类型、精度、控制网的形式及点位分布、地形条件、测设精度要求选择合适的测设方法。

一、直角坐标法

直角坐标法是按直角坐标原理，确定一点的平面位置的一种方法。如施工场地有彼此垂直的建筑基线或建筑方格网，则可算出设计图上的待测设点相对于场地上控制点的坐标增量，用直角坐标法测设点的平面位置。

1. 计算测设数据

如图 3-42 所示，I、II、III、IV 是建筑基线端点（或是建筑方格网点），其坐标已知，a、b、c、d 为拟测设建筑物的四个角点，其轴线均平行于建筑基线，这些点的坐标值均可由设计图给定，由待测设点算得它们的坐标增量，Δx、Δy 作为测设数据，则

建筑物的长度　　$\Delta y = y_c - y_a = 580.00\text{m} - 530.00\text{m} = 50.00\text{m}$

建筑物的宽度　　$\Delta x = x_c - x_a = 650.00\text{m} - 620.00\text{m} = 30.00\text{m}$

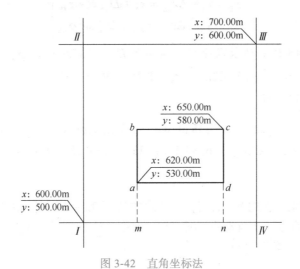

图 3-42　直角坐标法

现以测设 a 点为例，设 I 点的坐标为 x_I、y_I，点 a 的坐标为 x_a、y_a，则点 a 的测设数据（坐标增量）为

$$\Delta x_{Ia} = x_a - x_I = 620.00\text{m} - 600.00\text{m} = 20.00\text{m}$$

$$\Delta y_{Ia} = y_a - y_I = 530.00\text{m} - 500.00\text{m} = 30.00\text{m}$$

2. 点位测设方法

1）如图 3-43 所示，在 I 点安置经纬仪，瞄准 IV 点，沿视线方向测设距离 30.00m，定出 m 点，继续向前测设 50.00m，定出 n 点。

2）在 m 点安置经纬仪，瞄准 IV 点，按逆时针方向测设 90° 角，由 m 点沿视线方向测设距离 20.00m，定出 a 点，作出标志，再向前测设 30.00m，定出 b 点，作出标志。

3）在 n 点安置经纬仪，瞄准 I 点，按顺时针方向测设 90° 角，由 n 点沿视线方向测设距离 20.00m，定出 d 点，作出标志，再向前测设 30.00m，定出 c 点，作出标志。

4）检查建筑物四角是否等于 90°，用钢尺检查 ab、bc、cd、da 的长度，其值应等于设计长度，允许相对误差为 1/2000。这种方法简单，施测方便，精度高，在施工测量中

多采用此法来测定点位。

二、极坐标法

极坐标法是根据一个角度和一段距离测设点的平面位置。当建筑场地开阔，量距方便，且无方格控制网时，可根据导线控制点，应用极坐标法测设点的平面位置。如图 3-43 所示，A、B 为地面已有控制点（导线点），其坐标（x_A、y_A）、（x_B、y_B）均为已知。P 为某建筑物欲测设点，其坐标（x_P、y_P）值可从设计图上获得或为设计值。根据 A、B、P 三点的坐标，用坐标反算方法求出夹角 β 和距离 D_{AP}，计算公式如下：

坐标方位角：

$$\alpha_{AB} = \tan \alpha_{AB}^{-1} \frac{y_B - y_A}{x_B - x_A} \tag{3-36}$$

$$\alpha_{AP} = \tan \alpha_{AP}^{-1} \frac{y_P - y_A}{x_P - x_A} \tag{3-37}$$

两方位角之差即为夹角 β：

$$\beta = \alpha_{AB} - \alpha_{AP} \tag{3-38}$$

两点间的距离 D_{AP} 为

$$D_{AP} = \sqrt{(x_P - x_A)^2 + (y_P - y_A)^2} \tag{3-39}$$

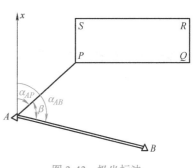

图 3-43　极坐标法

1. 计算测设数据

如图 3-44 所示，已知 A、B 为控制点，其坐标值为 x_A=858.750m、y_A=613.140m；x_B=825.432m、y_B=667.381m；P 点为放样点，其设计坐标为 x_P=430.300m、y_P=425.000m。计算在 A 点设站，放样 P 点的数据。

$$\alpha_{AB} = \tan \alpha_{AB}^{-1} \frac{y_B - y_A}{x_B - x_A} = \tan \alpha_{AB}^{-1} \frac{667.381 - 613.140}{825.432 - 858.750} = 121°33'38''$$

$$\alpha_{AP} = \tan \alpha_{AP}^{-1} \frac{y_P - y_A}{x_P - x_A} = \tan \alpha_{AP}^{-1} \frac{425.000 - 613.140}{430.300 - 858.750} = 203°42'26''$$

$$\beta = \alpha_{AB} - \alpha_{AP} = 121°33'38'' + 360° - 203°42'26'' = 277°51'12''$$

$$\begin{aligned}
D_{AP} &= \sqrt{(x_P - x_A)^2 + (y_P - y_A)^2} \\
&= \sqrt{(430.300 - 858.750)^2 + (425.000 - 613.140)^2} \\
&= 467.938\text{m}
\end{aligned}$$

2. 点位测设方法

1）在 A 点安置经纬仪或全站仪，瞄准 B 点定向，按逆时针方向测设 β 角，定出 AP 方向。

2）沿 AP 方向自 A 点测设水平距离 D_{AP} 定出 P 点，作出标志。

3）用同样的方法测设 Q、R、S 点。全部测设完毕后，检查建筑物四角是否等于 $90°$，各边长是否等于设计长度，其误差均应在限差以内。

同样，在测设距离和角度时，可根据精度要求分别采用一般方法或精密方法。此法适用于量距方便、距离较短的情况，是一种常用的方法。使用全站仪极坐标法测设点的位置在工程施工中已是主要方法。

三、角度交会法

角度交会法是根据测设角度所定的方向，交会出点的平面位置的一种方法。适用于测设的点位离控制点较远或由于地形复杂不便量距时点位的测设。因此，在水坝、水中桥墩等工程中，广泛采用此方法测设点位。

1. 计算测设数据

如图 3-44a 所示，A、B 为坐标纵轴，A、B、C 为所布设的控制点，经控制测量后，它们的坐标值均为已知。P 为需放样的点，P 点坐标下式计算：

$$x_P = x_A + \Delta x_{AP}$$

$$y_P = y_A + \Delta y_{AP}$$

交会角 β_1、β_2 按下式计算：

$$\alpha_{DC} = \tan^{-1} \frac{y_C - y_D}{x_C - x_D} \tag{3-40}$$

$$\alpha_{DP} = \tan^{-1} \frac{y_P - y_D}{x_P - x_D} \tag{3-41}$$

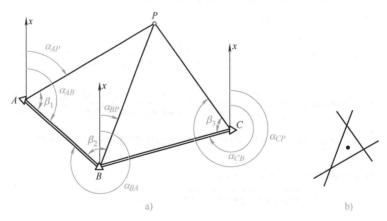

a)   b)

图 3-44   角度交会法

同理求得：α_{CP}、α_{CD}

由两个方位角之差求得测设 P 点的交会角为

$$\begin{aligned} \beta_1 &= \alpha_{DP} - \alpha_{DC} \\ \beta_2 &= \alpha_{CD} - \alpha_{CP} \end{aligned} \tag{3-42}$$

2.点位测设方法

1）如图 3-44a 所示，在 A、B 两点同时安置经纬仪，同时测设水平角 β_1 和 β_2 定出两条视线，在两条视线相交处钉下一个大木桩，并在木桩上依 AP、BP 绘出方向线及其交点。

2）在控制点 C 上安置经纬仪，测设水平角 β_3，同样在木桩上依 CP 绘出方向线。

3）如果交会没有误差，此方向应通过前两方向线的交点，否则将形成一个"示误三角形"，如图 3-44b 所示。若示误三角形边长在限差以内，则取示误三角形重心作为待测设点 P 的最终位置。

测设 β_1、β_2 和 β_3 时，视具体情况，可采用一般方法和精密方法。

四、距离交会法

距离交会法是由两个控制点测设两段已知水平距离，交会定出点的平面位置。距离交会法适用于待测设点至控制点的距离不超过一尺段长，且地势平坦、量距方便的建筑施工场地。

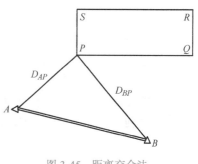

图 3-45　距离交会法

1.计算测设数据

如图 3-45 所示，A、B 为已知平面控制点，P 为待测设点，现根据 A、B 两点，用距离交会法测设 P 点，其测设数据计算方法如下：

根据 A、B、P 三点的坐标值，分别计算出 D_{AP} 和 D_{BP}。

2.点位测设方法

1）将钢尺的零点对准 A 点，以 D_{AP} 为半径在地面上画一圆弧。

2）再将钢尺的零点对准 B 点，以 D_{BP} 为半径在地面上再画一圆弧。两圆弧的交点即为 P 点的平面位置。

3）用同样的方法，测设出 Q 的平面位置。

4）丈量 P、Q 两点间的水平距离，与设计长度进行比较，其误差应在限差以内。

任务3　进行平面控制测量

子任务1　测量导线

一、导线布设形式与等级

导线测量是施工平面控制测量一种方法，主要用于带状地区（如：公路、铁路和水利）、隐蔽地区、城建区、地下工程等控制点的测量。所谓导线就是将测区内相邻控制点连成直线而构成的折线图形，构成导线的控制点称为导线点。导线测量就是依次测定各导线边的长度和各转折角值；再根据起算数据，推算各边的坐标方位角和坐标增量，从而求出各导线点的坐标的测量方法。

根据测区的具体情况，单一导线的布设有下列三种基本形式，如图 3-46 所示。

1. 闭合导线

以高级控制点 A、B 中的 B 点为起始点，并以 AB 边的坐标方位角 α_{AB} 为起始坐标方位角，经过 1、2、3、4 点仍回到起始点 B，形成一个闭合多边形的导线，称为闭合导线，如图 3-46a 所示。闭合导线本身具有严密的几何条件，具有检核作用。闭合导线多用于面积较宽阔的独立地区。

2. 支导线

由已知点 B 出发延伸出去如 1、2 两点的导线称为支导线，如图 3-46b 所示。由于支导线缺少对观测数据的检核，故其边数及总长应有限制。支导线的点数不宜超过 2 个，仅作补点使用。

3. 附合导线

以高级控制点 A、B 中的 B 点为起始点，以 AB 边的坐标方位角 α_{BA} 为起始坐标方位角，经过 1、2、3 点，附合到另外两个高级控制点 C、D 中的 C 点，并以 CD 边的坐标方位角 α_{CD} 为终边坐标方位角，这样的导线称为附合导线，如图 3-46c 所示。附合导线具有检核条件（已知坐标与方位角条件），多用于带状地区做测图控制。此外也广泛用于公路、铁路、水利等工程的勘测与施工。

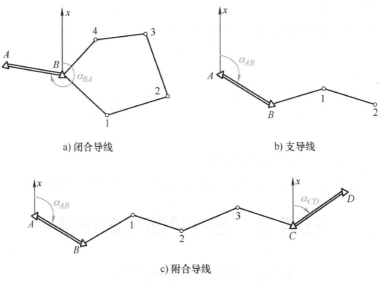

a) 闭合导线　　　　　　　　b) 支导线

c) 附合导线

图 3-46　三种布设形式

用导线测量的方法进行小地区平面控制测量，根据测区范围及精度要求，分为一级导线、二级导线、三级导线和图根导线四个等级。它们可作为国家四等控制点或国家 E 级 QPS 点的加密，也可以作为独立地区的首级控制，各级导线测量的主要技术要求参考表 3-10。

表 3-10 场区导线测量的主要技术要求

等级	附合导线长度 /km	平均边长 / m	测角中误差 (″)	测回数		角度闭合差 (″)	导线全长相对闭合差
				DJ6	DJ2		
一级	2.5	250	5	4	2	$\pm 10\sqrt{n}$	1/10000
二级	1.8	180	8	3	1	$\pm 16\sqrt{n}$	1/7000
三级	1.2	120	12	2	1	$\pm 24\sqrt{n}$	1/5000
图根	≤1.0M	≤1.5 测图最大视距	20	1	—	$\pm 60\sqrt{n}$	1/2000

注：表中 n 为测站数，M 为测图比例尺的分母。

二、导线测量的外业工作

导线测量的外业工作包括踏勘选点、建立标志、测量导线边长、测量转折角和测量连接，分述如下：

1. 踏勘选点

在踏勘选点前，应调查收集测区已有地形图和高一级控制点的成果资料，在地形图上拟定导线的布设方案，最后到野外去踏勘，实地核对、修改、落实点位。如果测区没有地形图资料，则需详细踏勘现场，根据已知控制点的分布、测区地形条件及施工需要等具体情况，合理地选定导线点的位置。

实地选点时，应注意下列几点：

1）相邻点间通视良好，地势较平坦，便于测角和量距。

2）点位应选在土质坚实处，便于保存标志和安置仪器。

3）导线点的数量要足够，密度要均匀，能控制整个测区。

4）视野开阔，便于施测。

5）导线各边的长度应大致相等，导线边长取值参见表 3-10。

2. 建立标志

导线点位置选定后，要用标志将点位在地面上固定下来。导线点若需要长期保存，或者在不易保管的地方及等级较高的点，应埋设混凝土桩或石桩，桩顶刻 "＋" 字，以示导线点位。对于临时性导线点、一般的图根点，要在每个点位上打下一个大木桩，桩顶钉一小钉，作为导线点标志。导线点设置好后应统一编号。为了便于以后寻找，应对导线点位置绘制 "点之记"，即测出与附近明显地物位置关系，绘制草图，注明尺寸，如图 3-47 ～图 3-49 所示。

3. 导线边长测量

导线边长可用钢尺直接丈量，或用光电测距仪直接测定。如采用光电测距仪（或全站仪）测量，应测定导线点之间的水平距离。光电测距仪测距精度较高，一般均能达到小地区导线测量的精度要求。

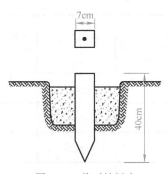

图 3-47 临时性标志

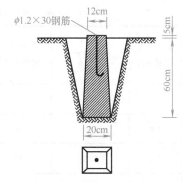

图 3-48 永久性标志（b、c 视埋设深度而定）

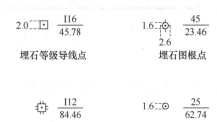

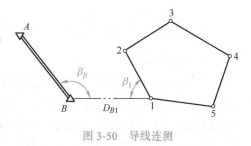

图 3-49 导线点标志

4. 转折角测量

导线转折角的测量一般采用测回法观测，两个以上组成的角也可用方向法。导线转折角有左角和右角之分，导线前进方向右侧的角称为右角，反之为左角。在附合导线中一般测左角；在闭合导线中，一般测内角；对于支导线，应分别观测左、右角。不同等级导线的测角技术要求详见表 3-10。

5. 连接测量

导线与高级控制点进行连接，以取得坐标和坐标方位角的起算数据，称为连接测量。如图 3-50 所示，A、B 为已知点，$1 \sim 5$ 为新布设的导线点，连接测量就是观测连接角 β_B、β_1 和连接边 D_{B1}。

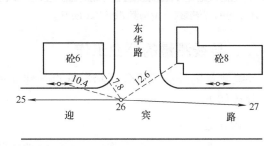

如果附近无高级控制点，则应用罗盘仪测定导线起始边的磁方位角，并假定起始点的坐标作为起算数据。

图 3-50 导线连测

三、导线测量的内业计算

导线测量的内业计算的目的是计算导线点的平面坐标，在计算之前，应全面检查导线测量的外业记录手簿有无遗漏，各项限差是否超限。然后绘制导线略图，在图上注明已知点及导线点的点号、已知点坐标、已知边坐标方位角及导线经改正后的边长和水平角观测值。

1. 闭合导线的坐标计算（图 3-51）

（1）准备工作

将校核过的外业观测数据及起算数据填入闭合导线坐标计算表中，见表 3-11，起算数据用单线标明。

（2）角度闭合差的计算与调整

1）计算角度闭合差。如图 3-51 所示，n 边形闭合导线内角和的理论值为

$$\sum \beta_{理} = (n-2) \times 180° \qquad （3-43）$$

式中　n——导线边数或转折角数。

本例中：　　　　$\sum \beta_{理} = 540°$

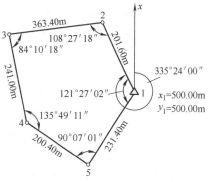

图 3-51　闭合导线略图

由于观测水平角不可避免地含有误差，致使实测的内角之和 $\sum \beta_{测}$ 不等于理论值 $\sum \beta_{理}$，两者之差，称为角度闭合差，用 f_β 表示，即

$$f_\beta = \sum \beta_{测} - \sum \beta_{理} = \sum \beta_{测} - (n-2) \times 180° \qquad （3-44）$$

本例中：　　　　$\sum \beta_{测} = 540°00'50''$

$$f_\beta = \sum \beta_{测} - \sum \beta_{理} = -50''$$

计算见表 3-11 辅助计算栏。

2）计算角度闭合差的允许值。角度闭合差的大小反映了水平角观测的质量。各级导线角度闭合差的允许值 $f_{\beta允}$ 见表 3-11，其中图根导线角度闭合差的允许值 $f_{\beta允}$ 的计算公式为

$$f_{\beta允} = \pm 60'' \sqrt{n} \qquad （3-45）$$

本例中：　　　　$f_{\beta允} = \pm 60'' \sqrt{5} = \pm 134''$

如果 $|f_\beta| > |f_{\beta允}|$，说明所测水平角不符合要求，应对水平角重新检查或重测。

如果 $|f_\beta| \leq |f_{\beta允}|$，说明所测水平角符合要求，可对所测水平角进行调整。

计算见表 3-11 辅助计算栏。

本例中：　　　　$|f_\beta| \leq |f_{\beta允}|$，

说明所测水平角符合要求，可对所测水平角进行调整。

3）计算水平角改正数。如角度闭合差不超过角度闭合差的允许值，则将角度闭合差反符号平均分配到各观测水平角中，也就是每个水平角加相同的改正数 v_β，v_β 的计算公式为

$$v_\beta = -\frac{f_\beta}{n} \qquad\qquad (3\text{-}46)$$

本例中：

$$v_\beta = -\frac{f_\beta}{n} = -\frac{50''}{5} = -10''$$

计算见表 3-11 辅助计算栏。

计算检核：水平角改正数之和应与角度闭合差大小相等符号相反，即

$$\sum v_\beta = -f_\beta$$

4）计算改正后的水平角。改正后的水平角 $\beta_{i改}$ 等于所测水平角加上水平角改正数，即

$$\beta_{i改} = \beta_i + v_\beta \qquad\qquad (3\text{-}47)$$

本例中：

$$\beta_{1改} = \beta_1 + v_\beta = 108°27''18' - 10' = 108°27''08'$$

$$\beta_{2改} = \beta_2 + v_\beta = 84°10''18' - 10' = 84°10''08'$$

$$\vdots$$

计算检核：改正后的闭合导线内角之和应为 $(n-2) \times 180°$，本例为 $540°$。

$$\sum \beta = \beta_{1改} + \beta_{2改} + \beta_{3改} + \cdots + \beta_{n改} = 540° = \beta_理$$

水平角的改正数和改正后的水平角见表 3-11 第 3、4 栏。

（3）推算各边的坐标方位角

根据起始边的已知坐标方位角及改正后的水平角，按式（3-46）和式（3-47）推算其他各导线边的坐标方位角。

本例观测左角，按式（3-47）推算出导线各边的坐标方位角，填入表 3-11 的第 5 栏内。

计算检核：最后推算出起始边坐标方位角，它应与原有的起始边已知坐标方位角相等，否则应重新检查计算。

（4）坐标增量的计算及其闭合差的调整

1）计算坐标增量。根据已推算出的导线各边的坐标方位角和相应边的边长，按式（3-33）计算各边的坐标增量。例如，导线边 1–2 的坐标增量为：

$$\Delta x_{12} = D_{12}\cos\alpha_{12} = 201.60 \times \cos 335°24'00'' = +183.30\text{m}$$

$$\Delta y_{12} = D_{12}\sin\alpha_{12} = 201.60 \times \sin 335°24'00'' = -83.92\text{m}$$

用同样的方法，计算出其他各边的坐标增量值，填入表 3-11 的第 7、8 两栏的相应格内。

2）计算坐标增量闭合差。如图 3-52a 所示，闭合导线，纵、横坐标增量代数和的理论值应为零，即

$$\sum \Delta x_{理} = 0$$

$$\sum \Delta y_{理} = 0$$

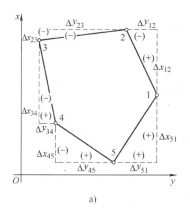
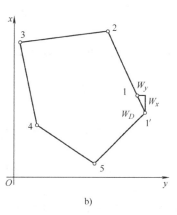

图 3-52　坐标增量闭合差

由于导线边长测量误差和角度闭合差调整后的残余误差，使得实际计算所得的 $\sum \Delta x_{测}$、$\sum \Delta y_{测}$ 不等于零，从而产生纵坐标增量闭合差 f_x 和横坐标增量闭合差 f_y，即

$$f_x = \sum \Delta x_{测}$$
$$f_y = \sum \Delta y_{测}$$

（3-48）

3）计算导线全长闭合差 f_D 和导线全长相对闭合差 f_k。如图 3-52b 所示，由于坐标增量闭合差 f_x、f_y 的存在，使导线不能闭合，1–1′ 之长度 f_D 称为导线全长闭合差，并用下式计算：

$$f_D = \sqrt{f_x^2 + f_y^2}$$

（3-49）

从 f_D 值的大小还不能说明导线测量的精度，衡量导线测量的精度需考虑到导线的总长。将 f_D 与导线全长 $\sum D$ 相比，以分子为 1 的分数表示，称为导线全长相对闭合差 f_k，即

$$f_k = \frac{f_D}{\sum D} = \frac{1}{\dfrac{\sum D}{f_D}}$$

（3-50）

以导线全长相对闭合差 f_k 来衡量导线测量的精度，f_k 的分母越大，精度越高。不同等级的导线，其导线全长相对闭合差的容许值 $f_{k允}$ 参见表 3-11，图根导线的 $f_{k允}$ 为 1/2000。

如果 $f_k > f_{k允}$，说明成果不合格，此时应对导线的内业计算和外业工作进行检查，必要时须重测。

如果 $f_k \leqslant f_{k允}$，说明测量成果符合精度要求，可以进行调整。

本例中 f_x、f_y、f_k 及 f_D 的计算见表 3-11 辅助计算栏。

4）调整坐标增量闭合差。调整的原则是将 f_x、f_y 反号，并按与边长成正比的原则，分配到各边对应的纵、横坐标增量中去。以 v_{xi}、v_{yi} 分别表示第 i 边的纵、横坐标增量改正数，即

$$v_{xi} = -\frac{f_x}{\sum D} \cdot D_i$$

$$v_{yi} = -\frac{f_y}{\sum D} \cdot D_i$$

（3-51）

本例中导线边 1–2 的坐标增量改正数为

$$v_{x12} = -\frac{f_x}{\sum D} D_{12} = -\frac{-0.30\text{m}}{1137.80\text{m}} \times 201.60\text{m} = +0.05\text{m}$$

$$v_{y12} = -\frac{f_y}{\sum D} D_{12} = -\frac{-0.09\text{m}}{1137.80\text{m}} \times 201.60\text{m} = +0.02\text{m}$$

用同样的方法，计算出其他各导线边的纵、横坐标增量改正数，填入表 3-11 的第 7、8 栏坐标增量值相应方格的上方。

计算检核：纵、横坐标增量改正数之和应满足下式：

$$\sum v_x = -f_x$$
$$\sum v_y = -f_y$$

（3-52）

5）计算改正后的坐标增量。各边坐标增量计算值加上相应的改正数，即得各边的改正后的坐标增量。

$$\Delta x_{i改} = \Delta x_i + v_{xi}$$
$$\Delta y_{i改} = \Delta y_i + v_{yi}$$

（3-53）

本例中导线边 1–2 改正后的坐标增量为

$$\Delta x_{12改} = \Delta x_{12} + v_{x_{12}} = +183.30\text{m} + 0.05\text{m} = +183.35\text{m}$$

$$\Delta y_{12改} = \Delta y_{12} + v_{y_{12}} = -83.92\text{m} + 0.02\text{m} = -83.90\text{m}$$

用同样的方法，计算出其他各导线边的改正后坐标增量，填入表 3-11 的第 9、10 栏内。

计算检核：改正后纵、横坐标增量之代数和应分别为零。

（5）计算各导线点的坐标

根据起始点 1 的已知坐标和改正后各导线边的坐标增量，按下式依次推算出各导线点的坐标：

$$x_i = x_{i-1} + \Delta x_{i-1改}$$
$$y_i = y_{i-1} + \Delta y_{i-1改}$$

（3-54）

将推算出的各导线点坐标，填入表 3-11 中的第 11、12 栏内。

最后还应再次推算起始点 1 的坐标，其值应与原有的已知值相等，以作为计算检核。

2. 附合导线的坐标计算

附合导线的坐标计算与闭合导线的坐标计算基本相同，仅在角度闭合差的计算与坐标增量闭合差的计算方面稍有差别。

表 3-11 闭合导线坐标计算表

点号	观测角（左角）	改正数	改正角	坐标方位角 α	距离 D /m	增量计算值		改正后增量		坐标值	
						Δx/m	Δy/m	Δx/m	Δy/m	x/m	y/m
1	2	3	4=2+3	5	6	7	8	9	10	11	12
1				335°24′00″	201.60	+5 +183.30	+2 −83.92	+183.35	−83.90	500.00	500.00
2	108°27′18″	−10″	108°27′08″	263°51′08″	263.40	+7 −28.21	+2 −261.89	−28.14	−261.87	683.35	416.10
3	84°10′18″	−10″	84°10′08″	168°01′16″	241.00	+7 −235.75	+2 +50.02	−235.68	+50.04	655.21	154.23
4	135°49′11″	−10″	135°49′01″	123°50′17″	200.40	+5 −111.59	+1 +166.46	−111.54	+166.47	419.53	204.27
5	90°07′01″	−10″	90°06′51″	33°57′08″	231.40	+6 +191.95	+2 +129.24	+192.01	+129.26	307.99	370.74
1	121°27′02″	−10″	121°26′52″	335°24′00″						500.00	500.00
2											
Σ	540°00′50″	−50″	540°00′00″		1137.80	−0.30	−0.90	0	0		

辅助计算	$\sum \beta_{理} = 540°$; $f_x = \sum \Delta x_{测} = -0.30m$; $f_y = \sum \Delta y_{测} = -0.09m$ $-\sum \beta_{测} = 540°00′50″$ $f_D = \sqrt{f_x^2 + f_y^2} = 0.31m$ $f_\beta = +50″$; $f_k = \dfrac{0.31}{1137.80} \approx \dfrac{1}{3600} < f_{k允} = \dfrac{1}{2000}$ $f_{\beta允} = +60″\sqrt{5} = \pm 134″$ $|f_\beta| < |f_{\beta允}|$

（1）角度闭合差的计算与调整

1）计算角度闭合差。如图 3-53 所示，根据起始边 AB 的坐标方位角 α_{AB} 及观测的各右角，按式（3-30）和式（3-31）推算 CD 边的坐标方位角 α_{CD}。

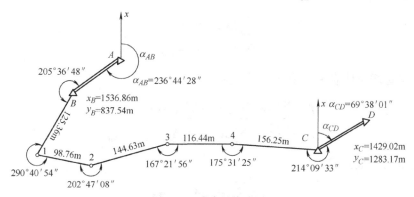

图 3-53 附合导线略图

$$\alpha_{B1} = \alpha_{AB} + 180° - \beta_B$$
$$\alpha_{12} = \alpha_{B1} + 180° - \beta_1$$

$$\alpha_{23} = \alpha_{12} + 180° - \beta_2$$
$$\alpha_{34} = \alpha_{23} + 180° - \beta_3$$
$$\alpha_{4C} = \alpha_{34} + 180° - \beta_4$$
$$\alpha_{CD} = \alpha_{4C} + 180° - \beta_C$$

将以上各式相加，得

$$\alpha_{CD} = \alpha_{AB} + 6 \times 180° - \sum \beta$$

或

$$\sum \beta = \alpha_{AB} - \alpha_{CD} + 6 \times 180°$$

假设导线各转折角在观测中不存在误差，上式应成立，则 $\sum \beta$ 称为理论值，写成一般形式为

$$\sum \beta_{理} = a_{始} - \alpha_{终} + n \times 180°（导线观测角是右角）$$

$$\sum \beta_{理} = \alpha_{终} - a_{始} + n \times 180°（导线观测角是左角）$$

式中　n——包括连接角在内的导线转折角数。

2）调整角度闭合差。当角度闭合差在允许范围内，则将角度闭合差反号平均分配到各角上。

（2）坐标方位角计算（略）

（3）坐标增量的计算及其闭合差的调整

1）坐标增量的计算。

$$\Delta x_{B1} = D_{B1} \cos \alpha_{B1} = 125.36 \times \cos 211°07'53'' = -107.31\text{m}$$
$$\Delta y_{B1} = D_{B1} \sin \alpha_{B1} = 125.36 \times \sin 211°07'53'' = -64.81\text{m}$$

分别计算其他各边的坐标增量，填入表 3-12 的第 7、8 两栏的相应格内。

2）计算坐标增量闭合差。理论上讲，各边的纵、横坐标增量代数和应等于终、始两已知点间的纵、横坐标差，即

$$\sum \Delta x_{理} = x_C - x_B$$
$$\sum \Delta y_{理} = y_C - y_B$$

纵、横坐标增量闭合差 f_x 和 f_y 分别是：

$$f_x = \sum \Delta x - \sum \Delta x_{理} = \sum \Delta x - (x_C - x_B)$$
$$f_y = \sum \Delta y - \sum \Delta y_{理} = \sum \Delta y - (y_C - y_B)$$

坐标增量的一般公式为

$$f_x = \sum \Delta x - (x_{始} - x_{终})$$
$$f_y = \sum \Delta y - (y_{始} - y_{终})$$

本例中 f_x、f_y、f_D 及 f_k 的计算见表 3-12 辅助计算栏。

其他计算步骤同闭合导线计算。

表 3-12　附合导线坐标计算表

点号	观测角(右角)	改正数	改正角	坐标方位角 α	距离 D/m	增量计算值 Δx/m	增量计算值 Δy/m	改正后增量 Δx/m	改正后增量 Δy/m	坐标值 x/m	坐标值 y/m	点号
1	2	3	4	5	6	7	8	9	10	11	12	13
A				236°44′28″								A
B	205°36′48″	−13″	205°36′35″	211°07′53″	125.36	+4 −107.31	−2 −64.81	−107.27	−64.83	536.86	837.54	B
1	290°40′54″	−12″	290°40′42″	100°27′11″	98.76	+3 −17.92	−2 +97.12	−17.89	+97.10	429.59	772.71	1
2	202°47′08″	−13″	202°46′55″	77°40′16″	114.63	+4 +30.88	−2 +141.29	+30.92	+141.27	411.70	869.81	2
3	167°21′56″	−13″	167°21′43″	90°18′33″	116.44	+3 −0.63	−2 +116.44	−0.60	+116.42	442.62	011.08	3
4	175°31′25″	−13″	175°31′12″	94°47′21″	156.25	+5 −13.05	−3 +155.70	−13.00	+155.67	442.02	127.50	4
C	214°09′33″	−13″	214°09′20″	60°38′01″						429.02	283.17	C
D												D
Σ	256°07′44″	−77″	256°06′25″		641.44	−108.03	+445.74	−107.84	+445.63			

辅助计算

$f_\beta = \sum\beta_{测} - \alpha_{始} + \alpha_{终} - n\times180° = +1'17''$；$\sum\Delta x = -108.03$；$\sum\Delta y = +445.74$

$f_{\beta允} = \pm 60''\sqrt{6} = \pm 147''$；$f_x = -0.19\text{m}$；$f_y = +0.11\text{m}$

$f_\beta < f_{\beta允}$；$f = \sqrt{(f_x)^2 + (f_y)^2} = \pm 0.22$；$f_k = \dfrac{0.22}{641.44} = \dfrac{1}{2900} < f_{k允} = \dfrac{1}{2000}$

3. 支导线的坐标计算

支导线中没有检核条件，因此没有闭合差产生，导线转折角和计算的坐标增量均不需要进行改正。支导线的计算步骤为：

1）根据观测的转折角推算各边的坐标方位角。

2）根据各边坐标方位角和边长计算坐标增量。

3）根据各边的坐标增量推算各点的坐标。

四、导线点加密

平面控制测量时，如果导线点密度不能满足测图或工程需要，可利用已知的控制点及其坐标采用交会法进行个别点的加密，交会法有测角交会与距离交会两类。测角交会又分为前方交会、侧方交会与后方交会 3 种。这里重点介绍前方交会、后方交会与距离交会。

1. 前方交会

如图 3-54 所示，A、B 为坐标已知的控制点，P 为待定点。在 A、B 点上安置经纬仪，观测水平角 α、β，根据 A、B 两点的已知坐标和 α、β 角，通过计算可得出 P 点的坐标，这就是角度前方交会。

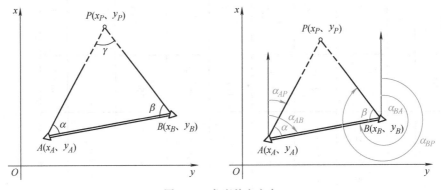

图 3-54 角度前方交会

（1）角度前方交会的计算方法

1）计算已知边 AB 的边长和方位角。根据 A、B 两点坐标 (x_A, y_A)、(x_B, y_B)，按坐标反算公式计算两点间边长 D_{AB} 和坐标方位角 α_{AB}。

$$\alpha_{AB} = \arctan \frac{y_B - y_A}{x_B - x_A}$$

$$D_{AB} = \sqrt{(x_B - x_A)^2 + (y_B - y_A)^2}$$

2）计算待定边 AP、BP 的边长。按三角形正弦定律，得

$$\left. \begin{aligned} D_{AP} &= \frac{D_{AB} \sin \beta}{\sin \gamma} = \frac{D_{AB} \sin \beta}{\sin(\alpha + \beta)} \\ D_{BP} &= \frac{D_{AB} \sin \alpha}{\sin(\alpha + \beta)} \end{aligned} \right\}$$

（3-55）

3）计算待定边 AP、BP 的坐标方位角。

$$
\begin{aligned}
\alpha_{AP} &= \alpha_{AB} - \alpha \\
\alpha_{BP} &= \alpha_{BA} + \beta = \alpha_{AB} \pm 180° + \beta
\end{aligned} \tag{3-56}
$$

4）计算待定点 P 的坐标。

$$
\left.\begin{aligned}
x_P &= x_A + \Delta x_{AP} = x_A + D_{AP} \cos\alpha_{AP} \\
y_P &= y_A + \Delta y_{AP} = y_A + D_{AP} \sin\alpha_{AP}
\end{aligned}\right\} \tag{3-57}
$$

$$
\left.\begin{aligned}
x_P &= x_B + \Delta x_{BP} = x_B + D_{BP} \cos\alpha_{BP} \\
y_P &= y_B + \Delta y_{BP} = y_B + D_{BP} \sin\alpha_{BP}
\end{aligned}\right\} \tag{3-58}
$$

适用于计算器计算的公式：

$$
\left.\begin{aligned}
x_P &= \frac{x_A \cot\beta + x_B \cot\alpha + (y_B - y_A)}{\cot\alpha + \cot\beta} \\
y_P &= \frac{y_A \cot\beta + y_B \cot\alpha + (x_A - x_B)}{\cot\alpha + \cot\beta}
\end{aligned}\right\} \tag{3-59}
$$

在应用式（3-59）时，要注意已知点和待定点必须按 A、B、P 逆时针方向编号，在 A 点观测角编号为 α，在 B 点观测角编号为 β。

（2）角度前方交会的观测检核

在实际工作中，为了保证定点的精度，避免测角错误的发生，一般要求从三个已知点 A、B、C 分别向 P 点观测水平角 α_1、β_1、α_2、β_2，作两组前方交会。如图 3-55 所示，按式（3-59），分别在 $\triangle ABP$ 和 $\triangle BCP$ 中计算出 P 点的两组坐标 P'（x_P'、y_P'）和 P''（x_P''、y_P''）。当两组坐标较差符合规定要求时，取其平均值作为 P 点的最后坐标。

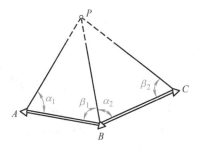

图 3-55　三点前方交会

一般规范规定，两组坐标较差 e 不大于两倍比例尺精度，用公式表示为

$$
e = \sqrt{\delta_x^2 + \delta_y^2} \leqslant e_{容} = 2 \times 0.1M \text{ mm} \tag{3-60}
$$

$$
\delta_x = x_P' - x_P''; \quad \delta_y = y_P' - y_P''
$$

式中　M——测图比例尺分母。

（3）角度前方交会计算实例（表 3-13）

表 3-13　前方交会计算表

$$x_P = \frac{x_A \cot\beta + x_B \cot\alpha + (y_B - y_A)}{\cot\alpha + \cot\beta}$$

$$y_P = \frac{y_A \cot\beta + y_B \cot\alpha + (x_B - x_A)}{\cot\alpha + \cot\beta}$$

观测数据		
α_1	54°48′00″	
β_1	32°51′50″	
α_2	56°23′21″	
β_2	48°30′58″	

已知数据/m						
x_A	1807.04	y_A	45719.85	（1）$\cot\alpha$	0.705422	0.66467
x_B	1646.38	y_B	45830.66	（2）$\cot\beta$	1.5479029	0.884224
x_C	1765.50	y_C	45998.65	（3）=（1）+（2）	2.253325	1.548894

（4）$x_A\cot\beta + x_B\cot\alpha + y_B - y_A$	4069.325	2802.937	（6）$y_A\cot\beta + y_B\cot\alpha - x_B + x_A$	103260.504	71049.513
（5）x_P =（4）/（3）	1805.920	1809.67	（7）y_P=（6）/（3）	45825.837	45871.126
P 点最后坐标	x_P =1807.78		y_P = 45848.48		

2. 后方交会

如图 3-56 所示，A、B、C 为已知点，将经纬仪或全站仪安置在 P 点上，观测 P 点至 A、B、C 各方向的夹角 α、β、γ。根据已知点坐标，即可推算 P 点坐标，这种方法称为后方交会。其优点是不必在多个点上设站观测，野外工作量少，故当已知点不易到达时，可采用后方交会法确定待定点。

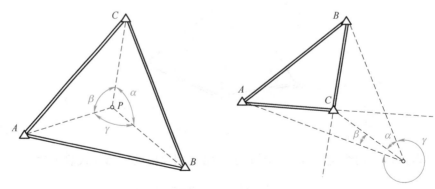

图 3-56　后方交会

（1）后方交会的计算公式

后方交会法点位坐标公式较多，一般采用仿权计算法。其计算公式的形式与带权平均值的计算公式相似，因此得名仿权公式，未知点 P 的坐标计算公式为

$$x_P = \frac{P_A x_A + P_B x_B + P_C x_C}{P_A + P_B + P_C}$$

$$y_P = \frac{P_A y_A + P_B y_B + P_C y_C}{P_A + P_B + P_C}$$

式中，
$$P_A = \frac{1}{\cot \angle A - \cot \alpha}$$

$$P_B = \frac{1}{\cot \angle B - \cot \beta}$$

$$P_C = \frac{1}{\cot \angle C - \cot \gamma}$$

利用以上公式计算时注意以下几点：

1）未知点 P 上的三个角，必须分别与已知点 A、B、C 按图所示的关系相对应，这三个角值可按方向观测法获得，其总和应等于 360°。

2）为三个已知点构成的三角形的内角，其值根据三条已知点的方位角计算。

3）若 P 点选取在三角形任意两条边延长线夹角之间，应用式计算坐标时均以负值带入式。

另外，在选定 P 点时，应特别注意 P 点不能位于或接近三个已知点的外接圆上，否则 P 点坐标为不定解或计算精度低。

（2）计算实例（表3-14）

表3-14 后方交会计算表

略图与公式				观测数据	α	79°25′24″
					β	216°52′04″
					γ	63°42′32″
				已知数据 /m	x_A	1432.566
					x_B	1946.723
					x_C	1923.566
					y_A	4488.266
					y_B	4463.519
					y_C	3925.008
计算数据	x_A-x_B	−514.157	y_A-y_B	24.707	α_{BA}	177°14′55.8″
	x_B-x_C	23.167	y_B-y_C	583.511	α_{CB}	87°32′11.9″
	x_A-x_C	−490.990	y_A-y_C	963.218	α_{CA}	131°04′50.0″
	$\angle A$	46°10′05.8″	PA	1.29315		
	$\angle B$	90°17′16.1″	PB	−0.747128		
	$\angle C$	43°32′38.1″	PC	1.79171		
P 点最后坐标			$x_P = 1807.78$	$y_P = 45848.48$		

3. 距离交会

如图 3-57 所示，A、B 为已知控制点，P 为待定点，测量了边长 D_{AP} 和 D_{BP}，根据 A、B 点的已知坐标及边长 D_{AP} 和 D_{BP}，通过计算求出 P 点坐标，这就是距离交会。随着电磁波测距仪的普及应用，距离交会也成为加密控制点的一种常用方法。

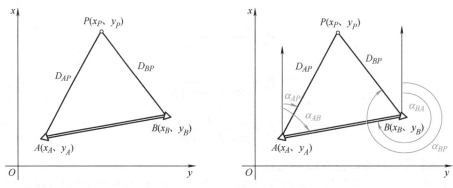

图 3-57　距离交会

（1）距离交会的计算方法

1）计算已知边 AB 的边长和坐标方位角与角度前方交会相同，根据已知点 A、B 的坐标，按坐标反算公式计算边长 D_{AB} 和坐标方位角 α_{AB}。

2）计算 $\angle BAP$ 和 $\angle ABP$ 按三角形余弦定理，得

$$\left.\begin{array}{l}\angle BAP = \arccos \dfrac{D_{AB}^2 + D_{AP}^2 - D_{BP}}{2D_{AB}D_{AP}} \\[3mm] \angle ABP = \arccos \dfrac{D_{AB}^2 + D_{BP}^2 - D_{AP}^2}{2D_{AB}D_{BP}} \end{array}\right\} \tag{3-61}$$

3）计算待定边 AP、BP 的坐标方位角。

$$\left.\begin{array}{l}\alpha_{AP} = \alpha_{AB} - \angle BAP \\[2mm] \alpha_{BP} = \alpha_{AP} + \angle ABP \end{array}\right\} \tag{3-62}$$

4）计算待定点 P 的坐标。

$$\left.\begin{array}{l}x_P = x_A + \Delta x_{AP} = x_A + D_{AP}\cos\alpha_{AP} \\[2mm] y_P = y_A + \Delta y_{AP} = y_A + D_{AP}\sin\alpha_{AP} \end{array}\right\} \tag{3-63}$$

$$\left.\begin{array}{l}x_P = x_B + \Delta x_{BP} = x_B + D_{BP}\cos\alpha_{BP} \\[2mm] y_P = y_B + \Delta y_{BP} = y_B + D_{BP}\sin\alpha_{BP} \end{array}\right\} \tag{3-64}$$

以上两组坐标分别由 A、B 点推算，所得结果应相同，可作为计算的检核。

（2）距离交会的观测检核

在实际工作中，为了保证定点的精度，避免边长测量错误的发生，一般要求从三个已知点 A、B、C 分别向 P 点测量三段水平距离 D_{AP}、D_{BP}、D_{CP}，作两组距离交会。计算出 P 点的两组坐标，当两组坐标较差满足式（3-60）要求时，取其平均值作为 P 点的最后

坐标。

（3）距离交会计算实例（表3-15）。

表3-15　距离交会坐标计算表

略图			已知数据/m	x_A	1807.041	y_A	719.853
				x_B	1646.382	y_B	830.660
				x_C	1765.500	y_C	998.650
			观测值/m	D_{AP}	105.983	D_{BP}	159.648
				D_{CP}	177.491		

D_{AP} 与 D_{BP} 交会			D_{BP} 与 D_{CP} 交会				
D_{AB}/m	195.165			D_{BC}/m	205.936		
α_{AB}	145°24′21″			α_{BC}	54°39′37″		
$\angle BAP$	54°49′11″			$\angle CBP$	56°23′37″		
α_{AP}	90°35′10″			α_{BP}	358°16′00″		
$\Delta x_{AP}/m$	−1.084	$\Delta y_{AP}/m$	105.977	$\Delta x_{BP}/m$	159.575	$\Delta y_{BP}/m$	−4.829
x_P'/m	1805.957	y_P'/m	825.830	x_P''/m	1805.957	y_P''/m	825.831
x_P/m	1805.957			y_P/m	825.830		
辅助计算	$\delta_x=0mm$，$\delta_y=-1mm$，$e=\sqrt{\delta_x^2+\delta_y^2}=1mm \leqslant e_容=2\times0.1M=200mm$						

注：测图比例尺分母 M=1000。

子任务2　测设建筑基线

一、坐标系统及坐标换算

1. 施工坐标系统

在设计与施工部门，为了工作上的方便，常采用一种独立坐标系统，称为施工坐标系或建筑坐标系，施工坐标系的纵轴通常用 A 表示，横轴用 B 表示，施工坐标也叫 AB 坐标。施工坐标系的 A 轴和 B 轴，应与厂区主要建筑物或主要道路、管线方向平行。坐标原点设在总平面图的西南角，使所有建筑物和构筑物的设计坐标均为正值。

2. 测量坐标系统

测量坐标系统与施工场地地形图坐标系一致，目前，工程建设中，地形图坐标系有两种情况，一种是采用的全国统一的高斯平面直角坐标系统；另一种是采用的测区独立平直角坐标系统。如图 3-58 所示，测量坐标系纵轴指向正北用 x 表示，横轴用 y 表示，测量坐标也叫 xy 坐标。

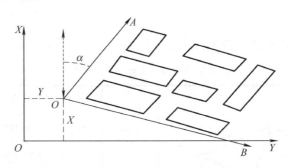

图 3-58　测量坐标系统

3. 施工坐标系与测量坐标系的坐标换算

施工控制测量的建筑基线和建筑方格网一般采用施工坐标系，而施工坐标系与测量坐标系往往不一致，因此，施工测量前常常需要进行施工坐标系与测量坐标系的坐标换算。施工坐标系与测量坐标系之间的关系，可用施工坐标系原点 o 的测量坐标系的坐标及轴的坐标方位角 α 来确定，如图 3-60 所示，在进行施工测量时，上述数据由勘察设计单位给出。

如图 3-59 所示，设 xoy 为测量坐标系，$AO'B$ 为施工坐标系，x_O、y_O 为施工坐标系的原点 O' 在测量坐标系中的坐标，α 为施工坐标系的纵轴 $O'A$ 在测量坐标系中的坐标方位角。设已知 P 点的施工坐标为 $(A_P、B_P)$，则可按下式将其换算为测量坐标 $(x_P、y_P)$：

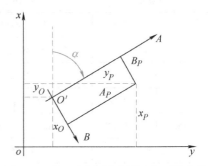

图 3-59　施工坐标系与测量坐标系的换算

$$
\left.\begin{array}{l}
x_P = x_O + A_P \cos\alpha - B_P \sin\alpha \\
y_P = y_O + A_P \sin\alpha + B_P \cos\alpha
\end{array}\right\} \tag{3-65}
$$

如已知 P 的测量坐标，则可按下式将其换算为施工坐标：

$$
\left.\begin{array}{l}
A_P = (x_P - x_O)\cos\alpha + (y_P - y_O)\sin\alpha \\
B_P = -(x_P - x_O)\sin\alpha + (y_P - y_O)\cos\alpha
\end{array}\right\} \tag{3-66}
$$

二、建筑基线的测设

建筑基线是建筑场地的施工控制基准线，即在建筑场地布置一条或几条轴线。它适用于建筑场地面积较小，平面布置相对简单，地势较为平坦而狭长的建筑场地。

1. 建筑基线的布设

建筑基线的布设形式，应根据建筑物的分布、施工场地地形等因素来确定。常用的布设形式有"一"字形、"L"形、"十"字形和"T"形，如图 3-60 所示。建筑基线的形式可以灵活多样，适合于各种地形条件。

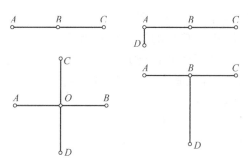

图 3-60　建筑基线的布设形式

2. 建筑基线的布设要求

1）建筑基线应尽可能靠近拟建的主要建筑物，并与其主要轴线平行，以便使用比较简单的直角坐标法进行建筑物的定位。

2）建筑基线上的基线点应不少于三个，以便检测建筑基线点有无变动。

3）建筑基线主点间应相互通视，边长一般为 100～400mm。

4）建筑基线的测设精度应满足施工放样的要求。

3. 进行建筑基线的测设

根据施工场地的条件不同，建筑基线的测设方法有以下几种：

（1）根据建筑红线测设建筑基线

在城市建设区，建筑用地的边界由城市测绘部门在现场直接标定，如图 3-61 所示，AB、AC 为建筑红线，其通常是正交的直线，称为"建筑红线"。一般情况下，建筑基线与建筑红线平行或垂直，可根据建筑红线测设建筑基线。利用建筑红线测设建筑基线的方法如下：

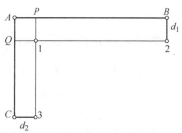

图 3-61　根据建筑红线测设建筑基线

首先，从 A 点沿 AB 方向量取 d_2 定出 P 点，沿 AC 方向量取 d_1 定出 Q 点。

然后，过 B 点作 AB 的垂线，沿垂线量取 d_1 定出 2 点，做出标志；过 C 点作 AC 的垂线，沿垂线量取 d_2 定出 3 点，做出标志；用细线拉出直线 $P3$ 和 $Q2$，两条直线的交点即为 1 点，做出标志。

最后，在 1 点安置全站仪，精确观测 $\angle 213$，其与 90° 的差值应小于 ±24″。量 12、13 距离是否等于设计长度，其误差应满足表 3-16 的规定。若误差超限，应检查测设数据。若误差在许可范围之内，则应适当调整 1、3 点的位置。

表 3-16　建筑基线技术要求

等级	边长相对中误差	测角中误差
一级	≤1/30000	$7''/\sqrt{n}$
二级	≤1/15000	$15''/\sqrt{n}$

注：n 为建筑物结构的跨数。

（2）根据附近已有控制点测设建筑基线

在新建筑区，可以利用建筑基线的设计坐标和附近已有控制点的坐标，用极坐标法测设建筑基线。如图3-62所示，A、B为附近已有控制点，1、2、3为选定的建筑基线点。测设方法如下：

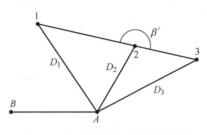

图3-62　根据控制点测设建筑基线

首先，根据已知控制点和建筑基线点的坐标，在A点架设全站仪，对中、整平，以B点为后视点，用坐标放样法测设出1、2、3点。

由于存在测量误差，测设的基线点往往不在同一直线上，且点与点之间的距离与设计值也不完全相符，因此，需要精确测出已测设直线的折角β'和距离D'，并与设计值相比较。如图3-62所示，如果$\Delta\beta=\beta'-180°$，超过$\pm 24''$的规定，则应对$1'$、$2'$、$3'$点在与基线垂直的方向上进行等量调整，调整量按下式计算：

$$\delta = \frac{ab}{a+b}(90-\frac{\beta'}{2})''\frac{1}{\rho} \qquad (3-67)$$

式中　　δ——各点的调整值（m）；

a、b——分别为12、23的长度（m）；

ρ——弧度对应的秒值，$\rho=206265''$。

当$a=b$时，得

$$\delta = \frac{a}{2}(90-\frac{\beta'}{2})''\frac{1}{\rho''}$$

如果测设距离超限，如$\frac{\Delta D}{D}=\frac{D'-D}{D}>\frac{1}{15000}$，则以2点为准，按设计长度沿基线方向调整$1'$、$3'$点，如图3-63所示。

注意：$2'$移动方向与$1'$、$3'$两点的相反

（3）根据已有建筑物测设建筑基线

在施工现场附近有永久性的建筑物，并且设计建筑物主轴线平行建筑基线时，可根据已有建筑物测设建筑基线，如图3-64所示，采用拉直线法，沿建筑物的两面外墙延长相同的距离，得到直线ab，在a点架设仪器调整ab直线使其平行已有建筑物，延长这两条直线得到c、d点，$abcd$即是一条基线。

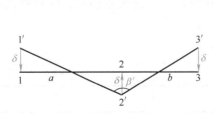

图3-63　基线点的调整

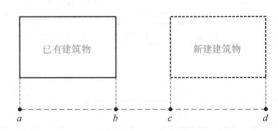

图3-64　根据已知建筑物测设建筑基线

子任务 3 测设建筑方格网

在大中型建筑场地上，由正方形或矩形格网组成的施工控制网，称为建筑方格网，如图 3-65 所示。建筑方格网是根据设计总平面图中建（构）筑物和各种管线的位置并结合现场的地形条件来布设的。设计时先选定方格网的主轴线，然后再布置其他的方格点。

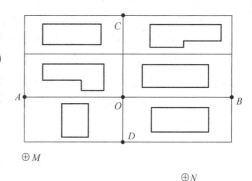

图 3-65　建筑方格网

1. 建筑方格网的设计

方格网是场区建（构）筑物放线的依据，布网时应考虑以下几点：

1）建筑方格网的主轴线位于建筑场地的中央，并与主要建筑物的轴线平行，使方格网点接近于测设对象。

2）纵横主轴线要严格正交成 90°。

3）主轴线的长度以能控制整个建筑场地为宜，主轴线的定位点称为主点，一条主轴线不能少于 3 个主点，其中一个必是纵、横主轴线交点。

4）主点间距离不宜过小，边长一般为 300 ～ 500m，以保证主轴线的定向精度，主点应选在通视良好，便于施测的位置。

5）按照实际地形布设，使控制点位于测角、量距比较方便的地方，并使埋设标桩的高程与场地的设计标高不要相差太大。

6）当场地面积不大时尽量布设成全面方格网。若场地面积较大时，应分为二级，首级可采用"十"字形、"口"字形或"田"字形，然后再加密方格网。

2. 建筑方格网的测设

（1）主轴线的测设

如图 3-65 所示，MN 为场地两控制点，欲建立以 AOB、COD 为主轴线的施工方格网。主轴线实质上是由 5 个主点 A、B、O、C 和 D 组成。最后，精确检测主轴线点的相对位置关系，并与设计值相比较，如果超限，则应进行调整。建筑方格网的主要技术要求，见表 3-17。测设步骤如下：

表 3-17　建筑方格网的主要技术要求

等级	边长 /m	测角中误差	边长相对中误差	测角检测限差	边长检测限差
I 级	100 ～ 300	5″	1/30000	10″	1/15000
II 级	100 ～ 300	8″	1/20000	16″	1/10000

1）在施工总平面图上布设方格网，计算出各点坐标（应注意控制点坐标与方格网的坐标必须是同一坐标系——施工坐标系，暂用 x、y 表示）。

2）测设主轴线 AOB：在 N 点安置全站仪，后视点为 M，利用全站仪进行坐标放样出 A、O、B 点，这样主轴线就出来了。

3）调整主轴线 AOB：并用混凝土桩把 A'、O'、B' 标定下来。桩的顶部常设置一块

10cm×10cm 的铁板供调整点位用。因存在测量误差，三个主轴线点一般不在一条直线上，因此需要在 O' 点上安置全站仪，精确地测量 $\angle A'O'B'$ 的角值。如果它和 180° 之差超过 ±8″（一级）时，则对 A'、O'、B' 的点位进行调整。调整的方法同建筑基线的调整。

4）测设主轴线 COD：定好 A、O、B 三个主点后，将全站仪安置在 O 点，再测设与 AOB 轴线相垂直的另一主轴线 COD。测设时瞄准 A 点，分别向右、左转 90°，并根据主点间的距离，在实地标定出 C' 和 D' 点。

5）调整主轴线 COD：如图 3-66 所示，再精确地测出 $\angle AOC'$ 和 $\angle AOD'$，分别算出它们与 90° 之差 ε_1、ε_2：

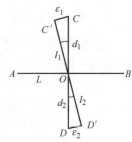

$$l_1 = d_1 \cdot \frac{\varepsilon_1''}{\rho''}$$

$$l_2 = d_2 \cdot \frac{\varepsilon_2''}{\rho''}$$

计算改正值 l_1、l_2，用垂线改正法分别调整 C'、D'，定出 C、D 点。检验主轴线交角是否为 90°，较差应小于 ±8″（一级）。校核 OC、OD 的距离，精度应达 1/25000（一级）。

图 3-66　主轴线测设

（2）方格网点的测设

如图 3-66 所示，主轴线测设后，分别在主点 A、B 和 C、D 安置全站仪，后视主点 O，向左右测设 90° 水平角，即可交会出田字形方格网点。随后再作检核，测量相邻两点间的距离，看是否与设计值相等，测量其角度是否为 90°，误差均应在允许范围内，并埋设永久性标志。

建筑方格网轴线与建筑物轴线平行或垂直，因此，可用直角坐标法进行建筑物的定位，计算简单，测设比较方便，而且精度较高；其缺点是必须按照总平面图布置，其点位易被破坏，而且测设工作量也较大。

项目考核方案设计表

项目 3	平面控制测量				
过程考核	考核项目及分值比例	评价标准		考核方式及单项权重	
				组员互评	教师评价
	全站仪整平、对中（20分）	1. 对中、整平时间（7分）		20%	80%
		1～3 分钟以内	优秀	6～7 分	
		3～8 分钟以内	合格	3～5 分	
		8～10 分钟以内	不合格	0～2 分	
		2. 对中、整平质量（7分）			
		管水准器气泡不超过 1 格，对中误差小于 1mm	7 分		
		管水准器气泡不超过 1 格，对中误差大于 1mm	4 分		
		管水准器气泡超过 1 格，对中误差小于 1mm	3 分		
		管水准器气泡超过 1 格，对中误差大于 1mm	0 分		
		3. 操作规范性（6分）			
		取仪器、架脚架、安置仪器符合操作规范	2 分		

（续）

项目3	平面控制测量				
过程考核	考核项目及分值比例	评价标准		考核方式及单项权重	
				组员互评	教师评价
	全站仪整平、对中（20分）	有明确的粗平、精平	2分	20%	80%
		一站完成后检查仪器、迁站符合规范	2分		
	测量方案的编制（5分）	测绘方案编制合理，可行		—	100%
	具体施测过程（5分）	测绘过程分工明确，测量方案与具体实施情况偏差较小，并在必要时能合理调整方案保证顺利完成任务		—	100%
	成果汇报与语言表达（5分）	汇报内容完整、表述清晰、语言流利，回答问题正确、熟练		20%	80%
	实训成果（45分）	1.放样数据计算薄整洁（10分）根据记录情况酌情给分		—	100%
		2.放样成果（35分）			
		基线测设角度、距离值不超限	35分		
		基线测设角度、距离值超限	0分		
	工作态度（5分）	纪律性好，主动积极，认真负责，勤学好问		20%	80%
	团队合作和协作（5分）	与小组成员和谐合作，主动承担分工，合理处理人际关系并能协助他人完成工作任务		20%	80%
	自主学习能力（10分）	能查阅书籍、规范自主学习		—	100%
总计	100分				

 思考与习题

一、填空题

1. 经纬仪主要由_____、_____、_____组成。

2. 直线定向的标准北方向有真北方向、磁北方向和_____方向。

3. 正反坐标方位角相差_____。

4. 已知 A、B 两点的坐标值分别为 x_A=5773.633m，y_A=4244.098m，x_B=6190.496m，y_B=4193.614m，则坐标方位角 α_{AB}=_____、水平距离 D_{AB}=_____m。

二、名词解释

1. 直线定向直

2. 线的坐标方位角

3. 附合导线

4. 闭合导线

5. 支导线

三、问答题

1. 何谓水平角？若某测站点与两个不同高度的目标点位于同一竖直面内，那么其构成的水平角是多少？

2. 简述测回法测水平角的步骤。

3. 水平角测设的方法有哪些？各适用于什么情形？

4. 导线测量内业计算的目的是什么？其外业工作主要包括哪些？

5. 施工场地控制测量的方法有哪些？

6. 简述建筑方格网的概念。

四、计算题

1. 已知 AB 边的边长及坐标方位角 $\alpha_{AB}=90°$，$D_{AB}=120\text{m}$，$X_A=400\text{m}$，$Y_A=600\text{m}$，求 B 点坐标值（X_B，Y_B）。并说明是坐标正算还是反算。

2. 如图 3-67 所示，M、N 为已知平面控制点，其中 M 的坐标为（755.43、767.28），$\alpha_{MN}=123°49'00''$，P 为放样点，设计坐标为（805.43，853.98）。现用极坐标法测设 P 点，计算有关数据，说明测设方法。

3. 已知图 3-68 中 AB 的坐标方位角，观测了图中四个水平角，试计算边长 $B \to 1$、$1 \to 2$、$2 \to 3$、$3 \to 4$ 的坐标方位角。

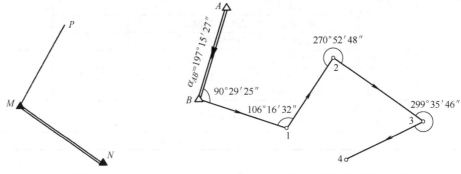

图 3-67 测设点位   图 3-68 推算支导线的坐标方位角

4. 已知 $\alpha_{AB}=89°12'01''$，$x_B=3065.347\text{m}$，$y_B=2135.265\text{m}$，坐标推算路线为 $B \to 1 \to 2$，测得坐标推算路线的右角分别为 $\beta_B=32°30'12''$，$\beta_1=261°06'16''$，水平距离分别为 $D_{B1}=123.704\text{m}$，$D_{12}=98.506\text{m}$，试计算 1、2 点的平面坐标。

项目 4　建筑施工测量

工作任务

序号	工作任务	子任务
1	定位建筑物	—
2	放线建筑物	—
3	进行基础的施工测量	进行条形基础的施工测量
		进行独立基础的施工测量
		进行桩基础的施工测量
4	进行砌体工程主体结构的施工测量	—
5	进行高层建筑主体结构的施工测量	—

任务目标

序号	知识目标	能力目标	素质目标	权重
1	掌握建筑定位方法、建筑定位测设方法	能够根据实践情况选择建筑定位，并进行建筑定位测设	培养学生吃苦耐劳、团队协作、自信心以及精益求精的工匠精神，爱岗敬业、奉献测绘的精神	0.1
2	掌握建筑放线测设方法	能进行建筑物放线		0.2
3	掌握基础施工测量方法，包括条形、独立、桩基础施工测量方法	能进行基槽开挖深度控制测量、基础抄平、基础定位桩测设、垫层轴线投测、基础梁轴线投测、基础模板支模位置测设、桩位和桩标高控制测量		0.3
4	掌握砌体工程建筑的轴线投测方法、高程传递方法	能进行建筑的轴线投测和高程传递测设		0.2
5	掌握高层建筑轴线投测方法、高程传递方法	能进行高层建筑的轴线投测和高程传递		0.2
		总计		1.0

学前准备

仪器	图纸	任务单
全站仪	施工图	建筑物定位、建筑物放线
全站仪、水准仪	基础施工图	基础施工测量
水准仪、垂准仪	施工图	轴线投测、高程传递

教学建议 》》》

采用集中讲授、动态教学、分组讨论与实训等教学方法。

学前阅读 》》》

2011 年，1306 切眼停掘后，测量人员测定停头位置及标高，升井后经反算，发现停头位置不到位。经分析，测量人员在编制业务联系书时，备注说明中控制距离为控制点至 1306 轨顺北帮的距离，而绘制草图时，错误地标注为控制点至巷中的距离，校核人员没有检查出错误，导致掘进区队在控制切眼停头位置时，提前了 2.1m 停掘，给现场施工造成严重的损失。

本项目主要学习建筑施工测量，这是对我们前面学习的具体应用，是社会工作的真实反映，学好本项目，我们一定要认真、严谨、精益求精，切不可出现上述情况，以免造成巨大损失和负面影响。

任务 1 定位建筑物

一、准备工作

1. 熟悉设计图纸

设计图纸是施工测量的主要依据，在测设前，应熟悉建筑物的设计图纸，了解施工建筑物与相邻地物的相互关系，以及建筑物的尺寸和施工要求等，并仔细核对各设计图纸的相关尺寸。测设时必须具备下列图纸资料：

（1）总平面图

如图 4-1 所示，从总平面图上，可以查取或计算设计建筑物与原有建筑物或测量控制点之间的平面尺寸和高差，作为测设建筑物总体位置的依据。

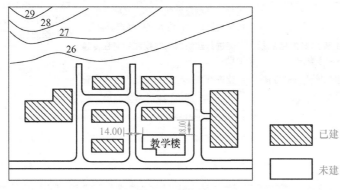

图 4-1 总平面图

（2）建筑平面图

从建筑平面图中，可以查取建筑物的总尺寸，以及内部各定位轴线之间的关系尺寸，这是施工测设的基本资料。

（3）基础平面图

从基础平面图上，可以查取基础边线与定位轴线的平面尺寸，这是测设基础轴线的必要数据。

（4）基础详图

从基础详图中，可以查取基础立面尺寸和设计标高，这是基础高程测设的依据。

（5）建筑物的立面图和剖面图

从建筑物的立面图和剖面图中，可以查取基础、地坪、门窗、楼板、屋架和屋面等设计高程，这是高程测设的主要依据。

2. 现场踏勘

全面了解现场情况，对施工场地上的平面控制点和水准点进行检核。

3. 整理施工场地

平整和清理施工场地，以便进行测设工作。

4. 制定测设方案

根据设计要求、定位条件、现场地形和施工方案等因素，制定测设方案，包括测设方法、计算测设数据和绘制测设略图等，如图 4-2 所示。

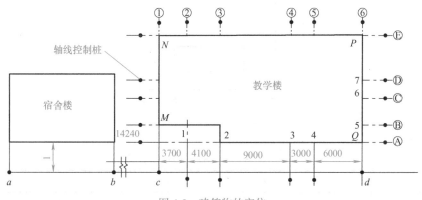

图 4-2　建筑物的定位

5. 准备仪器和工具

对测设所使用的仪器和工具进行检核。

二、建筑物的定位

建筑物的定位，就是将建筑物外廓各轴线交点（简称角桩，即图 4-2 中的 M、N、P 和 Q）测设在地面上，作为基础放样和细部放样的依据。

1. 根据控制点定位

如果场地附近有测量控制点可以利用，应根据控制点及建筑物定位点的设计坐标，反算出交会角或距离后，因地制宜采用极坐标法、角度交会法及距离放样法将建筑物主要轴线测设到地面上。三种方法中，极坐标法适用性最强，是使用最多的一种方法。如图 4-3 所示，A、B 为已知控制点，1、2、3、4 分别是建筑物角点，在 B 点架设仪器，A 点作为后视点，放样出 1、2、3、4 建筑物角点。

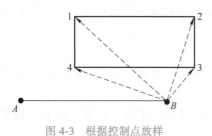

根据控制点
定位

全站仪放样
界面操作

图 4-3　根据控制点放样

2. 根据建筑方格网和建筑基线定位

在建筑场地已测设有建筑方格网，可根据建筑物和附近方格网点的坐标，用直角坐标法、极坐标法将建筑物主要轴线测设到地面上。如图 4-4 所示，由 A、B 点的坐标值可算出建筑物的长度和宽度，见表 4-1。

$$m=268.24\text{m}-226.00\text{m}=42.24\text{m}；n=328.24\text{m}-316.00\text{m}=12.24\text{m}$$

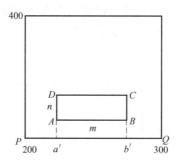

图 4-4　根据建筑方格网定位

表 4-1　各点坐标

点	x/m	y/m
A	316.00	226.00
B	316.00	268.24
C	328.24	268.24
D	328.24	226.00

测设建筑物定位点 A、B、C、D 的步骤：

1）先把经纬仪安置在方格点 P 上，照准 Q 点，沿视线方向自 P 点用钢尺量取 P 点与 A 点的横坐标差得 a' 点，再由点沿视线方向量建筑物长度 42.24m 得 b' 点。

2）然后安置经纬仪于 a' 点，照准 Q 点，向左测设 90°，并在视线上量取 $a'A$，得 A 点，再由 A 点继续量取建筑物的长度 12.24m，得 D 点。

3）安置经纬仪于 b' 点，同法定出 B、C 点，为了校核，应用钢尺丈量 AB、CD 及 BC、AD 的长度，看其是否等于设计长度以及各角是否为 90°。

3. 根据与原有建筑物的关系定位

如图 4-5 所示，拟建的 5 号楼根据原有 4 号楼定位。

1）先沿 4 号楼的东西墙面向外各量出 3.00m，在地面上定出 1、2 两点作为建筑基线，在 1 点安置经纬仪，照准 2 点，然后沿视线方向，从 2 点起根据图中注明尺寸，测设出各基线点 a、c、d，并打下木桩，桩顶钉小钉以表示点位。

2）在 a、c、d 三点分别安置经纬仪，并用正倒镜测设 90°，沿 90° 方向测设相应的距离，以定出房屋各轴线的交点 E、F、G、H、I、J，并打木桩，桩顶钉小钉以表示点位。

3）用钢尺检测各轴线交点间的距离，其值与设计长度的相对误差不应超过 1/2000，如果房屋规模较大，则不应超过 1/5000，并且将经纬仪安置在 E、F、G、K 四角点，检测各个直角，其角值与 90° 之差不应超过 40″。

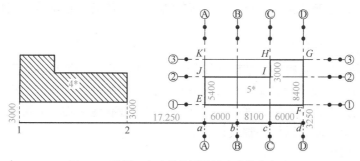

图 4-5　根据已有建筑物测设拟建建筑物方法

4. 根据与原有道路的关系定位

规划道路的红线点是城市规划部门所测设的城市道路规划用地与单位用地的界址线。靠近城市道路的建筑物设计位置应以城市规划道路的红线为依据。如图 4-6 所示，拟建建筑物轴线与道路中心线平行，测法是先用拉尺分中法找出道路中心线，然后用经纬仪或全站仪作垂线，定出拟建建筑物位置。

1）在每条道路上选两个合适的位置，分别用钢尺测量该处道路的宽度，并找出道路中心点 C_1、C_2、C_3 和 C_4。

2）分别在 C_1、C_2 两个中心点上安置经纬仪，测设 90°，用钢尺测设水平距离 12m，在地面上得到道路中心线的平行线 T_1T_2，同理做出 C_2 和 C_4 的平行线 T_3T_4。

3）用经纬仪向内延长或向外延长这两条线，其交点即为拟建建筑物的第一个定位点 P_1，再从 P_1 沿长轴方向量取 50m 做 T_3T_4 的平行线，得到第二个定位点 P_2。

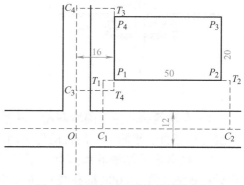

图 4-6　根据与原有道路的关系定位

4）分别在 P_1 和 P_2 点安置经纬仪，测设直角和水平距离 20m，在地面上定出点 P_3 和 P_4。在 P_1、P_2、P_3 和 P_4 点上安置经纬仪，检核角度是否为 90°，用钢尺丈量四条轴线的长度，检核长轴是否为 50m，短轴是否为 20m。

任务 2 放线建筑物

建筑物放线指根据已定位的外墙轴线交点桩（角桩），详细测设出建筑物各轴线的交点桩（或称中心桩），然后根据交点桩用白灰撒出基槽开挖边界线。

1. 在外墙轴线周边上测设中心桩位置

在 M 点安置经纬仪或全站仪，瞄准 Q 点，用钢尺沿 MQ 方向量出相邻两轴线间的距离，定出 1、2、3 等点，同理可定出 5、6、7 各点。量距精度应达到设计精度要求。量出各轴线之间距离时，钢尺零点要始终对在同一点上。

2. 恢复轴线位置的方法

由于在开挖基槽时，角桩和中心桩要被挖掉，为了便于在施工中，恢复各轴线位置，应把各轴线延长到基槽外安全地点，并做好标志。其方法有设置轴线控制桩和设置龙门板两种形式。

（1）设置轴线控制桩

轴线控制桩设置在基槽外、基础轴线的延长线上，作为开槽后各施工阶段恢复轴线的依据。轴线控制桩一般设置在基槽外 2～4m 处，打下木桩，桩顶钉上小钉，准确标出轴线位置，并用混凝土包裹木桩，如图 4-7 所示。如附近有建筑物，亦可把轴线投测到建筑物上，用红漆作出标志，以代替轴线控制桩。

（2）设置龙门板

在小型民用建筑施工中，常将各轴线引测到基槽外的水平木板上。水平木板称为龙门板，固定龙门板的木桩称为龙门桩，如图 4-8 所示。设置龙门板的步骤如下：

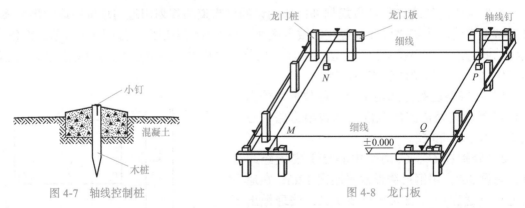

图 4-7 轴线控制桩   图 4-8 龙门板

1）在建筑物四角与隔墙两端、基槽开挖边界线以外 1.5～2m 处，设置龙门桩。龙门桩要钉得竖直、牢固，龙门桩的外侧面应与基槽平行。

2）根据施工场地的水准点，用水准仪在每个龙门桩外侧，测设出该建筑物室内地坪设计高程线（即 ±0.000 标高线），并作出标志，如图 4-9 所示。

3）沿龙门桩上 ±0.000m 标高线钉设龙门板，这样龙门板顶面的高程就同在 ±0.000m 的水平面上。然后，用水准仪校核龙门板的高程，如有差错应及时纠正，其允许误差为 ±5mm。

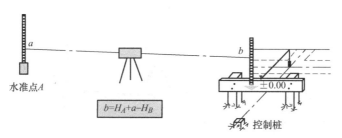

图 4-9　龙门板上室内地坪设计高程线测设

4）在 N 点安置经纬仪，瞄准 P 点，沿视线方向在龙门板上定出一点，用小钉作标志，纵转望远镜在 N 点的龙门板上也钉一个小钉。用同样的方法，将各轴线引测到龙门板上，所钉之小钉称为轴线钉。轴线钉定位误差应小于 ±5mm。

5）最后，用钢尺沿龙门板的顶面，检查轴线钉的间距，其误差不超过 1:2000。检查合格后，以轴线钉为准，将墙边线、基础边线、基础开挖边线等标定在龙门板上，用石灰撒基础开挖边线，如图 4-10 所示。

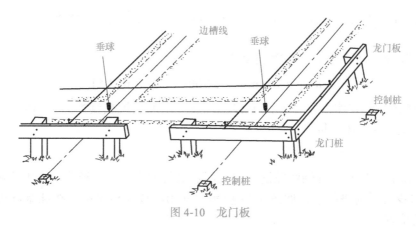

图 4-10　龙门板

任务 3　进行基础的施工测量

▶▲ 子任务 1　进行条形基础的施工测量 ◀

1. 基槽抄平

建筑施工中的高程测设，又称抄平。设置水平桩为了控制基槽的开挖深度，当快挖到槽底设计标高时，应用水准仪根据地面上 ±0.000m 点，在槽壁上测设一些水平小木桩（称为水平桩），如图 4-11 所示，使木桩的上表面离槽底的设计标高为一固定值（如0.500m）。

为了施工时使用方便，一般在槽壁各拐角处、深度变化处和基槽壁上每隔 3～4m 测设一水平桩。水平桩可作为挖槽深度、修平槽底和打基础垫层的依据。

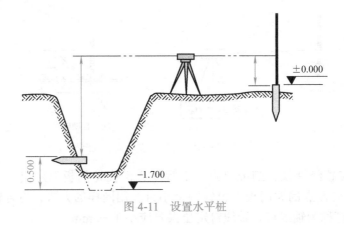

图 4-11　设置水平桩

2. 水平桩的测设

槽底设计标高为 −1.700m，欲测设比槽底设计标高高 0.500m 的水平桩，测设方法如下：

1）在地面适当地方安置水准仪，在 ±0.000m 标高线位置上立水准尺，读取后视读数为 1.318m。

2）计算测设水平桩的应读前视读数 $b_{应}$：

$$b_{应}=a-h=1.318\text{m}-（-1.700+0.500）\text{m}=2.518\text{m}$$

3）在槽内一侧立水准尺，并上下移动，直至水准仪视线读数为 2.518m 时，沿水准尺尺底在槽壁打入一小木桩。

3. 垫层中线的投测

基础垫层打好后，根据轴线控制桩或龙门板上的轴线钉，用经纬仪或用拉绳挂锤球的方法，把轴线投测到垫层上，如图 4-12 所示，并用墨线弹出墙中心线和基础边线，作为砌筑基础的依据。

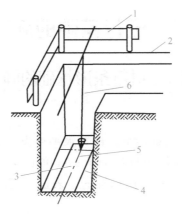

图 4-12　垫层中线的投测
1—龙门板　2—细线　3—垫层　4—基础边线　5—墙中线　6—锤球

由于整个墙身砌筑均以此线为准，这是确定建筑物位置的关键环节，所以要严格校核后方可进行砌筑施工。

4. 标高控制

条形基础的标高一般是用基础"皮数杆"来控制的，皮数杆是用一根木制的杆子做成，如图 4-13 所示，在杆上事先按照设计尺寸，将砖、灰缝厚度画出线条，并标明 ±0.000m 和防潮层的标高位置。立皮数杆时，先在立杆处打一木桩，用水准仪在木桩侧面定出一条高于垫层某一数值（如 100mm）的水平线，然后将皮数杆上标高相同的一条线与木桩上的水平线对齐，并用大铁钉把皮数杆与木桩钉在一起，作为基础墙的标高依据。

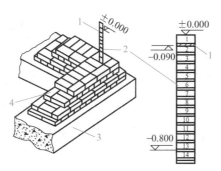

图 4-13　基础墙标高的控制
1—防潮层　2—皮数杆　3—垫层　4—砖

对于采用钢筋混凝土的基础，可用水准仪将设计标高测设于模板上。

5. 条形基础施工测量验评

槽底对设计标高的允许误差为：±50mm；基槽表面平整度的允许误差为：±20mm。

（1）基槽验线记录

基槽挖至设计标高后，应对建筑物基槽开挖尺寸、轴线偏差进行验槽验线，其各项允许偏差见表 4-2。

表 4-2　建筑物基槽施工放线允许偏差

项目	内容 /m		允许偏差 /mm
各施工层上放线	主轴线	$L \leqslant 30$	±5
		$30 < L \leqslant 60$	±10
		$60 < L \leqslant 90$	±15
		$90 < L$	±20
	细部轴线		±2

注：L 为条形基础长度。

（2）槽底宽度检测方法及步骤

如图 4-14 所示，利用基槽检测器检测槽底宽度的方法及步骤如下：

1）利用轴线控制桩拉小线，用线坠将轴线引测到已挖槽底。

2）根据轴线检查两侧挖方宽度是否符合槽底宽度，如开挖尺寸小于应挖宽度，则需要进行修整。

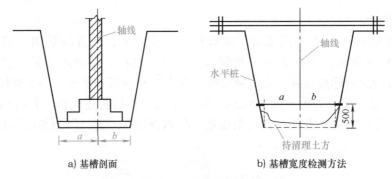

图 4-14　基槽宽度检测

3）宽度修整控制：可在槽壁上钉水平木桩，让木桩顶端对齐槽底应挖边线，然后再按木桩进行修边清底。

子任务2　进行独立基础的施工测量

1. 测设基础定位桩

柱下独立基础的基坑多为相互独立的基坑，控制测量与一般基础控制测量有所不同。基础定位桩在控制网已经建立的情况下进行，测量步骤和方法如下：

1）加密轴线控制桩：认真核对图纸平面尺寸，根据柱基控制网用直线定位法，加密控制网边上各轴线控制网。

2）每个独立基础四面都应设置基础定位桩，如图 4-15 所示。

3）测量定位桩时要将仪器架设与轴线一端照准同轴线另一端，用直线法定位，如图 4-15 中置仪器于 B 点照准 B_1 来定轴各点。

定位桩顶面宜采用同一标高，以便利用定位桩掌握基础施工标高，同一侧定位桩都应在一条直线上，可拉小线进行控制。

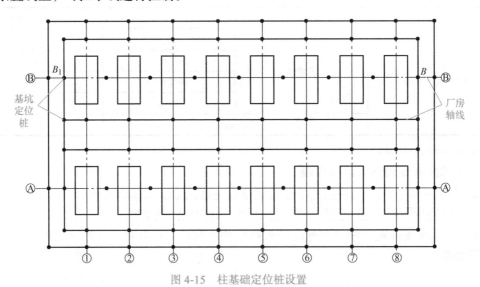

图 4-15　柱基础定位桩设置

2. 柱基础抄平

柱基础抄平放线的主要内容如下：

（1）桩基础开挖边坡放线

1）基坑开挖边坡放线时先利用基础定位桩拉十字形小线，如图4-16所示。

2）按施工组织设计要求的放坡坡度计算基坑上口开挖宽度。

3）按基坑上1∶1开挖宽度从小线向两侧分出基坑开挖边线，然后沿开挖线撒上白灰，或在四角钉小桩拉草绳，标出挖方范围，即可挖方。

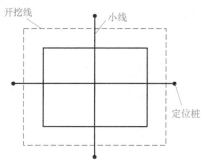

图4-16　桩基础开挖边坡放线

（2）基础模板标高控制

用水准仪或借助于定位桩小线用标高法在模板上内侧抄出基础顶面设计标高，并钉上小钉，作为浇筑基础混凝土时控制标高用，并检查基底标高是否符合要求。

柱基基坑开挖后，当基坑快要挖到设计标高时，应在基坑的四壁或者坑底边沿及中央打入小木桩，在木桩上引测同一高程的标高水平桩，以便根据水平桩拉线休整坑底和打垫层。

3. 柱基础施工测量验评

柱基础施工测量质量验评要求是挖方深度容许误差为±50mm；其轴线偏差不应超过表4-2的规定。

❯❯ 子任务3　进行桩基础的施工测量 ❮❮

采用桩基础的建筑物多为高层建筑，其特点是建筑层数多、高度高、基坑深，结构竖向偏差直接影响工程受力情况，故施工测量中要求竖向投点精度高。高层建筑位于市区，施工场地不宽畅，整幢建筑物可能有几条不平行的轴线，施工测量要根据结构类型、施工方法和场地实际情况采取切实可行的方法进行，并经过校对和复核，以确保无误。

1. 桩的定位

根据建筑物主轴线测设桩基和板桩轴线位置的允许偏差为20mm，对于单排桩，则为10mm。沿轴线测设桩位时，纵向（沿轴线方向）偏差不宜大于3cm，横向偏差不宜大于2cm。位于桩群外周边上的桩，测设偏差不得大于桩径或桩边长（方形桩）的1/10；桩群中间的桩则不得大于桩径或边长的1/5。桩位测设工作必须在恢复后的各轴线检查无误后进行。

桩基的定位测量及轴线桩的布设方法和带型基础的定位方法相同，桩基一般不设龙门板，桩基的放线步骤如下：

1）熟悉图纸，详细核对各轴线桩布置情况，是单排桩、双排桩还是梅花桩等，每行桩与轴线的关系，是否偏中，桩距多少，桩数，承台标高，桩顶标高。

2）根据轴线控制桩纵横拉小线，把轴线放到地面上。如图 4-17 所示，从纵横轴线交点起，按桩位布置图，按轴线逐个桩量尺定位，在桩中心钉上木桩。

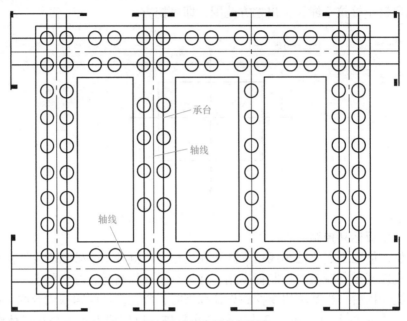

图 4-17　桩位平面布置图

3）每个桩中心都钉固定标志，一般用 4cm×4cm 木方钉牢，或用浅颜色标志，以便钻机在成孔过程中及时准确地找准桩位。

4）桩基成孔后，浇筑混凝土前在每个桩附近重新抄测标高桩，以便正确掌握桩顶标高和钢筋外露长度。

桩顶混凝土标高误差应在承台梁保护层厚度或承台梁垫层厚度范围内。桩距误差不大于桩径的四分之一。

对于桩的定位误差，桩基与带型基础相比有以下特点：

1）带型基础比较规则，出现错误易于发现也易于改正；

2）桩基是单个成孔施工，钻机在场内移动，工作面较乱，且又需逐个控制标高，因此易于出现误差偏大，超过容许误差等问题，甚至造成废桩；

3）各轴线桩位布置情况可能各有不同，所以桩基施工是一项细致工作，放线工要跟班作业，随时核对检查。

2. 施工后桩位的检测

桩基施工结束后，应根据轴线重新在桩顶上测设出桩的设计位置，并用油漆标明。然后量出桩中心与设计位置的纵、横向两个偏差分量。若其在允许误差范围内，见表 4-3，即可进入下一工序的施工。

表 4-3　桩基础施工测量验评允许偏差

序号	项目	允许偏差 /mm
1	盖有基础梁的桩： 1. 垂直基础梁的中心线 2. 沿基础梁的中心线	100+0.01H 150+0.01H
2	桩数为 1～3 根桩基中的桩	100
3	桩数为 4～16 根桩基中的桩	1/2 桩径或边长
4	桩数大于 16 根桩基中的桩： 1. 最外边的桩 2. 中间桩	1/3 桩径或边长 1/2 桩径或边长

注：H 为施工现场地面标高与桩顶设计标高的距离。

任务 4　进行砌体工程主体结构的施工测量

1. 十字控制线的引测

在基础工程结束后，应对龙门板（或控制桩）进行复核，以防移位。复核无误后，可利用龙门板（或控制桩）将轴线测设到基础圈梁上，同时在圈梁的侧面做好轴线控制线的标记，如图 4-18 所示，作为向上投测轴线的依据。

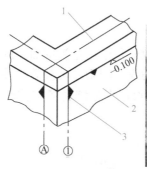

图 4-18　十字控制线的引测
1—墙中心线　2—外墙基础　3—轴线

2. 墙体轴线投测

在墙身砌筑过程中，为了保证建筑物轴线位置正确，可用吊锤球或经纬仪（全站仪）将轴线投测到各层楼板边缘上。

（1）吊锤球法

将较重的锤球悬吊在楼板或柱顶边缘，当锤球尖对准基础圈梁上的轴线标志时，线在楼板的位置即为楼层轴线端点位置，并画出标志线。各轴线的端点投测完后，用钢尺检核各轴线的间距，符合要求后，方可继续施工，并把轴线逐层自下或向上传递。

吊锤球法简便易行，不受施工场地限制，一般能保证施工质量。但当有风或建筑物较高时，投测误差较大，应采用经纬仪或全站仪进行投测。

（2）经纬仪或全站仪投测法

在轴线控制桩上安置经纬仪或全站仪，严格整平后，瞄准基础墙面上的轴线标志，用盘左、盘右分中投点法，将轴线投测到楼层边缘上，如图 4-19 所示。将所有端点投测到楼板上之后，用钢尺检核其间距，相对误差不得大于 1/2000。检查合格后，才能在楼板分间弹线，继续施工。

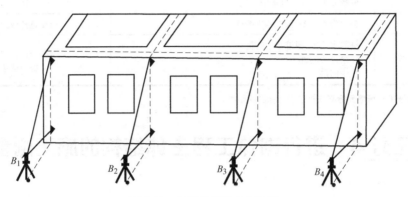

图 4-19　经纬仪投测中心轴线

3.高程传递

在砌体建筑施工中，要由下层向上层传递高程，以便楼板、门窗口等标高符合设计要求。高程传递的方法有以下几种：

（1）利用皮数杆传递高程

一般建筑物可用墙体皮数杆传递高程。皮数杆是根据建筑剖面图画有每皮砖和灰缝的厚度，并注明墙体上窗台、门窗洞口、过梁、雨篷、圈梁、楼板等构件高程位置的专用木杆，如图 4-20 所示，在墙体施工中，用皮数杆可以保证墙身各部位构件的位置准确，每皮砖灰缝厚度均匀，且都处在同一水平面上。

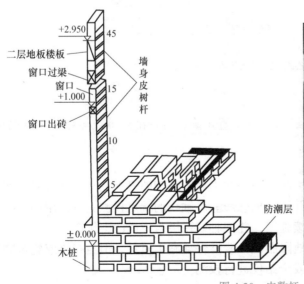

图 4-20　皮数杆

皮数杆一般立在建筑物的拐角和隔墙处。立皮数杆时，先在立杆地面上打一木桩，用水准仪在其上测画出 ±0.000 标高位置线，测量容许误差为 ±3mm；然后，把皮数杆上的 ±0.000 线与木桩上的 ±0.000 线对齐，并钉牢。为了保证皮数杆稳定，可在其上加钉两根斜撑，前后要用水准仪进行检查，并垂球线来校正皮数杆的竖直。砌砖时在相邻两杆上每皮灰缝底线处拉通线，用以控制砌砖。

为方便施工，采用里脚手架时，皮数杆立在墙外边；采用外脚手架时，皮数杆立在墙里边。每层的墙体砌到窗台时，要在内墙上、高出室内地坪线 +0.500m 处用水准仪测设出一条标高线，并用墨线弹在墙上。该标高线是用来控制层高及设置门、窗过梁高度的依据，也是控制室内装饰施工时做地面标高、墙裙、踢脚线、窗台等装饰标高的依据。在楼板板底标高 10cm 处弹墨线，根据墨线把板底安装用的找平层抹平，以保证吊装楼板时板面平整及地面抹面施工。在抹好找平层的墙顶面上弹出墙的中心线及楼板安装的位置线并用钢尺检查合乎要求后吊装楼板。

楼板安装完毕后，用锤球将底层轴线引测到二层楼面上，作为二层楼的墙体轴线。对于二层以上各层同样将皮数杆移到楼层，使杆上 ±0.000 标高线正对楼面标高处，即可进行二层以上墙体的砌筑。在墙身砌到 1.2m 时，用水准仪测设出该层的"+0.500m"标高线，如图 4-21 所示。

图 4-21   ±0.500m 标高控制线

（2）利用钢尺直接丈量

对于高程传递精度要求较高的建筑物，通常用钢尺直接丈量来传递高程。对于二层以上的各层，每砌高一层，就从楼梯间用钢尺从下层的"+0.500m"标高线，向上量出层高，测出上一层的"+0.500m"标高线。这样用钢尺逐层向上引测。

（3）吊钢尺法

吊钢尺法是用悬挂钢尺代替水准尺，用水准仪读数，从下向上传递高程，如图 4-22 所示。

4.门窗的测量放线

（1）垂直度的控制

在墙体施工放线时根据设计图线中门窗的位置将其洞口边线在楼面上测放出来。在门窗洞口预留时可采用吊线坠法来控制其洞口的边线和垂直度。除了在墙面砌筑施工时正确预留洞口位置外，在门窗安装时，特别是窗的安装时也可在外墙面吊线坠来控制其各层窗框位于一条竖直线上。

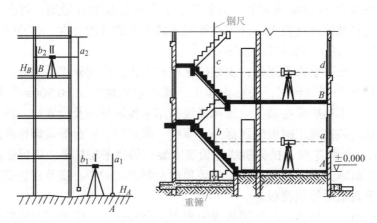

图 4-22　吊钢尺法

（2）高程的控制

高程的控制同墙体砌筑的高程的控制。采用各层墙面上事先测放的建筑 500 线用钢尺测量洞口的高度位置，如图 4-23 所示。

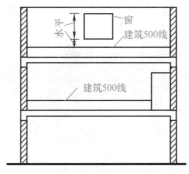

图 4-23　门窗高程的控制

任务5　进行高层建筑主体结构的施工测量

一、激光铅垂仪的使用

1.激光铅垂仪简介

激光铅垂仪是一种专用的铅直定位仪器。适用于高层建筑物、烟囱及高塔架的铅直定位测量。激光铅垂仪的基本构造主要由氦氖激光管、精密竖轴、发射望远镜、水准器、基座、激光电源及接收屏等部分组成，如图 4-24 所示。

激光器通过两组固定螺钉固定在套筒内。激光铅垂仪的竖轴是空心筒轴，两端有螺扣，上、下两端分别与发射望远镜和氦氖激光器套筒相连接，二者位置可对调，构成向上或向下发射激光束的铅垂仪。仪器上设置有两个互成 90° 的管水准器，仪器配有专用激光电源。

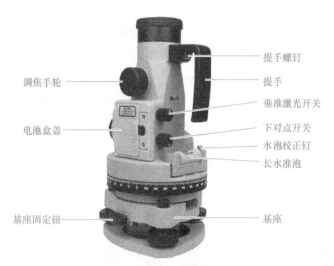

调焦手轮

电池盒盖

基座固定钮

提手螺钉

提手

垂准激光开关

下对点开关

水泡校正钉

长水准泡

基座

图 4-24　激光铅垂仪

2. 使用激光铅垂仪投测轴线

如图 4-25 所示，使用激光铅垂仪进行轴线投测，其投测方法如下：

1）在首层轴线控制点上安置激光铅垂仪，利用激光器底端（全反射棱镜端）所发射的激光束进行对中，通过调节基座整平螺旋，使管水准器气泡严格居中。

2）在上层施工楼面预留孔处，放置接受靶。

3）接通激光电源，启动激光器发射铅直激光束，通过发射望远镜调焦，使激光束会聚成红色耀目光斑，投射到接受靶上。

4）移动接受靶，使靶心与红色光斑重合，固定接受靶，并在预留孔四周做出标记，此时，靶心位置即为轴线控制点在该楼面上的投测点。

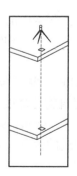

图 4-25　铅垂仪投点

二、柱的定位

柱身模板支好后，先在柱子模板上端标出柱中心点，与柱下端的中心点相连并弹出墨线。将两台经纬仪架设在两条相互垂直的轴线上，对柱子的垂直度进行检查校正，或用垂球法检查核正。混凝土浇筑后，达到一定的养护时间，模板拆除，在柱子上弹出 500mm 标高控制线及轴线位置线，作为向上投测的依据，如图 4-26 和图 4-27 所示。

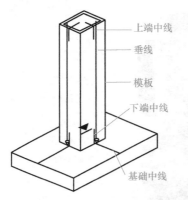

图 4-26　吊线法校正模板（1）

图 4-27　吊线法校正模板（2）

三、建筑物轴线投测

高层建筑物施工测量中的主要问题是控制垂直度，就是将建筑物的基础轴线准确地向高层引测，并保证各层相应轴线位于同一竖直面内，控制竖向偏差，使轴线向上投测的偏差值不超限。

轴线向上投测时，要求竖向误差在本层内不超过 5mm，全楼累计误差值不应超过 $2H/10000$（H 为建筑物总高度），且最大值应符合以下要求：30m$<H\leqslant$60m 时，$\leqslant$10mm；60m$<H\leqslant$90m 时，$\leqslant$15mm；90m$<H$ 时，$\leqslant$20mm。

高层建筑物轴线的投测，主要有外控法和内控法两种。

1. 外控法

外控法是在建筑物外部，利用经纬仪或全站仪，根据建筑物轴线控制桩来进行轴线的竖向投测，亦称作经纬仪或全站仪引桩投测法。具体操作方法如下：

（1）在建筑物底部投测中心轴线位置

高层建筑的基础工程完工后，将经纬仪或全站仪安置在轴线控制桩 A_1、A_1'、B_1 和 B_1' 上，把建筑物主轴线精确地投测到建筑物的底部，并设立标志，a_1、a_1'、b_1 和 b_1'，以供下一步施工与向上投测之用，如图 4-28 所示。

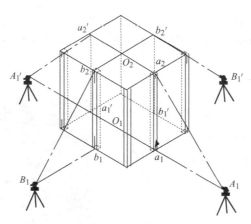

图 4-28 经纬仪或全站仪投测中心轴线

（2）向上投测中心线

随着建筑物不断升高，要逐层将轴线向上传递，如图 4-28 所示，将经纬仪或全站仪安置在中心轴线控制桩 A_1、A_1'、B_1 和 B_1' 上，严格整平仪器，用望远镜瞄准建筑物底部已标出的轴线 a_1、a_1'、b_1 和 b_1' 点，用盘左和盘右分别向上投测到每层楼板上，并取其中点作为该层中心轴线的投影点 a_2、a_2'、b_2 和 b_2'。

（3）增设轴线引桩

当楼房逐渐增高，而轴线控制桩距建筑物又较近时，望远镜的仰角较大，操作不便，投测精度也会降低。为此，要将原中心轴线控制桩引测到更远的安全地方，或者附近大楼的屋面，如图 4-29 所示。具体操作方法如下：

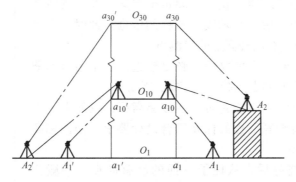

图 4-29 经纬仪引桩投测

将经纬仪安置在已经投测上去的较高层（如第 10 层）楼面轴线 a_{10}、a_{10}' 上，如图 4-29 所示，瞄准地面上原有的轴线控制桩 A_1 和 A_1' 点，用盘左、盘右分中投点法，将轴线延长到远处 A_2 和 A_2' 点，并用标志固定其位置，A_2、A_2' 即为新投测的 A_1A_1' 轴控制桩。

2. 内控法

内控法是在建筑物内 ±0.000 平面设置轴线控制点，并预埋标志，以后在各层楼板相应位置上预留 200mm × 200mm 的传递孔，在轴线控制点上直接采用激光铅垂仪法或吊线坠法，通过预留孔将其点位垂直投测到任一楼层，如图 4-30 所示。

（1）激光铅垂仪法

在基础施工完毕后，在 ±0.000 首层平面上适当位置设置与轴线平行的辅助轴线。辅助轴线距轴线 500 ～ 800mm 为宜，并在辅助轴线交点或端点处埋设标志。

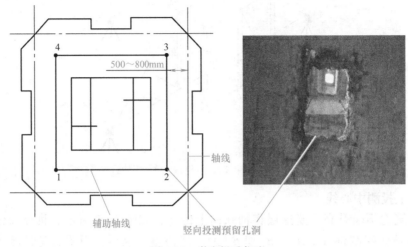

图 4-30　激光铅垂仪法

（2）吊线坠法

吊线坠法是利用钢丝悬挂重锤球的方法，进行轴线竖向投测。这种方法一般用于高度在 50 ～ 100m 的高层建筑施工中，锤球的重量为 10 ～ 20kg，钢丝的直径为 0.5 ～ 0.8mm。投测方法如下：

如图 4-31 所示，在预留孔上面安置十字架，挂上锤球，对准首层预埋标志。当锤球线静止时，固定十字架，并在预留孔四周做出标记，作为以后恢复轴线及放样的依据。此时，十字架中心即为轴线控制点在该楼面上的投测点。

用吊线坠法实测时，要采取一些必要措施，如用铅直的塑料管套着坠线或将锤球沉浸于油中，以减少摆动。

建筑施工中，要由下层楼面向上层传递高程，以使上层楼板、门窗口、室内装修等工程的标高符合设计要求。楼面标高误差不得超过 ±10mm。

第一层的柱子浇好后，从柱子下面的已有高点，一般为 +0.500m 线，向上用钢尺沿着柱身量距。标高的竖向传递，用钢尺从首层起始高程点竖直量取，当传递高度超过钢尺长度时，应另设一道标高起始线，钢尺需加拉力、尺长、温度三差修正。

图 4-31　吊线坠法

施工层抄平之前，应先检核首层传递上来的三个标高点，当误差小于 3mm 时，以其平点引测水平线。抄平时，应尽量将水准仪安置在测点范围的中心位置，并进行了一次精密定平，水平线标高的允许误差为 3mm。

柱顶抄平，柱子模板校正好后，选择不同行列的 2 ～ 3 根柱子，从柱子下面已设好的 1m 线标高点，用钢尺沿柱身向上量距，引测 2 ～ 3 个相同的标高于柱子上端模板上，在平台上放置水准仪，以引测上来的任一标高点作为后视点，施测各柱顶模板标高，并闭合于另一点作为校核。

结构完成以后在每一层使用墨线与红色油漆在柱墙上对轴线与标高做出统一标识，如图 4-32 所示。

a) 用水平管将标高引到各个控制点标记拉线控制同一轴线与标高

b) 根据标高标记位置搭设纵横杆支设梁底模

图 4-32　标识

四、填充墙的测量放线

填充墙是在框架结构或框架剪力墙结构中，由于空间分隔的需要而在其混凝土墙柱间填充砌筑的墙体。

1. 填充剪力墙轴线与边线的放线

相对于承重来讲，填充墙的放线工作开展起来相对容易，因为在钢筋混凝土主体结构放线时，已在各个作业施工层上进行了十字控制线、柱网的轴线及其控制线、墙柱的边线及其控制线等的测放。在填充墙的轴线及边线放线时，可根据设计施工图纸利用已有的这些线条来测放出填充墙的轴线与边线。一般在钢筋混凝土主体施工放线中，轴网或墙柱的位置均是由墨线在混凝土楼面上弹出，在填充墙放线时，先清除地面的浮灰及杂物即可重新找到原来的放线成果。

2. 填充墙高程的控制

填充墙砌筑时可以借助于主体施工阶段测放于混凝土墙柱上的建筑 500 线。填充墙砌筑到 1000mm 左右时。可用水准仪将原混凝土墙柱上的建筑 500 线引测于已砌填充墙上。根据其楼面的建筑 500 线来控制填充墙的砌筑高度和门窗洞口的高度，如图 4-33 所示。

若施工楼层的墙柱上先前未测设建筑 500 线，可从建筑物外墙 ±0.000 点根据各个楼层的层高采用拉钢卷尺的方式、重新标记各楼层的建筑 500 线，以此来控制填充墙的高程，如图 4-34 所示。

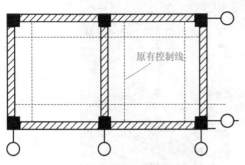

图 4-33　填充墙轴线及边线的放线

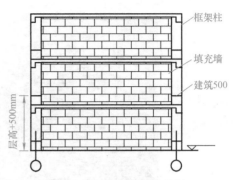

图 4-34　填充墙高程的控制

项目考核方案设计表

项目 4		建筑施工测量				
	考核项目及分值比例	评价标准			考核方式及单项权重	
					组员互评	教师评价
过程考核	全站仪整平、对中（20分）	1. 对中、整平时间、质量（7分）			20%	80%
		1～3 分钟以内	优秀	6～7 分		
		3～8 分钟以内	合格	3～5 分		
		8～10 分钟以内	不合格	0～2 分		
		2. 对中、整平质量（7分）				
		管水准器气泡不超过 1 格，对中误差小于 1mm		7 分		
		管水准器气泡不超过 1 格，对中误差大于 1mm		4 分		
		管水准器气泡超过 1 格，对中误差小于 1mm		3 分		
		管水准器气泡超过 1 格，对中误差大于 1mm		0 分		
		3. 操作规范性（6分）				
		取仪器、架脚架、安置仪器符合操作规范		2 分		
		有明确的粗平、精平		2 分		
		一站完成后检查仪器、迁站符合规范		2 分		
	测量方案的编制（5分）	测绘方案编制合理，可行			—	100%
	具体施测过程（5分）	测绘过程分工明确，测量方案与具体实施情况偏差较小，并在必要时能合理调整方案保证顺利完成任务			—	100%

（续）

项目4		建筑施工测量				
过程考核	考核项目及分值比例	评价标准			考核方式及单项权重	
					组员互评	教师评价
	成果汇报与语言表达（5分）	汇报内容完整、表述清晰、语言流利，回答问题正确、熟练			20%	80%
	实训成果（45分）	1. 放样数据计算薄整洁（10分）			—	100%
		2. 放样成果（35分）				
		定位测设的角度、距离值不超限		35分		
		定位测设的角度、距离值超限2处以下		25分		
		定位测设的角度、距离值超限2～4处		20分		
		定位测设的角度、距离值超限4处以上		0分		
	工作态度（5分）	纪律性好，主动积极，认真负责，勤学好问			20%	80%
	团队合作和协作（5分）	与小组成员和谐合作，主动承担分工，合理处理人际关系并能协助他人完成工作任务			20%	80%
	自主学习能力（10分）	能查阅书籍、规范自主学习			—	100%
总计		100分				

 思考与习题

一、名称解释

1. 建筑物定位

2. 建筑物放线

3. 龙门板

4. 轴线控制桩

5. 皮数杆

6. 水平控制桩

7. 外控法

8. 内控法

9. 吊垂线法

10. 轴线投测

二、简答题

1. 根据设计所给定的定位条件不同，建筑物的定位主要有哪几种不同形式？

2. 设置龙门板的作用是什么？

3. 定位放线前的准备工作有哪些？

4. 怎样用引桩测法进行建筑物的定位？

5. 某建筑场地上有一水准点 A，其高程为 H_A=180.450m，欲测设高程为 90.100m 的室内 ±0.000 标高，设水准仪在水准点 A 所立水准尺的读数为 1.120m，试说明其测设方法。

6. 如何控制基坑开挖标高？

7. 如何测设条形基础垫层中线？

8. 如何控制基础标高？

9. 如何进行桩基的放样？

10. 使用垂准仪如何进行轴线投测？

11. 如何布置建筑轴线投测点？

12. 投测高层建筑轴线要求有哪些？

13. 向楼层上引轴线有几种方法？

14. 如何投测高层建筑标高？

15. 建筑物轴线投测的方法有哪些？各适合于何种场合？

16. 简述经纬仪轴线投测步骤。

17. 采用内控法时如何设置轴线控制点？

三、计算题

算出图 4-35 中建筑定位的测设数据。

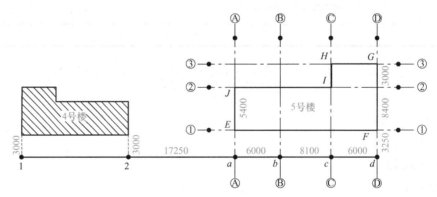

图 4-35 计算测设数据

项目 5　变形观测及竣工测量

工作任务 》》》

序号	工作任务	子任务
1	变形观测	观测沉降
		观测倾斜
		观测裂缝
		观测位移
2	竣工测量	—

任务目标 》》》

序号	知识目标	能力目标	素质目标	权重
1	掌握变形观测方法	能够用水准仪进行沉降观测、根据沉降观测数据，进行沉降曲线图绘制	培养学生精益求精、严谨认真的工作态度、"功成必定有我"的责任感、自豪感及百折不挠、不懈奋斗的精神	0.2
		能说出倾斜观测步骤		0.1
		能采用基线法、小角法、交会法进行位移观测		0.2
		能说出裂缝观测方法		0.1
2	掌握全站仪建站及野外数据采集方法、数据下载方法、数字地形图的绘制方法 掌握竣工测量方法	能正确选取测量控制点		0.3
		能独立完成野外的数据采集		
		能独立完成全站仪、软件及电脑的设置工作		
		能熟练使用软件的各项绘图功能		
		能独立完成整幅地形的绘制		
		能使用仪器进行竣工测量		0.1
总计				1.0

学前准备 》》》

仪器	图纸	任务单
水准仪、水准尺	施工图	沉降观测
全站仪 NTS-342	AutoCAD Cass9.1	野外数据采集、全站仪数据下载及数字地形图的绘制

采用集中讲授、动态教学、分组讨论与实训等教学方法。

伶仃洋上"作画"，大海深处"穿针"。历时 9 年建设，全长 55km，集桥、岛、隧于一体的港珠澳大桥横空出世。港珠澳大桥沉管隧道沉管段长 5664m，由 33 个管节水下连接而成，标准管节长 180m，高 11.4m，宽 37.95m，横断面为两孔一管廊结构，线路纵断面呈"W"形，最大水深达 45m，管节间采用 GINA 压缩止水连接，是目前世界上综合难度和规模最大的沉管隧道。为保证隧道施工过程中的结构安全，建设者以夙兴夜寐、顺境不骄、逆境不馁的精神，对隧道进行了沉降变形观测，通过对各类变形量的分析，了解沉管变形趋势，确保了监控结构的安全性。

本项目主要学习变形观测及竣工测量，也是社会工作的真实反映，想要更好得完成此项目，完成像港珠澳大桥一样的大工程，要有"功成必定有我"的责任感、自豪感和百折不挠、不懈奋斗的精神。

任务 1　变形观测

1. 变形观测的意义

工业与民用建筑在施工过程或在使用期间，因受建筑地基的工程地质条件、地基处理方法、建（构）筑物上部结构的荷载等多种因素的综合影响，将产生不同程度的沉降和变形。这种变形在允许范围内，可认为正常现象，但如果超过规定限度就会影响建筑物的正常使用，严重的还会危及建筑物的安全。为保证建筑物在施工、使用和运行中的安全，以及为建筑物的设计、施工、管理和科学研究提供可靠的资料，在建筑物的施工和使用过程中需进行建筑物的变形观测。

2. 变形观测的内容

建筑物变形观测的任务是周期性地对设置在建筑物上的观测点进行重复观测，求得观测点位置的变化量，变形观测的主要内容包括沉降观测、倾斜观测、位移观测、裂缝观测和挠度观测等。在建筑物变形观测中，进行最多的是沉降观测。

对高层建筑物、重要厂房的柱基及主要设备基础、连续性生产和受震动较大的设备基础、工业炼钢高炉、高大的电视塔、人工加固的地基、回填土、地下水位较高或大孔土地基的建筑物等应进行系统的沉降观测。对中小型厂房和建筑物，可采用普通水准测量；对大型厂房和高层建筑，应采用精密水准仪进行沉降观测。

变形观测的精度要求，应根据建筑物的性质、结构、重要性、允许变形值的大小等因素确定。通常对建筑物的观测应能反映出 1 ～ 2mm 的沉降量。

子任务 1　观测沉降

沉降观测是用水准测量的方法，周期性的观测建筑物上的沉降观测点和水准基点之间的变化值，以测定基础和建筑物本身的沉降值。

一、沉降观测水准点的测设

1. 水准点的布设

建筑物的沉降观测是根据建筑物附近的水准点进行的，水准点是建筑物沉降观测的基准，所以这些水准点必须坚固稳定。为了对水准点进行相互校核，防止其本身产生变化，水准点的数目应尽量不少于 3 个，以组成水准网。对水准点要定期进行高程检测，以保证沉降观测成果的正确性。在布设水准点时应满足下列要求：

1）水准点应埋设在建（构）筑物基础压力影响范围及受震动影响范围以外的安全地点。

2）水准点应接近观测点，其距离不应大于 100m，以保证沉降观测的精度。

3）距离铁路、公路、地下管线和滑坡地带至少 5m。避免埋设在低洼易积水处及松软土地带。

4）为防止冰冻影响，水准点埋设深度至少要在冰冻线以下 0.5m。

在一般情况下，可以利用工程施工时使用的水准点，作为沉降观测的水准基点。如果由于施工场地的水准点离建筑物较远或条件不好，为了便于进行沉降观测和提高精度，可在建筑物附近另行埋设水准基点。

2. 水准点的形式与埋设

沉降观测水准点的形式与埋设要求，一般与三、四等水准点相同，但也应根据现场的具体条件、沉降观测在时间上的要求等决定。

当观测急剧沉降的建筑物和构筑物时，若建造水准点已来不及，可在已有房屋或结构物上设置标志作为水准点，但这些房屋或结构物的沉降必须证明已经达到终止。在山区建设中，建筑物附近常有基岩，可在岩石上凿一个洞，用水泥砂浆直接将金属标志嵌固于岩层之中，但岩石必须稳固。当场地为砂土或其他不利情况下，应建造深埋水准点或专用水准点。

3. 水准点高程的测定

水准点的高程应根据厂区永久水准基点引测，采用Ⅱ等水准测量的方法测定。往返测误差不得超过 $\pm 1\sqrt{n}$ mm（n 为测站数），或 $\pm 4\sqrt{L}$ mm。

如果沉降观测水准点与永久水准基点的距离超过 2000m，则不必引测绝对标高，而采取假设高程。

二、观测点的测设

1. 观测点测设要求

进行沉降观测的建筑物上应埋设沉降观测点。观测点的数量和位置应能全面反映建筑物的沉降情况，这与建筑物或设备基础的结构、大小、荷载和地质条件有关。这项工作应由设计单位或施工技术部门负责确定。在民用建筑中，一般沿着建筑物的四周每隔6～12m 布置一个观测点，在房屋转角、沉降缝或伸缩缝的两侧、基础形式改变处及地质条件改变处也应布设。当房屋宽度大于 15m 时，还应在房屋内部纵轴线上和楼梯间布设观测点。一般民用建筑沉降观测点设置在外墙勒脚处。工业厂房的观测点应布设在承重墙、厂房转角、柱子、伸缩缝两侧、设备基础。高大圆形的烟囱、水塔、电视塔、高炉、油罐等构筑物，可在其基础的对称轴线上布设观测点。总之，观测点应设置在能表示出沉降特征的地点。

观测点布置合理，就可以全面地、精确地查明沉降情况。如观测点的布置不便于测量时，测量人员应与设计人员协商，选择合理的布置方案。所有观测点应以 1∶500～1∶100 的比例尺绘出平面图，并加以编号，以便进行观测和记录。

对观测点的要求如下：

1）观测点本身应牢固稳定，确保点位安全，能长期保存。

2）观测点的上部必须为突出的半球形状或有明显的突出之处，与柱身或墙身保持一定的距离。

3）要保证在点上能垂直置尺并具备良好的通视条件。

2. 观测点的形式与埋设

沉降观测点的形式和设置方法应根据工程性质和施工条件来确定或设计。

（1）墙身观测点

一般民用建筑沉降观测点，大都设置在外墙勒脚处。观测点埋在墙内的部分应大于露出墙外部分的 5 倍，以便保持观测点的稳定性。一般常用的几种观测点如下：

1）预制墙式观测点，如图 5-1 所示，它是由混凝土预制而成，其大小可做成普通黏土砖规格的 1～3 倍，中间嵌以角钢，角钢棱角向上，并在一端露出 50mm。在砌砖墙勒脚时，将预制块砌入墙内，角钢露出端与墙面夹角为 50°～60°。

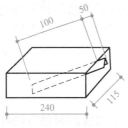 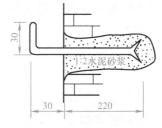

图 5-1 预制墙式观测点　　　　　图 5-2 燕尾形观测点

2）利用直径为 20mm 的钢筋，一端弯成 90° 角，一端制成燕尾形埋入墙内，如图 5-2 所示。

3）用长 120mm 的角钢，在一端焊一铆钉头，另一端埋入墙内，并以 1∶2 水泥砂浆填实，如图 5-3 所示。

（2）柱基础及柱身观测点

柱身观测点的型式及设置方法如下：

1）钢筋混凝土柱。用钢凿在柱子 ±0.000 标高以上 100～500mm 处凿洞（或在预制时留孔），将直径 20mm 以上的钢筋或铆钉，制成弯钩形，平向插入洞内，再以 1∶2 水泥砂浆填实，如图 5-4a 所示。亦可采用角钢作为标志，埋设时使其与柱面成 50°～60° 的倾斜角，如图 5-4b 所示。

图 5-3 角钢埋设观测点

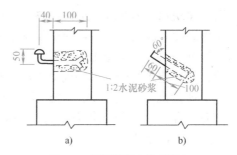

图 5-4 钢筋混凝土柱观测点

2）钢柱。将角钢的一端切成使脊背与柱面成 50°～60° 的倾斜角，将此端焊在钢柱上，如图 5-5a 所示；或者将铆钉弯成钩形，将其一端焊在钢柱上，如图 5-5b 所示。

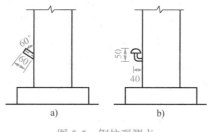

图 5-5 钢柱观测点

（3）在柱子上设置新的观测点时应注意事项

1）新的观测点应在柱子校正后二次灌浆前，将高程引测至新的观测点上，以保持沉降观测的连贯性。

2）新旧观测点的水平距离不应大于 1.5m，以保证新旧点的观测成果的相互联系。新旧点的高差不应大于 1.5m，以免由旧点高程引测于新点时，因增加转点而产生误差。

3）观测点与柱面应有 30～40mm 的空隙，以便于放置水准尺。

4）在混凝土柱上埋标时，埋入柱内的长度应大于露出的部分，以保证点位的稳定。

三、沉降观测方法及一般规定

1. 观测周期

沉降观测的时间和次数，应根据工程性质、工程进度、地基土质情况及基础荷重增加情况等决定。

一般待观测点埋设稳固后即应进行第一次观测，施工期间在增加较大荷载之后（如浇灌基础、回填土，建筑物每升高一层、安装柱子和屋架、屋面铺设、设备安装、设备运转、烟囱每增加 15m 左右等）均应观测。如果施工期间中途停工时间较长，应在停工时和复工前进行观测。当基础附近地面荷载突然增加，周围大量积水或暴雨后，或周围大量挖方等，也应观测。在发生大量沉降、不均匀沉降或裂缝时，应立即进行逐日或几天一次的连续观测。竣工后，应根据沉降量的大小及速度进行观测。开始时每隔 1～2 个月观测一次，以每次沉降量在 5～10mm 为限，以后随沉降速度的减缓，可延长到 2～3 个月观测一次，直到沉降量稳定在每 100d 不超过 1mm 时，即认为沉降稳定，方可停止观测。

高层建筑沉降观测的时间和次数，应根据高层建筑的打桩数量和深度、地基土质情况、工程进度等决定。高层建筑的沉降观测应从基础施工开始一直进行观测。一般打桩期间每天观测一次。基础施工由于采用井点降水和挖土的影响。施工地区及四周的地面会产生下沉，邻近建筑物受其影响同时下沉，将影响邻近建筑物的正常使用。为此，要在邻近建筑物上埋设沉降观测点等。竣工后沉降观测第一年应每月一次，第二年每二个月一次，第三年每半年一次，第四年开始每年观测一次，直至稳定为止。如在软土层地基建造高层，应进行长期观测。

2. 观测方法

对于高层建筑物的沉降观测，应采用 DS_1 精密水准仪 II 等水准测量方法往返观测，其误差不应超过 ±1mm（n 为测站数），或 $±4\sqrt{L}$ mm（L 为公里数）。观测应在成像清晰、稳定的时候进行。沉降观测点首次观测的高程值是以后各次观测用以比较的依据，如初测精度不够或存在错误，不仅无法补测，而且会造成沉降工作中的矛盾现象，因此必须提高初测精度。每个沉降观测点首次高程，应在同期进行两次观测后决定。为了保证观测精度，观测时视线长度一般不应超过 50m，前后视距离要尽量相等，可用皮尺丈量。观测时先后视水准点，再依次前视各观测点，最后应再次后视水准点，前后两个后视读数之差不应超过 ±1mm。

对一般厂房的基础和多层建筑物的沉降观测，水准点往返观测的高差较差不应超过 ±2mm，前后两个同一后视点的读数之差不得超过 ±2mm。

沉降观测是一项较长期的连续观测工作，为保证观测成果的正确性，应尽可能做到四定：

1）固定观测人员。

2）使用固定的水准仪和水准尺（前、后视用同一根水准尺）。

3）使用固定的水准点。

4）按规定的日期、方法及既定的路线、测站进行观测。

3. 沉降观测的成果整理

（1）整理原始记录

每次观测结束后，应检查记录中的数据和计算是否正确，精度是否合格，如果误差超限应重新观测。然后调整闭合差，推算各观测点的高程，列入成果，见表 5-1。

表 5-1　沉降观测记录表

观测次数	观测时间	各观测点的沉降情况							施工进展情况	荷载情况 /（kN/m^2）
		1			2			...		
		高程 /m	本次下沉 /mm	累积下沉 /mm	高程 /m	本次下沉 /mm	累积下沉 /mm	...		
1	2005.01.10	50.454	0	0	50.473	0	0	...	一层	
2	2005.02.23	50.448	−6	−6	50.467	−6	−6		三层	40
3	2005.03.16	50.443	−5	−11	50.462	−5	−11		五层	60
4	2005.04.14	50.440	−3	−14	50.459	−3	−14		七层	70

（续）

观测次数	观测时间	各观测点的沉降情况							施工进展情况	荷载情况 /（kN/m²）
		1			2			…		
		高程 /m	本次下沉 /mm	累积下沉 /mm	高程 /m	本次下沉 /mm	累积下沉 /mm	…		
5	2005.05.14	50.438	−2	−16	50.456	−3	−17		九层	80
6	2005.06.04	50.434	−4	−20	50.452	−4	−21		主体完	110
7	2005.08.30	50.429	−5	−25	50.447	−5	−26		竣工	
8	2005.11.06	50.425	−4	−29	50.445	−2	−28		使用	
9	2006.02.28	50.423	−2	−31	50.444	−1	−29			
10	2006.05.06	50.422	−1	−32	50.443	−1	−30			
11	2006.08.05	50.421	−1	−33	50.443	0	−30			
12	2006.12.25	50.421	0	−33	50.443	0	−30			

注：水准点的高程 BM.1：49.538mm；BM.2：50.123mm；BM.3：49.776mm。

（2）计算沉降量

根据各观测点本次所观测高程与上次所观测高程之差，计算各观测点本次沉降量和累计沉降量，并将观测日期和荷载情况记入观测成果表 5-1 中。

（3）绘制沉降曲线

为了更清楚地表示沉降量、荷载、时间三者之间的关系，还要画出各观测点的时间与沉降量关系曲线图以及时间与荷载关系曲线图，如图 5-6 所示。

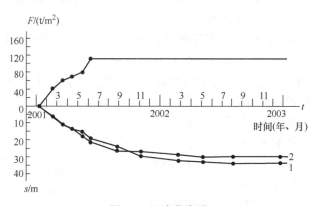

图 5-6 沉降曲线图

时间与沉降量的关系曲线是以沉降量 s 为纵轴，时间 t 为横轴，根据每次观测日期和相应的沉降量按比例画出各点位置，然后将各点依次连接起来，并在曲线一端注明观测点号码。

时间与荷载的关系曲线是以荷载重量 F 为纵轴，时间 t 为横轴，根据每次观测日期和相应的荷载画出各点，然后将各点依次连接起来。

4. 沉降观测应提交的资料

1）沉降观测（水准测量）记录手簿。

2）沉降观测成果表。

3）观测点位置图。

4）沉降量、地基荷载与延续时间三者的关系曲线图。

5）编写沉降观测分析报告。

▶▲ 子任务2 观测倾斜 ◀◀

基础不均匀沉降会导致建筑物倾斜。建筑物倾斜观测是利用水准仪、经纬仪、垂球或其他专用仪器来测量建筑物的倾斜度 α。一般通过测量建筑物基础相对沉降确定建筑物倾斜度。

一、一般建筑物主体的倾斜观测

建筑物主体的倾斜观测，应测定建筑物顶部观测点相对于底部观测点的偏移值，再根据建筑物的高度，计算建筑物主体的倾斜度，即

$$i = \tan\alpha = \frac{\Delta D}{H} \tag{5-1}$$

式中　　i——建筑物主体的倾斜度；

　　　　ΔD——建筑物顶部观测点相对于底部观测点的偏移值（m）；

　　　　H——建筑物的高度（m）；

　　　　α——倾斜角（°）。

由式（5-1）可知，倾斜测量主要是测定建筑物主体的偏移值 ΔD。偏移值 ΔD 的测定一般采用经纬仪投影法。具体观测方法如下：

1）如图 5-7 将经纬仪或全站仪安置在固定测站上，该测站到建筑物的距离为建筑物高度的1.5倍以上。瞄准建筑物 X 墙面上部的观测点 M，用盘左、盘右分中投点法，定出下部的观测点 N。用同样的方法，在与 X 墙面垂直的 Y 墙面上定出上观测点 P 和下观测点 Q。M、N 和 P、Q 即为所设观测标志。

2）相隔一段时间后，在原固定测站上，安置经纬仪，分别瞄准上观测点 M 和 P，用盘左、盘右分中投点法，得到 N' 和 Q'。如果，N 与 N'、Q 与 Q' 不重合，如图 5-7 所示，说明建筑物发生了倾斜。

3）用尺子量出在 X、Y 墙面的偏移值 ΔA、ΔB，然后用矢量相加的方法，计算出该建筑物的总偏移值 ΔD，即

$$\Delta D = \sqrt{\Delta A^2 + \Delta B^2} \tag{5-2}$$

根据总偏移值 ΔD 和建筑物的高度 H 用式（5-1）即可计算出其倾斜度 i。

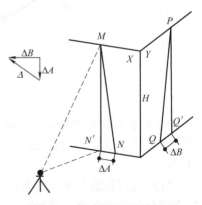

图 5-7　一般建筑物的倾斜观测

二、圆形建（构）筑物主体的倾斜观测

对圆形建（构）筑物的倾斜观测，是在互相垂直的两个方向上，测定其顶部中心对底部中心的偏移值。具体观测方法如下：

1）在烟囱底部横放一根标尺，在标尺中垂线方向上安置经纬仪，经纬仪到烟囱的距离为烟囱高度的 1.5 倍。

2）用望远镜将烟囱顶部边缘两点 A、A' 及底部边缘两点 B、B' 分别投到标尺上，得读数为 y_1、y_1' 及 y_2、y_2'，如图 5-8 所示。烟囱顶部中心 O 对底部中心 O' 在 y 方向上的偏移值 Δy 为

$$\Delta y = \frac{y_1 + y_1'}{2} - \frac{y_2 + y_2'}{2}$$

3）用同样的方法，可测得在 x 方向上，顶部中心 O 的偏移值 Δx 为

$$\Delta x = \frac{x_1 + x_1'}{2} - \frac{x_2 + x_2'}{2}$$

4）用矢量相加的方法，计算出顶部中心 O 对底部中心 O' 的总偏移值 ΔD，即

$$\Delta D = \sqrt{\Delta x^2 + \Delta y^2} \tag{5-3}$$

根据总偏移值 ΔD 和圆形建（构）筑物的高度 H 用式（5-1）即可计算出其倾斜度 i。另外，亦可采用激光铅垂仪或悬吊锤球的方法，直接测定建（构）筑物的倾斜量。

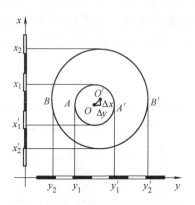

图 5-8　圆形建（构）筑物的倾斜观

三、建筑物基础倾斜观测

建筑物的基础倾斜观测一般采用精密水准测量的方法，定期测出基础两端点的沉降量差值 Δh，如图 5-9 所示，在根据两点间的距离 L，即可计算出基础的倾斜度：

$$i = \frac{\Delta h}{L} \tag{5-4}$$

对整体刚度较好的建筑物的倾斜观测，亦可采用基础沉降量差值，推算主体偏移值。如图 5-10 所示，用精密水准测量测定建筑物基础两端点的沉降量差值 Δh，在根据建筑

物的宽度 L 和高度 H，推算该建筑物主体的偏移值 ΔD，即

$$\Delta D = \frac{\Delta h}{L} H \qquad (5\text{-}5)$$

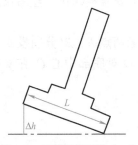
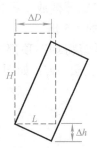

图 5-9　基础倾斜观测（一）　　　　　图 5-10　基础倾斜观测（二）

子任务 3　观测位移

测定建筑物（基础以上部分）在平面上随时间而移动的大小及方向的工作叫水平位移观测。位移观测首先要在与建筑物位移方向的垂直方向上建立一条基准线，并埋设测量控制点，再在建筑物上埋设位移观测点，要求观测点位于基准线方向上。

1. 基准线法

如图 5-11 所示，A、B 为基线控制点，P 为观测点，当建筑物未产生位移时，P 点应位于基准线 AB 方向上。过一定时间观测，安置经纬仪或全站仪于 A 点，采用盘左、盘右分中法投点得 P'，P' 与 P 点不重合，说明建筑物已产生位移，可在建筑物上直接量出位移量 $\Delta D = PP'$。

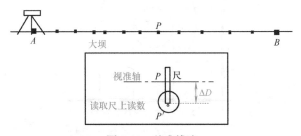

图 5-11　基准线法

2. 小角法

小角法测量水平位移的原理与基线法基本相同，只不过小角法是通过测定目标方向线的微小角度变化来计算得到位移量。

如图 5-12 所示，A、B、C 点为控制点，M 为观测点。控制点必须埋设牢固稳定的标桩，每次观测前，对所使用的控制点应进行检查，以防止其变化。建筑物上的观测点标志要牢固、明显。位移观测可采用正倒镜投点的方法求出位移值。亦可采用测角的方法。设第一次在 A 点所测之角度为 β_1，第二次测得之角度为 β_2，两次观测角度的差数 $\Delta\beta = \beta_2 - \beta_1$，则建筑物的位移值为

$$\delta = \frac{\Delta\beta \times AM}{\rho} \qquad (5\text{-}6)$$

式中　$\rho=206265''$。

位移测量的允许偏差为 ±3mm，进行重复观测评定。

3. 角度前方交会法

在测定大型工程建筑物（例如塔形建筑物、水工建筑物等）的水平位移时，可利用变形影响范围以外的控制点用前方交会法进行。

如图 5-13 所示，A、B 点为相互通视的控制点，P 为建筑物上的位移观测点。首先仪器架设 A，后视 B，前视 P，测得角 $\angle BAP$ 的内角，$\alpha=(360°-\alpha_1)$，然后架设 B，后视 A，前视 P，测得 β，通过内业计算求得 P 点坐标。当 α、β 角值变化而 P 点坐标亦随之变化，再根据公式计算其位移量。

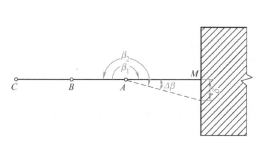

图 5-12　小角法测量

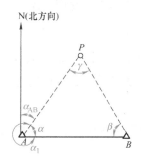

图 5-13　前方交会示意

$$\delta = \sqrt{(x_2 - x_1)^2 + (y_2 - y_1)^2}$$

前方交会通用方法：

（1）已知点的坐标反算

$$tg\alpha_{AB} = \frac{\Delta y}{\Delta x} = \frac{y_B - y_A}{x_B - x_A}$$

$$D_{AB} = \frac{\Delta y}{\sin\alpha_{AB}} = \frac{y_B - y_A}{\sin\alpha_{AB}}$$

$$D_{AB} = \frac{\Delta x}{\cos\alpha_{AB}} = \frac{x_B - x_A}{\cos\alpha_{AB}}$$

（2）求待测边的方位角和边长

$$\alpha_{AP} = \alpha_{AB} - \alpha$$
$$\alpha_{BP} = \alpha_{BA} + \beta$$
$$D_{AP} = \frac{D_{AB} \cdot \sin\beta}{\sin\gamma}$$
$$D_{BP} = \frac{D_{BA} \cdot \sin\alpha}{\sin\gamma}$$

（3）待测点的坐标计算

$$x_P = x_A + D_{AP}\cos\alpha_{AP}$$
$$x_P = x_B + D_{BP}\cos\alpha_{BP}$$
$$y_P = y_A + D_{AP}\sin\alpha_{AP}$$
$$y_P = y_B + D_{BP}\sin\alpha_{BP}$$

（5-7）

子任务4 观测裂缝

建筑物发现裂缝，除了要增加沉降观测的次数外，应立即进行裂缝变化的观测。裂缝观测，应在有代表性的裂缝两侧各设置一个固定观测标志，然后定期量取两标志的间距，即为裂缝变化的尺寸（包括长度、宽度和深度）。

一、裂缝观测的方法

1. 石膏板标志

用厚 10mm、宽约 50～80mm 的石膏板（长度视裂缝大小而定），固定在裂缝的两侧。当裂缝继续发展时，石膏板也随之开裂，从而观察裂缝继续发展的情况。

2. 白铁片标志

1）如图 5-14 所示，用两块白铁皮，一片取 150mm×150mm 的正方形，固定在裂缝的一侧。

2）另一片为 50mm×200mm 的矩形，固定在裂缝的另一侧，使两块白铁皮的边缘相互平行，并使其中的一部分重叠。

3）在两块白铁皮的表面，涂上红色油漆。

4）如果裂缝继续发展，两块白铁皮将逐渐拉开，露出正方形原被覆盖没有油漆的部分，其宽度即为裂缝加大的宽度，可用尺子量出。

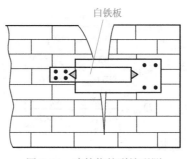

图 5-14 建筑物的裂缝观测

3. 金属棒标志

如图 5-15 所示，在裂缝两边凿孔，将长约 10cm、直径 10mm 以上的钢筋头插入，并使其露出墙外约 2cm 左右，用水泥砂浆填灌牢固。在两钢筋头埋设之前，应先把钢筋一端锉平，在上面刻画十字线或中心点，作为量取其间距的依据。待水泥砂浆凝固后，量出两金属棒之间的距离，并记录下来。如之后裂缝继续发展，则金属棒的间距也就不断加大。定期测量两棒之间距并进行比较，即可掌握裂缝开展情况。

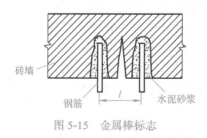

图 5-15　金属棒标志

二、裂缝观测的一般规定

1）裂缝观测应测定建筑上的裂缝分布位置和裂缝的走向、长度、宽度及其变化情况。

2）对需要观测的裂缝应统一进行编号。每条裂缝应至少布设两组观测标志，其中一组应在裂缝的最宽处，另一组应在裂缝的末端。每组应使用两个对应的标志，分别设在裂缝的两侧。

3）裂缝观测标志应具有可供量测的明晰端面或中心。长期观测时，可采用镶嵌或埋入墙面的金属标志、金属杆标志或楔形板标志；短期观测时，可采用油漆平行线标志或用建筑胶粘贴的金属片标志。当需要测出裂缝纵横向变化值时，可采用坐标方格网板标志。使用专用仪器设备观测的标志，可按具体要求另行设计。

4）对于数量少、量测方便的裂缝，可根据标志形式的不同分别采用比例尺、小钢尺或游标卡尺等工具定期量出标志间距离求得裂缝变化值，或用方格网板定期读取"坐标差"计算裂缝变化值；对于大面积且不便于人工量测的众多裂缝，宜采用交会测量或近景摄影测量方法；需要连续监测裂缝变化时，可采用测缝计或传感器自动测记方法观测。

5）裂缝观测的周期应根据其裂缝变化速度而定。开始时可半月测一次，以后一月测一次。当发现裂缝加大时，应及时增加观测次数。

6）裂缝观测中，裂缝宽度数据应量至 0.1mm，每次观测应绘出裂缝的位置、形态和尺寸，注明日期，并拍摄裂缝照片。

7）裂缝观测应提交下列图表：裂缝位置分布图、裂缝观测成果表、裂缝变化曲线图。

任务 2　竣工测量

一、竣工测量基本方法

各种工程建设是根据设计图纸进行施工的，但在施工过程中，可能会出现设计时未预料到的问题导致设计变更。在竣工验收时，必须反映变更后实际情况的工程图纸，即竣工总平面图。

为了编绘竣工总平面图，需要在各项工程竣工时进行实地测量，即竣工测量。竣工测量完成后，应及时提交完整的资料，包括工程名称、施工依据、施工成果等，作为编绘竣工总平面图的依据。

对不同的工程，竣工测量工作的主要内容如下：

1）对于一般建筑物及工业厂房，应测量房角坐标、室外高程、房屋的编号、结构层数、面积和竣工时间、各种管线进出口的位置及高程。

2）对于铁路和公路，应测量起止点、转折点、交叉点的坐标、道路曲线元素及挡土墙、桥涵等构筑物的位置、高程等。

3）对地下管线工程，要测量管线的检查井、转折点的坐标及井盖、井底、沟槽和管顶等的高程，并附注管道及检查井或附属构筑物的编号、名称、管径、管材、间距、坡度及流向等。

4）对架空管线，应测量管线的转折点、起止点、交叉点的坐标，支架间距，支架标高，基础面高程等。

5）对特种构筑物，要测量沉淀池、烟囱、煤气罐等及其附属构筑物的外形和四角坐标，圆形构筑物的中心坐标，基础标高，沉淀池深度等。

6）对围墙或绿化区等，要测量围墙拐角点坐标，绿化区边界以及一些不同专业需要反映的设施和内容。

二、运用数字测图方法进行竣工测量

数字化测图与传统的白纸测图的野外作业过程基本相同，都是先控制测量，后碎部测量，先整体后局部。碎部测量都是在图根点设站，地形、地物特种点都要跑点或立镜，但是由于数字化测图中，测绘仪器及内业处理手段先进，因此，在某些测量方法上有一些改进，以更大限度地发挥数字化测图的优势，提高工作效率。数字测图当然可以采用先控制后碎部的作业步骤，但考虑到数字测图的特点，图根控制测量和碎部测量可同步进行，称为"一步测量法"或"一步法"测量。

（1）控制测量数据采集

大比例尺地面数字测图的控制与传统的白纸测图控制相比有其明显的不同：

1）打破了分级布网、逐级控制的原则，一般一个测区一次性整体布网、整体平差，所需的少量已知控制点可以用 GPS 确定，这就保证了测区各控制点精度比较均匀。

2）由于目前与大比例尺数字测图系统相配套的都有一套地面控制测量数据采集与处理一体自动系统，如武汉测绘科技大学和武汉瑞得测绘自动化公司联合研制的"科傻"（COSA）系统，EPSW 的控制测量数据处理系统（NASEW）等，从而使得地面控制的数据采集、预处理（包括测站平差与粗差检核，近似坐标系统自动推算、概算等）、平差、精度评定与分析、成果输出与管理等全部实现了一体化和自动化。控制网的网形可以是任意混合，如测边网、测角网、边角网、导线网等。

3）测图控制点的密度与传统白纸测图相比可以大大减少，图根控制的加密可以与碎部测量同时进行。

在这里主要介绍 EPSW 中提出并编程实现的"一步测量法"，即在图根导线选点、埋桩以后，图根导线测量和碎部测量同时进行。在一个测站上，先测导线的数据（角度、边长等），紧接着在该测站进行碎部测量。"一步测量法"也同时满足现场实时成图的需要。

现以符合导线为例加以说明：

如图 5-16 所示，J、K、Q、T 为已知点，m、n、o、p 为图根点，1、2、3…为碎部点，

其作业步骤为：

1）全站仪安置于 K 点（坐标已知），后视 J 点，前视 m 点，测得水平角 β_K 及前视天顶距、斜距和觇标高。由 K 点坐标即可算得 m 点的坐标 (x_m, y_m, z_m)。

2）仪器不动，后视 J 点作为零方向，施测 K 测站周围的碎部点 1、2、3…，并根据 K 点坐标，算得各碎部点坐标。根据碎部点的坐标、编码及连接信息，显示屏上实时展绘碎部点并连接成图。

3）仪器搬至 m 点，此测站点坐标已知 (x_m, y_m, z_m)，后视 K 点，测得水平角及前视天顶距、斜距和觇标高，可算得 n 点坐标 (x_n, y_n, z_n)。紧接着后视 K 点作为零方向，进行本站的碎部测量，如施测碎部点 8、9、10…，并根据 m 点的坐标，计算各碎部点坐标，实时展绘碎部点成图。同理，依次测得各导线点和碎部点的坐标。

"一步测量法"的步骤归结为：先在已知坐标的控制点上设测站，在该测站上先测出下一导线点（图根点）的坐标，然后再施测本测站的碎部点坐标，并可实时展点绘图。搬到下一测站，其坐标已知，测出下一导线点的坐标，再测本站碎部点，以此类推完成测量。

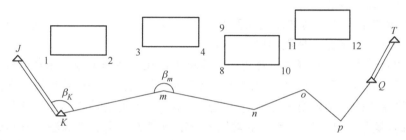

图 5-16　导线实例

4）待导线测到 p 测站，可测得 Q 点坐标，记做 Q' 点。Q' 坐标与 Q 点已知坐标之差，即为该附合导线的闭合差。若闭合差在限差范围之内，则可平差计算出各导线点的坐标。为提高测图精度，可根据平差后的坐标值，重新计算各碎部点的坐标，称碎部坐标重算（EPSW 备有坐标重算功能），然后再显示成图。若闭合差超限，则想办法查找出导线错误之处，返工重测，直至闭合为止。但这个返工工作量仅限于图根点的返工，而碎部点原始测量的数据仍可利用，闭合后，重算碎部即可。

"一步测量法"对图根控制测量少设一次站，少跑一遍路，可明显提高外业工作效率，但它只适合于数字测图。白纸测图时，必须先计算出图根控制点坐标，并展绘到图纸上。因为在现场，要根据它才能展绘碎部点成图。如果导线点位置错了，本站所展的碎部点图就全部错了。一旦画错，要全部擦除，甚至返工重测，这个工作量太大。数字测图则不然，导线闭合差超限，只需要重测导线错误处，且全站仪数字测图出错的可能性很小，因而在数字测图中采用"一步测量法"是合适的。

（2）碎部测量数据采集

大比例尺地面数字测图与白纸测图相比，在碎部测量方面有以下特点：

1）白纸测图通常是在外业直接成图，除在 1：500 的地形图上对重要建筑物轮廓点注记坐标外，其余碎部点坐标是不保留的。外业工作除观测数据外，地形图的现场绘制、清绘工作量也比较重。数字测图的外业工作是记录观测数据或计算的坐标。在记录中，点的编号和编码是不可缺少的信息，编码的记录可在观测时输入记录器或在内业根据草图输入。数字测图对于数据的记录有一定的格式，这种格式应能被数字测图软件所识别，能和数据库的建立统一起来。

2）数字测图中，电子记录器多数具有测站点坐标计算的功能，可进行自由设站。同时测距仪在几百米距离内测距精度较高，可达1cm。因此，一般地图图根点的密度相对于白纸测图的要求可减少。碎部测量时可较多地应用自由设站方法建立测站点。

3）碎部测量时不应受图幅边界的限制，外业不再分幅作业，内业图形生成时由软件根据内业图幅分幅表及坐标范围自动进行分幅和接边处理。

4）白纸测图是在图根加密后进行碎部测量。数字测图的碎部测量可在图根控制加密后进行，也可在图根控制点观测同时进行，然后在内业计算图根点坐标后再进行碎部点坐标计算。

5）数字测图由数控绘图机绘制地形图，所有的地形轮廓转点都要有坐标才能绘出地物的轮廓线来。对必须表示的细部地貌也要按实测地貌点才能绘出。因此数字测图直接测量地形点的数目比白纸测图会有所增加。

（3）碎部测量的步骤

1）测站设置于检核。测站设置及安置仪器，包括对中、整平、定向，如果是全站仪的话要输入测站点的坐标、高程和仪器高等。

有的测图软件本身具有测站设置功能，要求用户在对话框中输入测站点号、后视点号以及安置仪器的高度，程序自动提取测站点及后视点的坐标，并反算后视方向的方位角。

为确保设站正确，必须要选择其他已知点做检查，不通过检核不能继续测量。

2）碎部点测量。地面数字测图最常用的碎部测量方法是极坐标法，分别观测碎部点的方向值、垂直角、斜距、给出镜高（对全站仪来讲，可直接显示出碎部点的坐标），此时用户输入点号和编码后，数据可直接存储在全站仪的PC卡中，或直接传输给便携机（电子平板测图），或记录到电子手簿等记录器中。

三、竣工总平面图的编绘

1. 编制竣工总平面图的目的

工业与民用建筑工程是根据设计总平面图施工的。在施工过程中，由于种种原因，使建筑物竣工后的位置与原设计位置不完全一致，所以，需要编绘竣工总平面图。

编制竣工总平面图的目的一是为了全面反映竣工后的现状，二是为以后建（构）筑物的管理、维修、扩建、改建及事故处理提供依据，三是为工程验收提供依据。

竣工总平面图的编绘包括竣工测量和资料编绘两方面内容。

2. 竣工测量的内容、方法与特点

建筑物竣工验收时进行的测量工作，称为竣工测量。

在每一个单项工程完成后，必须由施工单位进行竣工测量，并提出该工程的竣工测量成果，作为编绘竣工总平面图的依据。

（1）竣工测量的内容

1）工业厂房及一般建筑物

测定各房角坐标、几何尺寸，各种管线进出口的位置和高程，室内地坪及房角标高，并附注房屋结构层数、面积和竣工时间。

2）地下管线

测定检修井、转折点、起终点的坐标，井盖、井底、沟槽和管顶等的高程，附注管道及检修井的编号、名称、管径、管材、间距、坡度和流向。

3）架空管线

测定转折点、结点、交叉点和支点的坐标，支架间距、基础面标高等。

4）交通线路

测定线路起终点、转折点和交叉点的坐标，路面、人行道、绿化带界线等。

5）特种构筑物

测定沉淀池的外形和四角坐标、圆形构筑物的中心坐标，基础面标高，构筑物的高度或深度等。

（2）竣工测量的方法与特点

竣工测量的基本测量方法与地形测量相似，区别在于以下几点：

1）图根控制点的密度

一般竣工测量图根控制点的密度，要大于地形测量图根控制点的密度。

2）碎部点的实测

地形测量一般采用视距测量的方法，测定碎部点的平面位置和高程；而竣工测量一般采用经纬仪测角、钢尺量距的极坐标法测定碎部点的平面位置，采用水准仪或经纬仪视线水平测定碎部点的高程，亦可用全站仪进行测绘。

3）测量精度

竣工测量的测量精度，要高于地形测量的测量精度。地形测量的测量精度要求满足图解精度，而竣工测量的测量精度一般要满足解析精度，应精确至厘米。

4）测绘内容

竣工测量的内容比地形测量的内容更丰富。竣工测量不仅测地面的地物和地貌，还要测地下各种隐蔽工程，如上、下水及热力管线等。

3. 竣工总平面图的编绘

（1）编绘竣工总平面图的依据

1）设计总平面图，单位工程平面图，纵、横断面图，施工图及施工说明。

2）施工放样成果，施工检查成果及竣工测量成果。

3）更改设计的图纸、数据、资料（包括设计变更通知单）。

（2）竣工总平面图的编绘方法

1）在图纸上绘制坐标方格网。绘制坐标方格网的方法、精度要求，与地形测量绘制坐标方格网的方法、精度要求相同。

2）展绘控制点。坐标方格网画好后，将施工控制点按坐标值展绘在图纸上。展点对所临近的方格而言，其容许误差为 ± 0.3 mm。

3）展绘设计总平面图。根据坐标方格网，将设计总平面图的图面内容，按其设计坐标，用铅笔展绘于图纸上，作为底图。

4）展绘竣工总平面图对凡按设计坐标进行定位的工程，应以测量定位资料为依据，按设计坐标（或相对尺寸）和标高展绘。对原设计进行变更的工程，应根据设计变更资料展绘。对凡有竣工测量资料的工程，若竣工测量成果与设计值之比差，不超过所规定的定位容许误差时，按设计值展绘；否则，按竣工测量资料展绘。

（3）竣工总平面图的整饰

1）竣工总平面图的符号应与原设计图的符号一致。有关地形图的图例应使用国家地形图图示符号。

2）对于厂房应使用黑色墨线，绘出该工程的竣工位置，并应在图上注明工程名称、坐标、高程及有关说明。

3）对于各种地上、地下管线，应用各种不同颜色的墨线，绘出其中心位置，并应在图上注明转折点及井位的坐标、高程及有关说明。

4）对于没有进行设计变更的工程，用墨线绘出的竣工位置，与按设计原图用铅笔绘出的设计位置应重合，但其坐标及高程数据与设计值比较可能稍有出入。

随着工程的进展，逐渐在底图上，将铅笔线都绘成墨线。

（4）实测竣工总平面图

对于直接在现场指定位置进行施工的工程、以固定地物定位施工的工程及多次变更设计而无法查对的工程等，只好进行现场实测，这样测绘出的竣工总平面图，称为实测竣工总平面图。

项目考核方案设计表

项目 5	变形观测及竣工测量				
过程考核	考核项目及分值比例	评价标准		考核方式及单项权重	
				组员互评	教师评价
	水准仪整平、操作规范（20分）	1. 整平时间（10分）		20%	80%
		1～3分钟以内	优秀	9～10分	
		3～5分钟以内	合格	6～8分	
		5～10分钟以内	不合格	0～5分	
		2. 操作规范性（10分）			
		取仪器、架脚架、安置仪器符合操作规范	3分		
		粗平、精平	4分		
		一站完成后检查仪器、迁站符合规范	3分		
	测量方案的编制（5分）	测量沉降方案编制合理，可行		20%	80%
	具体施测过程（5分）	测量过程分工明确，测量方案与具体实施情况偏差较小，并在必要时能合理调整方案保证顺利完成任务		20%	80%
	成果汇报与语言表达（5分）	汇报内容完整、表述清晰、语言流利，回答问题正确、熟练		20%	80%

（续）

项目5		变形观测及竣工测量			
过程考核	考核项目及分值比例	评价标准		考核方式及单项权重	
				组员互评	教师评价
	实训成果（45分）	1.沉降量观测记录表整洁（10分）		—	100%
		2.成果（35分）			
		沉降记录数据处理得当	15分		
		沉降曲线图绘制正确	15分		
		观测路线闭合差符合要求	5分		
	工作态度（5分）	纪律性好，主动积极，认真负责，勤学好问		20%	80%
	团队合作和协作（5分）	与小组成员和谐合作，主动承担分工，合理处理人际关系并能协助他人完成工作任务		20%	80%
	自主学习能力（10分）	能查阅书籍、规范自主学习		—	100%
总计		100分			

思考与习题

一、填空题

1.建筑物沉降观测的主要内容有建筑物_____观测、建筑物_____观测和建筑物裂缝观测等。

2.变形观测是测定建筑物及其地基在建筑物_____和外力作用下随时间而变形的工作。

3.建筑物沉降观测是用_____的方法，周期性地观测建筑物上的沉降观测点和水准基点之间的__高程变化值。

4.竣工总平面图的编绘，一般采用_____。

5.竣工总平面图一般包括：比例尺1：1000的_____和_____，以及比例尺为1：200～1：500的_____与_____。

6.竣工总平面图的编绘包括_____和_____两方面内容。

7.在每一个单项工程完成后，必须由_____进行竣工测量。

8.竣工测量的测量精度，要_____于地形测量的测量精度。

9.竣工测量不仅测地面的地物和地貌，还要测地下各种_____。

10.竣工测量的测量精度一般要满足解析精度，应精确至_____。

二、名词解释

1.变形观测

2.竣工测量

三、简述题

1.简述变形观测目的及主要内容。

2. 沉降观测水准点如何布设？

3. 沉降观测时间、次数如何确定？

4. 建筑物倾斜观测和位移观测方法有何异同点？

5. 如何进行建筑物的裂缝观测？试绘图说明。

6. 如何进行建筑物位移观测？

7. 变形观测对测量人员及测量仪器的要求有哪些？

8. 变形观测成果的整理有哪些内容？

9. 竣工测量质量如何控制？

10. 竣工图与地形图有何区别？

11. 简述竣工总平面图的编绘方法。

项目 6　GNSS 测量原理与方法

工作任务 》》》

序号	工作任务	子任务
1	了解 GNSS	GNSS 定位原理与组成
		GNSS 定位基本方法
2	认识 GNSS 接收机及其使用	—
3	实施 GNSS 控制测量	外业观测
		数据传输
		静态观测数据处理
4	GNSS 碎部测量	—
5	GNSS 放样测量	—

任务目标 》》》

序号	知识目标	能力目标	素质目标	权重
1	了解 GNSS	熟悉 GNSS		0.1
2	GNSS 接收机的认识与使用	认识 GNSS 接收机并熟练使用		0.2
3	掌握 GNSS 控制测量的实施	能熟练进行 GNSS 控制测量	培养学生"自主创新、开放融合、万众一心、追求卓越"的新时代北斗精神	0.3
4	GNSS 碎部测量	能熟练运用 GNSS 设备进行碎部测量		0.2
5	GNSS 放样测量	能熟练运用 GNSS 设备进行放样测量		0.2
		总计		1.0

学前准备 》》》

仪器	图纸	任务单
GNSS 接收机	地形图	GNSS 接收机的认识与使用

在教室，采用集中讲授、动态教学、分组讨论与实训等教学方法。

天为棋盘星作子，北斗光华耀太空。在发展和运行北斗系统的道路上，中国科研团队的"工匠"们用几十年如一日的推演与计算，最终攻克了星间链路、高精度原子钟等160多项关键核心技术，突破了500余种器部件国产化研制，实现北斗三号卫星核心器部件国产化率100%。"调动千军万马，经历千难万险，付出千辛万苦，要走进千家万户，将造福千秋万代"。从1994年到2020年，历时26载春秋，44次发射，中国先后将4颗北斗试验卫星，55颗北斗二号、三号组网卫星送入太空，完成全球组网。目前，北斗系统已全面服务于交通运输、公共安全、救灾减灾、农林牧渔、城市治理等行业领域，融入电力、金融、通信等基础设施，广泛进入大众消费、共享经济和民生领域。

本项目主要学习GNSS测量原理与方法，GNSS测量技术应用越来越广，学好本项目应有"自主创新、开放融合、万众一心、追求卓越"的新时代北斗精神。

任务1 了解GNSS

≫ 子任务1 GNSS定位原理与组成 ◁

全球导航卫星系统（Global Navigation Satellite System，GNSS）是利用卫星发射的无线电信号进行导航定位，具有全球性、全天候、高精度、快速连续实时三维导航、定位、测速和授时功能以及良好的保密性和抗干扰性。用GNSS技术定位精度高、速度快、布点灵活，操作方便，因此，从军事和导航应用开始迅速被扩展应用于测量领域，已广泛应用于地形测量和工程测量中。

GNSS泛指所有的卫星导航系统，包括全球的、区域的和增强的卫星导航系统，如美国的GPS（Global Positioning System）、俄罗斯的GLONASS、欧洲的Galileo、中国的北斗卫星导航系统（BDS）以及相关的增强系统，包括美国的WAAS（广域增强系统）、欧洲的EGNOS（欧洲静地导航重叠系统）、日本的MSAS（多功能运输卫星增强系统）以及由合众思壮建设的"中国精度"北斗星基增强系统。GNSS技术最早来源于美国军方研制GPS，因此在工作中常将GPS与GNSS混称。

一、GNSS定位原理

GNSS定位原理是空间距离交会法，即是在已知卫星每一时刻的位置和速度的基础上，以卫星为空间基准点，通过测站接收设备，测定测站至卫星的距离，从而确定测站的位置。

如图6-1所示，A、B、C为空间3颗卫星，P为待测点。在某一时刻，同时测定待测点至3颗空间卫星的距离S_{AP}、S_{BP}、S_{CP}，根据卫星的已知位置，可求出待测点坐标。

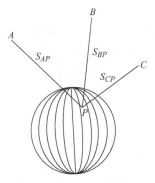

图 6-1　GNSS 定位原理

设在此观测时刻，A、B、C 卫星的三维坐标分别为 (x_A, y_A, z_A)、(x_B, y_B, z_B)、(x_C, y_C, z_C)，P 点的三维坐标为 (x_P, y_P, z_P)，则

$$S_{AP}^2 = (x_A - x_P)^2 + (y_A - y_P)^2 + (z_A - z_P)^2$$
$$S_{BP}^2 = (x_B - x_P)^2 + (y_B - y_P)^2 + (z_B - z_P)^2 \qquad (6\text{-}1)$$
$$S_{CP}^2 = (x_C - x_P)^2 + (y_C - y_P)^2 + (z_C - z_P)^2$$

求出 P 点的三维坐标后，利用坐标转换，将三维坐标转换为平面直角坐标 (x, y) 和高程 H。

二、GNSS 的组成

各种卫星定位系统都由空间部分、地面监控部分和用户部分三大部分组成，现以美国 GPS 定位系统为例，如图 6-2 所示。

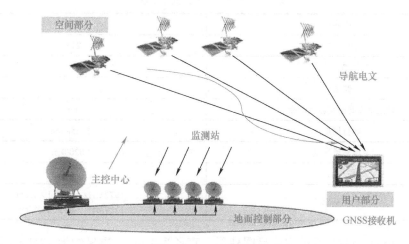

图 6-2　GNSS 的组成

1. 空间部分

GPS 的空间卫星星座，由 24 颗卫星组成，其中 21 颗工作卫星，3 颗备用卫星。卫星分布在 6 个绕地球运行的轨道上，每个轨道面上分布 4 颗卫星。卫星轨道平面相对于地球赤道平面倾角为 55°，各卫星轨道平面升交点赤径相差 60°，轨道平均高度为 20200km，

卫星运行周期为 11 小时 58 分。

工作卫星在空间分布情况如图 6-3 所示，卫星同时在地平线上至少有 4 颗，最多可达 11 颗。这样的分布和运行，可以保证全球各地在任何时刻用 GPS 接收机能观测到 4 ～ 8 颗高度角在 15° 以上的卫星，以进行定位和导航。

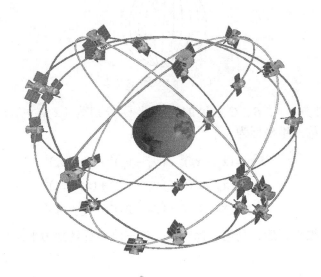

图 6-3　GPS 卫星星座

GPS 卫星星座的基本参数见表 6-1。

表 6-1　GPS 卫星星座基本参数

内容	GPS
卫星数	21+3
轨道数（个）	6
倾角	55°
轨道平面升交点赤径间距	60°
运行周期	11h58min
卫星轨道高度	20200km
覆盖面	38%
载波频率	1572MHz，波长 19.05cm 1227MHz，波长 24.45cm

如图 6-4 所示，GPS 卫星主体呈圆柱形，直径为 1.5m，质量约为 774kg。两侧有双叶太阳能板，能自动对日定向，以提供卫星正常工作所需用电。GPS 卫星主要功能有：

1）接收并储存由地面监控站发来的导航信息。

2）接收并执行指控站发出的控制命令、调度命令，如调整卫星姿态、启用备用卫星等。

3）进行必要的数据处理工作。

4）向用户连续发送卫星导航定位所需信息，如卫星轨道参数、卫星信号发射时间标准等。

图 6-4　卫星主体形状

2. 地面监控部分

GPS 的地面监控系统（图 6-5）由 5 个地面站组成：

1）1 个主控站，位于美国本土科罗拉多空间中心。它的主要作用是协调管理地面监控系统，负责将监测站的观测资料联合处理，推算卫星星历、卫星钟差和大气修正参数，并将这些数据编制成导航电文送到注入站。此外，它还可以对卫星状态进行诊断，调整偏离轨道卫星，必要时启用备用卫星。

2）5 个监测站，其中 1 个监测站附设在主控站内，其余 4 个位于夏威夷、北太平洋的卡瓦加兰岛、印度洋的狄哥伽西亚岛和大西洋的阿松森群岛。站内设有双频 GPS 接收机、高精度原子钟、气象参数测试仪和计算机等设备。

监测站的主要任务是完成 GPS 卫星信号的连续跟踪观测，并将搜集的数据和当地气象观测资料经处理后传送到主控站。

3）3 个注入站，分别设在北太平洋的卡瓦加兰岛、印度洋的狄哥伽西亚岛和大西洋的阿松森群岛上的监测站内。其主要任务是将主控站编制的导航电文，通过直径为 3.6m 的天线注入给相应的卫星。

图 6-5　地面监控站

3. 用户部分

用户部分主要指 GNSS 接收机。接收机主要由主机、天线、电源及数据处理软件等组成。其主要功能是接收 GNSS 卫星发射的无线电信号，取必要的定位信息及观测值，进行数据处理，完成导航定位工作。GNSS 接收机可以根据用途、载波频率、工作原理等进行不同的分类。

（1）按 GNSS 接收机的用途分类

按接收机的用途分类，可分为授时型、导航型和测地型 GNSS 接收机。

1）授时型 GNSS 接收机：主要利用 GNSS 卫星提供的高精度时间标准进行授时，常用于天文台、无线通信及电力网络中时间同步，图 6-6 为司南 M300TD 精密授时型 GNSS 接收机。

2）导航型 GNSS 接收机：主要用于运动载体的导航，可以实时给出载体的位置和速度。一般采用 C/A 码伪距测量，单点实时定位精度较低，一般为 10m 左右。但这类接收机价格便宜，故应用广泛，图 6-7 为个人及车载导航仪。

图 6-6　授时型 GNSS 接收机

图 6-7　导航型 GNSS 接收机

3）测地型 GNSS 接收机：主要用于精密大地测量和工程测量等领域。该类仪器主要采用载波相位观测值进行相对定位，定位精度高。但仪器结构复杂，价格较贵，图 6-8 为南方 S86 测地型 GNSS 接收机主机及配套的操作手簿。

图 6-8　测地型 GNSS 接收机

（2）按 GNSS 接收机的载波频率分类

1）单频 GNSS 接收机：只接收 L1 载波信号，测定载波相位观测值进行定位。由于不能有效消除电离层延迟影响，单频接收机只适用于短基线的精密定位。

2）双频 GNSS 接收机：可以同时接收 L1、L2 载波信号。利用双频对电离层延迟的不同可以消除电离层对电磁波信号的延迟影响，因此双频接收机可用于长达几千公里的精密定位。

（3）按 GNSS 接收机的工作原理分类

1）码相关型 GNSS 接收机：码相关型接收机是利用码相关技术得到伪距观测值。

2）平方型 GNSS 接收机：平方型接收机是利用载波信号的平方技术去掉调制信号，来恢复完整的载波信号，通过相位计测定接收机内产生的载波信号与接收到的载波信号之间的相位差，测定伪距观测值。

3）混合型 GNSS 接收机：混合型接收机是综合上述两种接收机的优点，既可以得到码相位伪距，也可以得到载波相位观测值。

4）干涉型 GNSS 接收机：干涉型接收机是将 GPS 卫星作为射电源，采用干涉测量方法，测定两个测站间距离。

子任务 2　GNSS 定位基本方法

随着 GNSS 定位理论和技术以及后处理软件的不断发展，出现了许多种 GNSS 定位方法。

1. 绝对定位和相对定位

据按照参考点的不同位置划分，可分为绝对定位和相对定位。

（1）绝对定位

绝对定位亦称单点定位（Point Positioning），它是利用一台 GNSS 接收机同时接收至少四颗以上 GNSS 卫星伪距，从卫星导航文件中获得卫星的位置，采用距离交会法，确定用户接收机天线在协议地球坐标系 WGS-84 中的三维坐标。

由于绝对定位只需要一台 GNSS 接收机就可以独立定位，因此，观测方便，数据处理简单。根据接收机天线所处的运动状态，绝对定位又可分为静态绝对定位和动态绝对定位。

受大气延迟、卫星轨道偏差、卫星钟差、卫星信号传播误差及接收机本身误差影响，绝对定位的精度较低。该定位方法通常用于飞机、舰船、车辆导航及矿产勘探、卫星遥感等领域。

（2）相对定位

相对定位（Relative Positioning）是利用两台或两台以上 GNSS 接收机分别安置在测线的两端（该测线称为基线），固定不动，同步接收 GNSS 卫星信号。利用所获得的测码伪距或载波相位观测量，确定出基线两端点在协议地球坐标系 WGS-84 中的相对位置或基线向量。当其中一个点的坐标已知，则可推算另一个待测点的坐标。

相对定位要求各站接收机必须同步跟踪观测相同的卫星，因此，作业组织和实施都比较复杂。根据用户接收机在定位过程中所处的状态不同，相对定位分为静态相对定位和动态相对定位；根据相位观测值的线性组合形式，相对定位可分为单差法（Single Differential Method）、双差法（Double Differential Method）和三差法（Triple Differential Method）。

由于多台接收机同步观测相同的卫星，接收机的钟差、卫星钟差、卫星星历误差和大气（电离层和对流层）对于电磁波的延迟效应几乎是相同的，因此相对定位可有效地减弱或消除卫星钟差、卫星星历误差等造成的影响，达到较高的定位精度（±1 ~ 5mm）。如果某一基准点的位置已知，则可精确地求得其他点的坐标。静态相对定位精度可达到毫米级。该定位方法属于高精度定位方法，广泛用于国家基本控制测量、工程控制测量、精密工程测量、高精度变形观测等。

2. 静态定位与动态定位

根据用户接收机在作业中所处的状态，GNSS 定位方法分为静态定位和动态定位。

在定位过程中测站接收机的天线位置相对固定，用多台接收机在不同的测站上进行相对定位的同步观测，这种定位方式称为静态定位（Static Positioning）；否则为动态定位（Kinematic Positioning）。常见的有以下几种：静态单点定位、动态单点定位、静态相对定位、半动态测量（Scmikincmatic）或称停行动态测量（Stop and Go）、伪动态测量（Pseudo Kinematic）、快速静态定位（Rapid Static Positioning）和动态相对定位（Kinematic Relative Positioning）。

静态定位多采用测后数据处理的形式，而动态定位则有实时处理（Real Time 或 Instantaneous）和测后处理（Post Processing）两种方式。

另外，按照定位采用的观测值，分为伪距测量（伪距定位）和载波定位测量；按照时效，可分为实时定位和事后定位。

3. 载波相位动态差分定位技术（RTK）

载波相位动态差分定位技术（Real—Time Kinematic，RTK）是基于载波相位观测值的实时差分定位技术，该差分技术是实时地处理基准站和流动站载波相位观测量的差分方法。由于载波相位观测值精度高，若通过数据链将基准站载波相位观测值（伪距观测值、相位观测值）及已知数据传到流动站，在流动站进行实时载波相位数据处理并提供待测点在指定坐标系中的三维定位结果，其定位精度可达到厘米级精度（图 6-9）。

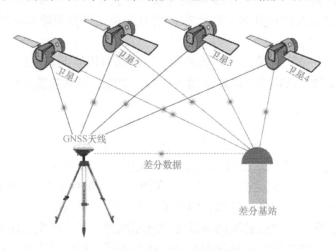

图 6-9　载波相位动态差分定位技术

RTK 是 GNSS 应用的重大里程碑，极大地提高了外业作业效率，具体包括：

1）RTK 作业自动化、集成化程度高，测绘功能强大。RTK 可胜任各种测绘的内、外业工作。流动站利用内装式软件控制系统，无须人工干预便可自动实现多种测绘功能，使辅助测量工作极大地减少，减少人为误差，保证了作业精度。

2）降低了作业条件要求。RTK 技术不要求两点间满足光学通视，只要求满足"电磁波通视"和对天基本通视，因此，和传统测量相比，RTK 技术受通视条件、能见度、气候、季节等因素的影响和限制较小，在传统测量看来由于地形复杂、地物障碍而造成的难通视地区，只要满足 RTK 的基本工作条件，它也能轻松地进行快速的高精度定位作业。

3）定位精度高，数据安全可靠，没有误差积累。不同于全站仪等仪器，全站仪在多次搬站后，都存在误差累积的状况，搬得越多，累积越大；而 RTK 则没有，只要满足 RTK 的基本工作条件，在一定的作业半径范围内，RTK 的平面精度和高程精度都能达到厘米级。

4）作业效率高。在一般的地形地势下，高质量的 RTK 设站一次即可测完 10km 半径左右的测区，大大减少了传统测量所需的控制点数量和测量仪器的"搬站"次数，仅需一人操作，在一般的电磁波环境下几秒钟即得一点坐标，作业速度快，劳动强度低，节省了外业费用，提高了测量效率。

5）操作简便、数据处理能力强。南方测绘 RTK 的基准站仅需要简单设置，移动站就可以边走边获得测量结果坐标或进行坐标放样。数据输入、存储、处理、转换和输出能力强，能方便快捷地与计算机、其他测量仪器通信。

4. 网络 RTK 定位技术

RTK 测量时，通常需要自行架设基准站，耗时耗力。随着技术的进步，利用多基站网络 RTK 技术建立的连续运行（卫星定位服务）参考站（Continuously Operating Reference Stations，CORS）已成为 RTK 应用的发展热点之一。CORS 系统是卫星定位技术、计算机网络技术、数字通信技术等高新科技多方位、深度结晶的产物。CORS 系统由基准站网、数据处理中心、数据传输系统、定位导航数据播发系统、用户应用系统 5 个部分组成，各基准站与监控分析中心间通过数据传输系统连接成一体，形成专用网络（图 6-10）。

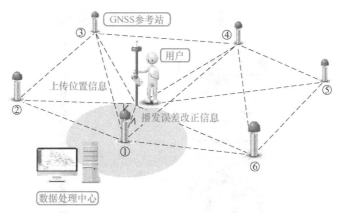

图 6-10　网络 RTK 定位技术

CORS 系统彻底改变了传统 RTK 测量作业方式，其主要优势体现在：①改进了初始化时间、扩大了有效工作的范围；②采用连续基站，用户随时可以观测，使用方便，提高了工作效率；③拥有完善的数据监控系统，可以有效地消除系统误差和周跳，增强差分作业的可靠性；④用户不需架设参考站，真正实现单机作业，减少了费用；⑤使用固定可靠的数据链通信方式，减少了噪声干扰；⑥省去测量标志保护与修复的费用，节省各项测绘工程实施过程中约 30% 的控制测量费用；⑦扩大了 GPS 在动态领域的应用范围，更有利于车辆、飞机和船舶的精密导航；⑧为建设数字化城市提供了新的契机。

目前，大部分省份建立了 CORS 系统，而千寻位置是一个基于卫星定位、云计算和大数据技术的全国性位置服务开放平台。兼容 GPS、GLONASS、Galileo、北斗基础定位数据，利用超过全国范围内 2000 个地基增强站及自主研发定位算法，通过互联网技术为遍布全国的用户提供精准定位及延展服务。千寻位置提供动态亚米级、厘米级和静态毫米级的定位能力。

任务 2　认识 GNSS 接收机及其使用

1. 认识 GNSS 接收机

GNSS 接收机由基准站和移动站两大部分组成。以南方内置电台模式 GPS 接收机为例，其构造如图 6-11 所示。其中，基准站 GNSS 接收机包括 GNSS 接收机主机、三脚架、天线、UHF 发射天线、量高尺和测高片等各个部件；移动站 GNSS 接收机包括 GNSS 接收机主机、对中杆、UHF 接收天线、手簿等各个部件。

GNSS 电台模式

以中海达外置（挂）电台模式 GPS 接收机为例，其构造如图 6-12 所示。其中，基准站 GPS 接收机包括 GPS 接收机主机、三脚架、基座、吸盘式发射天线、DDTHPB 外挂电台、蓄电池、量高尺和测高片等各个部件；移动站 GNSS 接收机包括移动站主机、对中杆、UHF 差分接收天线、手簿等各个部件。

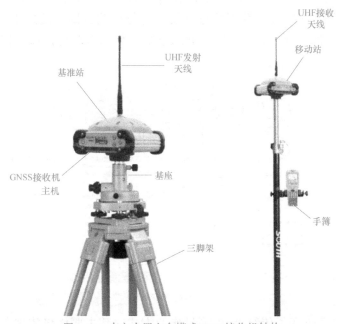

图 6-11　南方内置电台模式 GPS 接收机结构

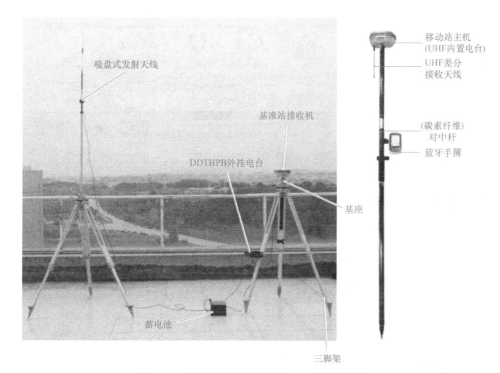

吸盘式发射天线

基准站接收机

DDTHPB外挂电台

蓄电池

三脚架

基座

移动站主机
(UHF内置电台)

UHF差分
接收天线

(碳素纤维)
对中杆

蓝牙手簿

图 6-12　外置（挂）电台模式 GPS 接收机结构

2. GPS 内置电台基站模式点位测量

以南方 S86 GPS 为例，利用内置电台基站模式进行点位测量。

GNSS 放
样测量

（1）基准站架设及设置

基准站架设好后，安装内置电台 UHF 发射天线，接着进行基准站设置。

1）基准站模式设置。开机后迅速按 F2 →"设置工作模式"→"基准站模式设置"，选择基准站模式。

2）差分格式设置。设置基准站工作模式之后，弹出差分格式设置对话框，如图 6-13 所示。

差分格式可任意选择，但是当移动站设置时，须与基准站一致。

3）电台模块设置。电台模式设置流程如图 6-14 所示。

4）启动基准站。

工作模式、差分格式及数据链（电台模式）设置完毕后弹出"启动"（图 6-15）→按 F1 →"单点设站"（图 6-15）。

如果之前没有保存基准站信息，选择"单点设站"，然后按"开机键"之后，即可启动基准站。

（2）移动站架设

确认基准站发射成功后，即可开始移动站的架设。步骤如下：

1）将接收机设置为移动站电台模式。

2）打开移动站主机，将其固定在碳纤对中杆上面，拧上 UHF 差分天线。

3）安装好手簿托架和手簿。

图 6-13　差分格式设置对话框　　　　图 6-14　电台模式设置流程

图 6-15　启动和单点设站

（3）移动站设置

1）移动站模式设置。开机后，检查是否为移动站模式，不是则迅速按"F2"设置工作模式为"移动站模式"。

2）差分格式设置。设置移动站工作模式之后，马上弹出差分格式设置对话框，移动站差分格式必须和基准站一致。

3）电台工作模式设置。电台通道要与如基准站通道一致。

（4）工程之星 3.0 数据采集

1）手簿与移动站连接设置。长按手簿 ENTER 键开机→点击右下角蓝牙标志→查看出现的蓝牙设备名称与 S86 移动站条形码标签是否相符，如果没有点击"搜索（S）"→选择蓝牙设备→在弹出的服务组中看"ASYNC"列中的端口是否为"COM7"，不是或为空时，双击"端口"列，选择"活动（A）"→"OK"。

2）启动工程之星 3.0。工程之星 3.0 运行之后，软件首先会让移动站主机自动去匹配基准站发射时使用的通道。如果接收到差分信息，状态栏会出现固定解。

如果出现打开端口失败，则需要进行电台设置，选择"工具"→"电台设置"→在"切换通道号"后选择与基准站电台相同的通道→点击"切换"（图 6-16）。

选择手簿蓝牙管理器与 GPS 配置好的端口号，点击"确定"即可连接，连接成功后显示接收到差分信号且状态变为固定解，此时可新建作业了。

3）新建工程。在新建工程界面中，输入工程名称，单击"确定"（图 6-17）。

新建工程后，自动进入参数设置向导（图 6-18），在参数设置对话框中点击"编辑"按钮先设置坐标系统，首次作业先新增坐标系统，点击"增加"，在弹出的对话框中，输入参数系统名称，可自定一个当地参数系统名称；接着选择椭球名称；然后输入 3 度带中央子午线；最后确认东加常数为 500000。

水平和高程参数先不填，建好工程后通过"求转换参数"功能自动获得参数。

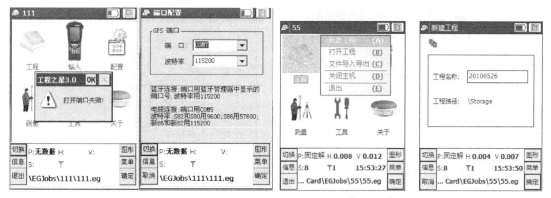

图 6-16　GPS 端口配置　　　　　　　图 6-17　新建工程对话框

图 6-18　坐标系参数设置对话框

4）坐标校正（两点校正）。首先利用"测量"→"点测量"→"平滑"工具测量两个已知控制点 A、B 的 WGS84 坐标。接着利用两个已知控制点 A、B 的 WGS84 坐标和对应的已知坐标进行两点校正。

点击"输入"→"求转换参数"，在弹出的校正点计算对话框（图 6-19）中，首先增加第一个控制点的已知坐标及 WGS84 坐标。

重复上面的步骤，增加第二个校正点，然后向右拖动滚动条查看水平精度和高程精度，查看确定无误后，点击"保存"（图 6-20）。

参数计算结果是否符合精度要求，还可通过以下方式检查校正结果：点击"配置"→"坐标系设置"→"水平"；测第三个点的坐标，查看是否正确。

5）数据采集。点击"测量"→"点测量"进入测量界面（图 6-21），当碳纤杆气泡居中，并且出现"固定解"后开始测量，在弹出的对话框中输入天线高，选择杆高，当状态为固定解时，按回车键（XYZ）进行保存。

双击 B 键或在"输入"→"坐标管理库"中可以查看测量点坐标。

6）测量数据导出。选择"工程"→"文件导入导出"→"文件导出"（图 6-22），选择导出文件类型，并输入文件名导出数据。接着将数据文件复制到计算机上。

第一步：
输入或选择控制点的已知平面坐标

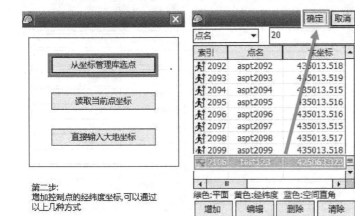

第二步：
增加控制点的经纬度坐标，可以通过
以上几种方式

绿色：平面 黄色：经纬度 蓝色：空间直角

图 6-19 增加第一个校正点

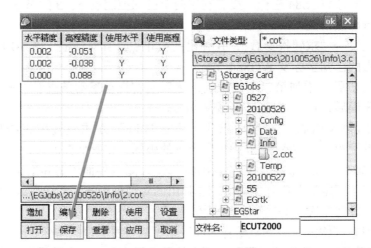

图 6-20 校正结果检验及保存

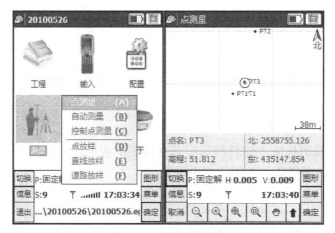

图 6-21　数据采集操作

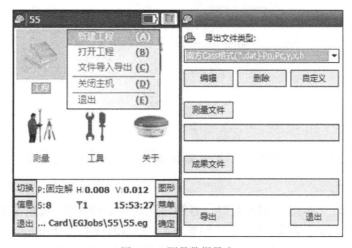

图 6-22　测量数据导出

3. 技术要求

1）为保证精度，应用分布均匀的 3 个已经点计算四参数。

2）计算的参数（X 平移、Y 平移、旋转角度、尺度 K）四个值中要求 K 值无限接近 1。

4. 注意事项

1）基准站要架设在视野开阔、周围环境比较空旷、地势比较高的地方；避免架在高压输变电设备附近、无线电通信设备收发天线旁边、树荫下以及水边。

2）基准站在观测期间防止接收机震动，更不能移动，防止人员或其他物体碰触天线或阻挡信号。

任务 3　实施 GNSS 控制测量

以中海达 GNSS 接收机及中海达 GNSS 数据处理软件 HGO 为例，进行 GNSS 外业静态控制测量及静态数据处理。

子任务1 外业观测

1.仪器架设

GNSS控制点测量前，需各组同时到达各自相应的测量控制点，架设仪器，对中，整平。

2.量取仪器高

仪器高用卷尺量测标志点到仪器测量基准件的上边处（图6-23），共量测三次，取3次测量的平均值作为最终值，并记录在手簿上。

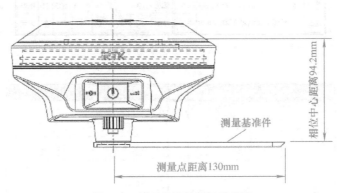

图6-23 测量基准件位置示意图

3.记录点名、仪器号、仪器高以及开始观测时间

4.观测

按照规程要求，GNSS控制测量时，各测站应满足下列要求：观测模式设为静态观测，卫星截止高度角≥15°，有效观测卫星颗数≥4，观测时段长度≥60min，时段数≥1，数据采集间隔20s，天线安置对中误差≤1mm，两次丈量天线高之差≤3mm，PDOP（空间位置精度因子）≤8，任一卫星有效观测时间≥15min。

采用南方GNSS进行控制测量时，各组同时开机（相差间隔不超过5min），设置主机为静态测量模式，设置采样间隔5s，高度角可设置为5°～15°。以iRTK2为例，开机后双击按钮进入基准站、移动站、静态等工作模式切换，切换到静态模式后点击"确认"。设置成功后红色状态灯隔几秒闪烁一次便采集一个历元。采集到的静态测量数据保存在GNSS主机内存卡中。

工作模式切换，也可以通过手簿切换，打开手簿上的Hi-Survey软件，在设备选项卡中，首先连接手簿到GNSS主机上，然后双击"辅助功能"，可进入手簿静态观测模块（图6-24）。在"辅助功能"模块中，点击"静态采集设置"，设置采样间隔、静态文件文件名、截至高度角及斜高，之后点击"开始"按钮，GNSS主机立即开始观测。

观测结束后，在"辅助功能"模块中点击"静态文件管理"即可查看静态观测文件信息（图6-25）。

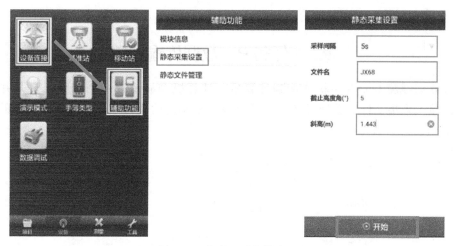

图 6-24　静态观测参数设置

图 6-25　GNSS 静态文件管理

5. 观测结束后，记录关机时间

6. 技术要求

1）天线高量取读数精度至 1mm。

2）观测前后两次天线高，并且两次量取结果之差不超过 3mm。

3）GNSS 接收机连续同步采集时段长度不少于 45 分钟。

7. 注意事项

1）网形布设时应注意保证全网的连通性，且网内控制点间至少留一个通视方向。

2）静态观测过程中，如发现仪器未严格对中，也不准重新调仪器，观测中不准重新开机，开机关机听从调配。

3）接收机周围不使用干扰卫星信号的通信设备，以减弱误差，接收机周围应当视野开阔，削弱多路径误差。观测结束后，应及时将数据转存至计算机上并备份。

4）每组静态观测之前要求保持仪器电量充足，并熟悉静态观测的操作。

5）充分利用符合要求的旧有控制点。

➤➤ 子任务 2　数据传输 ◄◄

通过数据线将 GNSS 主机连接到计算机，计算机会显示有一个 U 盘，打开并进行文件复制，导入采集文件，选择存放的目标目录。复制之后及时修改静态数据文件的文件名（图 6-26）。

图 6-26　静态数据文件改名界面

静态数据文件名说明：

编辑以前：_1112060.GNS；编辑以后：GP012060.GNS。

其中，第 1 ～ 4 位：编辑以前，_ 是标识符，111 是仪器编号后三位；编辑以后，GP01 为点名，不足四位用 _ 补齐。

第 5 ～ 7 位：年积日，代表采集时间从 1 月 1 日算起，是今年第 206 天。

第 8 位：第 206 天，当天采集的第 0 个文件。

文件后缀名：.GNS。

➤➤ 子任务 3　静态观测数据处理 ◄◄

采用中海达静态数据处理软件 HGO 进行 GNSS 基线向量解算和 GNSS 网平差。

1. 新建工程及基本设置

1）新建工程。点击"项目"选项卡→"新建项目"，输入项目名称（图 6-27）。

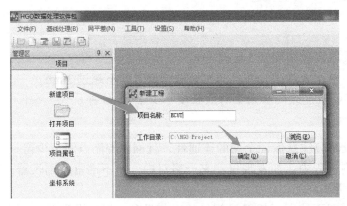

图 6-27　新建工程对话框

2）项目属性设置。新建项目完毕，立即弹出"项目属性"对话框，首先输入测量单位、施工单位、责任人、测量员及项目开始和结束时间等基本属性信息；设置限差，控制等级可以设置为 E 级或者是其他等级，由于 E 级测量允许的误差比较大，所以一般选用 E 级（图 6-28）。

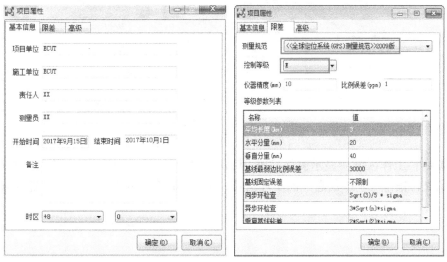

图 6-28　项目属性设置

3）坐标系统设置。项目属性设置完毕，弹出"坐标系统"对话框，在该对话框中需要设置椭球、投影等参数。

在"椭球"选项卡中，因为 GPS 采集的数据是基于 WGS84 椭球的，所以源椭球为 WGS84，当地椭球则根据具体工程项目需要选择坐标系；设置投影，根据不同的投影带选择中央子午线（图 6-29）。

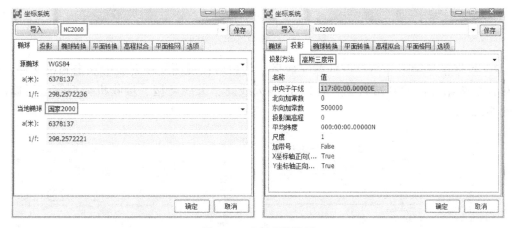

图 6-29　坐标系统设置

2. 观测数据导入及编辑

1）导入观测数据。项目创建完成后，将野外采集数据调入软件，在"导入"选项卡中，点击"导入文件"，也可以用鼠标左键点击"文件"→"打开"进入导入文件对话框（图 6-30），选择卫星原始数据文件。

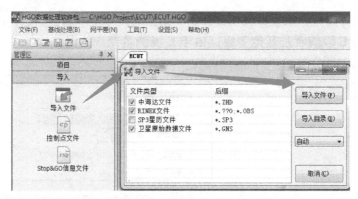

图 6-30　文件选择对话框

导入数据后，工作区域会显示测区 GPS 基线平面网图（图 6-31），显示所有的 GPS 基线。同时显示文件信息、基线信息、同步环信息、异步环信息、重复基线信息等各种信息。

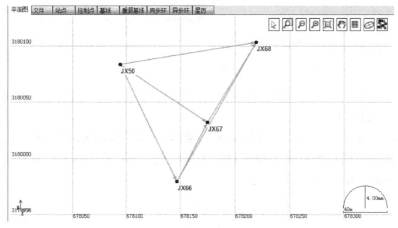

图 6-31　GPS 基线平面网图

2）数据信息编辑。当数据加载完成后，用户可在观测文件列表中双击测站文件，然后对各个测站文件的测站名（点名）、量测天线高、天线类型、接收机类型等进行修改，如图 6-32 所示。

图 6-32　数据信息编辑

3. 基线处理

1）基线处理设置。在"处理基线"选项卡中，选择"处理选项"按钮，在弹出的"基线解算设置"对话框中根据外业修改高度截止角和采样间隔等参数（图 6-33）。

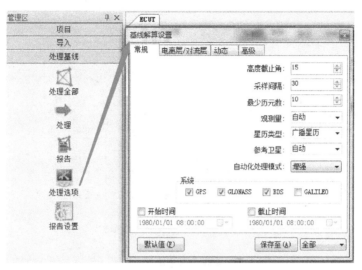

图 6-33　基线解算设置

2）进行基线处理。基线处理可以单个选择处理，也可以一次性全部处理，如一次性全部处理，单击"处理基线"→"处理全部"，系统会采用默认的基线处理设置，来解算所有的基线向量（图 6-34）。

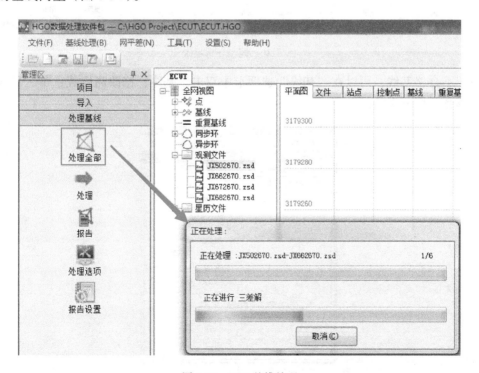

图 6-34　GPS 基线处理

解算过程可能等待时间较长，由基线的数目、基线观测时间的长短和基线处理设置决定，处理过程若想中断，点击"取消"即可。

3）基线质检及数据修改。首先可以在"单点定位与质检"中，检查观测点的相关信息（图 6-35）。

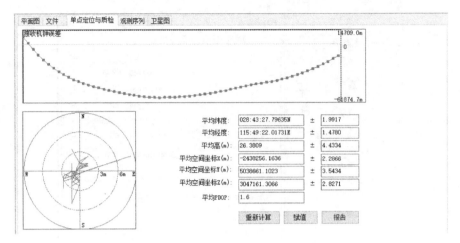

图 6-35　基线单点定位与质检选项卡

同时检查同步环是否合格，如图 6-36 所示，在"同步环"选项卡中显示某条基线不合格。

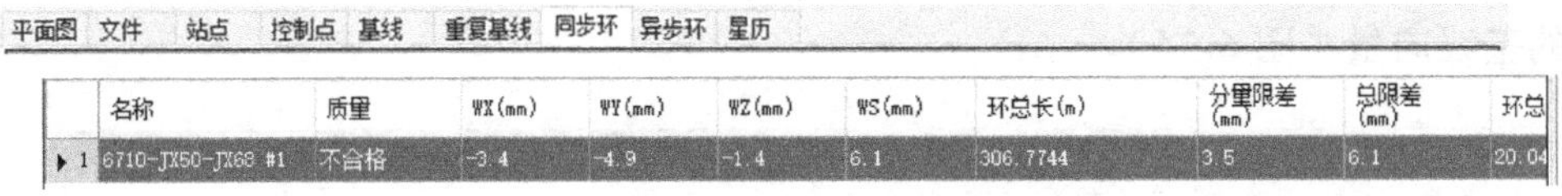

	名称	质量	WX(mm)	WY(mm)	WZ(mm)	WS(mm)	环总长(m)	分量限差(mm)	总限差(mm)	环总
▶ 1	6710-JX50-JX66 #1	不合格	-3.4	-4.9	-1.4	6.1	306.7744	3.5	6.1	20.04

图 6-36　同步环选项卡

对于不合格基线，可以在"基线"选项卡中双击该基线，修改高度截止角、采样间隔等相关参数（图 6-37）。

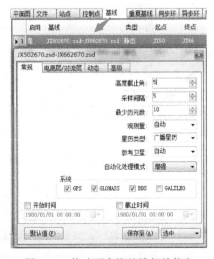

图 6-37　修改不合格基线相关信息

观察其基线残差图，删除质量不佳的部分观测数据（图 6-38）。

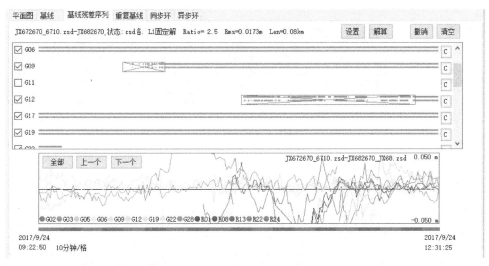

图 6-38 删除质量不佳的部分观测数据

修改基线相关信息及基线观测数据之后，继续基线解算，直到该基线合格（图 6-39）。

平面图 文件 站点 控制点 基线 重复基线 同步环 异步环 星历

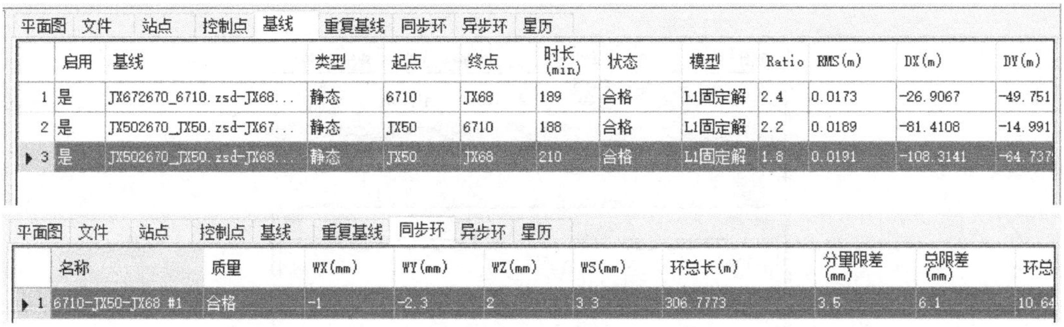

	启用	基线	类型	起点	终点	时长(min)	状态	模型	Ratio	RMS(m)	DX(m)	DY(m)
1	是	JX672670_6710.zsd-JX68...	静态	6710	JX68	189	合格	L1固定解	2.4	0.0173	-26.9067	-49.751
2	是	JX502670_JX50.zsd-JX67...	静态	JX50	6710	188	合格	L1固定解	2.2	0.0189	-81.4108	-14.991
3	是	JX502670_JX50.zsd-JX68...	静态	JX50	JX68	210	合格	L1固定解	1.8	0.0191	-108.3141	-64.737

平面图 文件 站点 控制点 基线 重复基线 同步环 异步环 星历

	名称	质量	WX(mm)	WY(mm)	WZ(mm)	WS(mm)	环总长(m)	分量限差(mm)	总限差(mm)	环总
1	6710-JX50-JX68 #1	合格	-1	-2.3	2	3.3	306.7773	3.5	6.1	10.64

图 6-39 使基线合格

再次观察闭合环，若再不合格可对误差较大的基线改变设置或以删星或删部分观测数据的方法重新处理。如果仍然超限，可选择删除基线。直至闭合环符合限差为止。

4. 网平差

1）控制点转入及坐标系输入。在进行网平差之前，首先确定控制点。在全网视图中选择点，在右边工作区域中右击“转为控制点”，这些点会自动添加到控制点列表中（图 6-40），根据实际工作的需要，转入至少 2 个以上的控制点。

在控制点选项卡，双击“控制点”，在弹出的“控制点”对话框中，输入已知控制点的坐标（图 6-41）。

2）网平差前质检。检查同步环是否合格，若不合格则继续修改参数，使得基线面板中 Ratio 值都大于 3（图 6-42）。

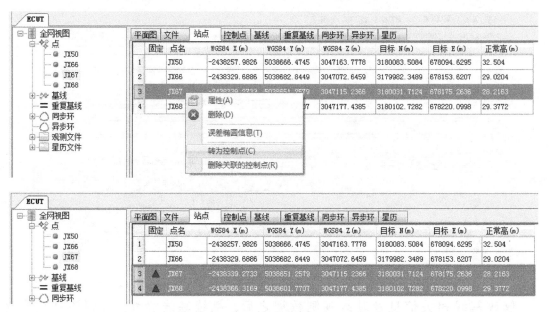

图 6-40　控制点转入

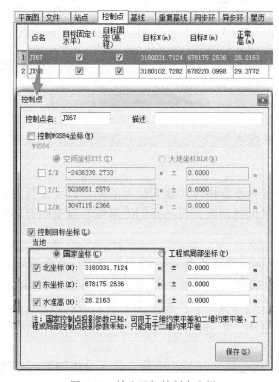

图 6-41　输入已知控制点坐标

	启用	基线	类型	起点	终点	时长(min)	状态	模型	Ratio	RMS(m)
▶1	是	JX502670.zsd-JX662670.zsd	静态	JX50	JX66	229	合格	L1固定解	3	0.0116
2	是	JX502670.zsd-JX672670.zsd	静态	JX50	JX67	188	合格	L1固定解	4.9	0.0126
3	是	JX502670.zsd-JX682670.zsd	静态	JX50	JX68	210	合格	L1固定解	3.4	0.0135
4	是	JX662670.zsd-JX672670.zsd	静态	JX66	JX67	188	合格	L1固定解	7.9	0.013
5	是	JX662670.zsd-JX682670.zsd	静态	JX66	JX68	210	合格	L1固定解	7	0.0102
6	是	JX672670.zsd-JX682670.zsd	静态	JX67	JX68	189	合格	L1固定解	5.9	0.0072

图 6-42　GPS 基线信息面板

3）网平差设置。点击"网平差"→"平差设置"，在弹出的"平差设置"对话框中，对平差进行参数设置（图 6-43）。

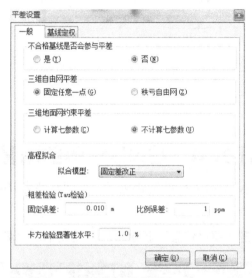

图 6-43　平差设置

4）网平差运行。基线处理合格及平差相关设置完毕之后，即可开始网平差设置。点击"网平差"→"平差"，在弹出的平差对话框中（图 6-44），选择平差类型及平差的坐标系之后，进行全自动平差，也可以按照需要选择单个平差。平差结束，选择平差结果，然后点击"生成报告"，查看有没有合格（图 6-45）。

图 6-44　平差对话框

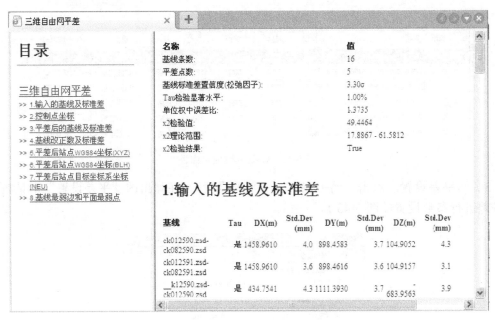

图 6-45　网平差报告界面

任务 4　GNSS 碎部测量

以中海达 GNSS 为例，进行 GNSS 碎部测量，手簿软件为 Hi-Survey。

1. 新建项目

点击"项目"，再点击"项目信息"新建项目，建完单击"确定"（图 6-46）。

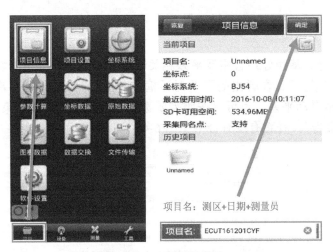

图 6-46　新建项目设置

2. 坐标系设置

以新建西安 80 坐标系为例，新建工程文件后，点击"项目信息"，在"系统"里面，进行自定义坐标系（图 6-47）。

图 6-47　自定义坐标系界面

1）投影设置。在自定义坐标系里，首先进行投影设置，主要设置"系统名""中央子午线"以及是否"加带号"（图 6-48）。

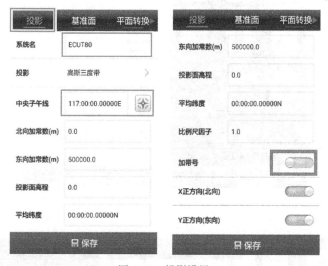

图 6-48　投影设置

2）基准面设置。基准面主要是设置源椭球及目标椭球，源椭球选择基站发射查分数据的格式，如千寻位置的 8002 端口对应 WGS84 坐标系，源椭球选择" WGS84"（图 6-49）；千寻位置的 8003 端口对应 CGCS2000 坐标系，源椭球选择"国家 2000"。

3. 设备连接

手簿开机后，在 Hi-Survey 中，点击"设备"，进入蓝牙连接 GPS 主机界面（图 6-50），连接 GPS 主机。

4. 移动站设置

此部主要进行数据链设置，点击"移动站"，设置"数据链"（图 6-51）。

图 6-49　基准面设置

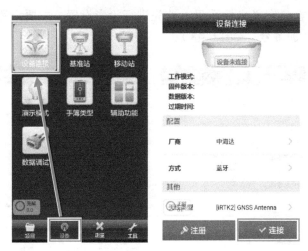

图 6-50　手簿蓝牙连接 GPS 主机设置

图 6-51　数据链设置

数据链一共有四种模式：内置电台、内置网络、外部数据链和手簿差分。

如果采用"手簿差分"模式，则手机需先打开 WiFi 热点，测量手簿连接手机 WiFi。以 CORS 方式测量为例，服务器选择"CORS"，然后输入 IP 地址、端口、源节点、用户名和密码（图 6-52）。

图 6-52　移动站数据链设置

5. 求转换参数

（1）采集已知控制点 WGS84 坐标

点击"测量"→"碎部测量"→"对中整平（固定解）"→点击屏幕上的 〜 平滑采集→修改点名、目标高→点击"保存"，如图 6-53 所示。保存时注意一定要修改模标高（天线高）。

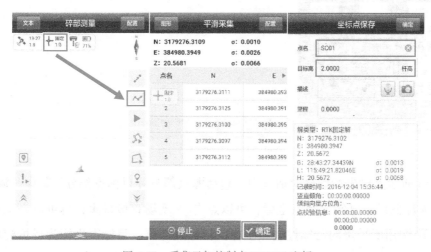

图 6-53　采集已知控制点 WGS84 坐标

（2）添加控制点对应已知坐标

点击"坐标数据"添加两个控制点对应的已知坐标（图 6-54）。

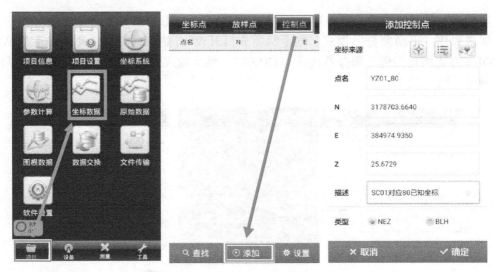

图 6-54　添加两个控制点对应已知坐标

（3）求转换参数

点击"项目"→点击"参数计算"→计算类型选择"四参数＋高程拟合"→点击"添加"（图 6-55）。

图 6-55　添加点对坐标求转换参数

图 6-55 所示点对坐标信息对话框中，包括源点部分和目标点部分，其中，源点部分：源点坐标为源椭球下已知控制点坐标，可以点击 现场直接采集；也可以先采集之后点击图上的 调用所采集的已知控制点坐标。目标点部分：目标点坐标为目标椭球下对应点的已知坐标，可以直接输入或者点击图上的 调用。

根据项目需要按照图 6-56 流程分别输入两个以上点对坐标信息。

图 6-56　输入点对坐标（SC01 和 YZ01_80）

点击计算后出现参数计算结果的界面（图 6-57），仔细检验参数，要求：

1）四参数中旋转接近 0°。

2）四参数中尺度要求无限接近于 1，一般为 0.9999××× 或者 1.0000××× 的数，该数值小数点后如果少于 4 个 9 或者 4 个 0 说明两个点的相对关系不好（图 6-57）。

也可以实测控制点坐标，进行检验。当精度符合要求时，可将该参数应用于本工程。

图 6-57　参数计算

6. 碎部点测量

对中整平之后，显示固定解，即可进行测量（图 6-58）。

图 6-58　碎部测量

7. 碎部点数据的浏览、编辑和导出

（1）碎部点数据的浏览、编辑

所采集的碎部点坐标可以到"项目"→"坐标数据"中查询；"坐标数据"中的"坐标点"坐标只能查看和显示（图 6-59），以及编辑坐标点的"描述"，不允许"添加"或"删除"。

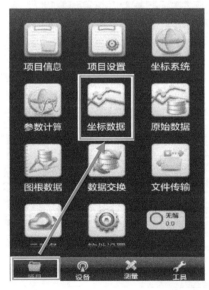

图 6-59　碎部点数据的浏览

（2）碎部点数据的导出

点击"项目"→"数据交换"，选择导出的格式和导出文件名，如图 6-60 所示，导出数据时注意选择格式，南方数据格式选择"*.dat"。

图 6-60　测量数据的导出

　　用手簿 USB 数据线连接计算机主机，在 PC 端"/可移动磁盘/ZHD/Out"目录下，将文件复制文件到计算机中（图 6-61）。

图 6-61　导出的 GPS 测量数据

任务 5　GNSS 放样测量

以中海达 GPS 为例，进行放样测量，手簿软件为 HI-Survey。

1 新建项目

点击"项目"，再点击"项目信息"新建项目，建完单击"确定"（图 6-62）。

2. 坐标系设置

（1）新建国家 2000 坐标系

新建工程文件后，点击"项目设置"，在"系统"里面，进行自定义坐标系（图 6-63）。

1）投影设置。在自定义坐标系里，首先进行投影设置，主要设置"系统名""中央子午线"以及是否"加带号"（图 6-64）。

认识
GNSS

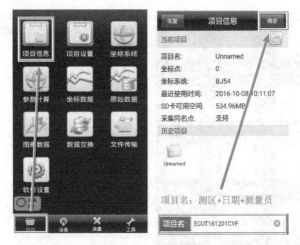

图 6-62　新建项目设置

图 6-63　自定义坐标系界面

图 6-64　投影设置

注意：中央子午线不能设置错误，中央子午线可通过右侧按钮 直接获取，地方 2000 坐标系如南昌 2000 坐标系为 115°53′59″，则需自行输入子午线。

2）基准面设置。基准面主要是设置源椭球及目标椭球，源椭球选择基站发射查分数据的格式，如千寻位置的 8002 端口对应 WGS84 坐标系，源椭球选择 "WGS84"；千寻位置的 8003 端口对应 CGCS2000 坐标系，源椭球选择 "国家 2000"（图 6-65）。

图 6-65　基准面设置

如果 CORS 基站发射的是 2000 坐标差分数据，如千寻位置的 8003 端口发射的是 CGCS2000 坐标系数据，那么在完成 "三、移动站设置" 后，即源椭球和目标椭球均可选择 "国家 2000" 坐标系，直接进行 "采集点和点放样"。

（2）新建西安 80 坐标系

新建工程文件后，点击 "项目信息"，在 "系统" 里面，进行自定义坐标系（图 6-66）。

图 6-66　自定义坐标系界面

1）投影设置。在自定义坐标系里，首先进行投影设置，主要设置"系统名""中央子午线"以及是否"加带号"（图6-67）。

图 6-67　投影设置

2）基准面设置。基准面主要是设置源椭球及目标椭球，源椭球选择基站发射查分数据的格式，如千寻位置的8002端口对应WGS84坐标系，源椭球选择"WGS84"；千寻位置的8003端口对应CGCS2000坐标系，源椭球选择"国家2000"（图6-68）。

图 6-68　基准面设置

由于基站发射的可能是WGS84差分数据或国家2000差分数据，而需要的是西安80坐标，因此必须在"三、移动站设置"之后，先"四、求转换参数"，才能进行进行采集点和点放样。

（3）选择已有坐标系

如果之前已经建立坐标系，则可以直接选择已有坐标系（图 6-69）。

图 6-69　系统设置

3. 设备连接

手簿开机后，在 Hi–Survey 中，点击"设备"，进入蓝牙连接 GPS 主机界面（图 6-70）。

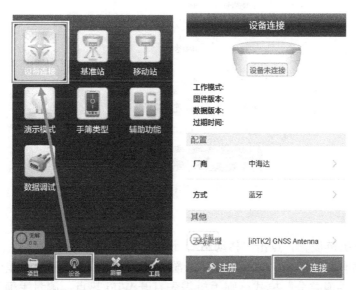

图 6-70　手簿蓝牙连接 GPS 主机设置（1）

点击"搜索设备"找到仪器（编号在 GPS 接收机的底座上）的编号，如果之前已经配对过，上面会有记录（图 6-71）。

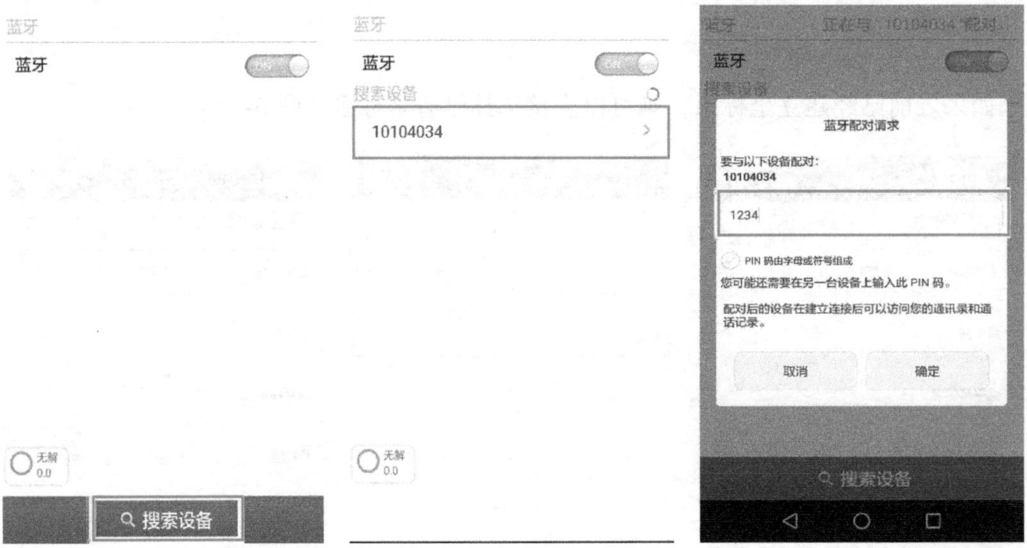

图 6-71　手簿蓝牙连接 GPS 主机设置（2）

当右下角出现"断开"时表示已经连接上蓝牙了，则按"返回键"（图 6-72）。

图 6-72　手簿蓝牙连接 GPS 主机设置（3）

4. 移动站设置

主要进行数据链设置，点击"移动站"，设置"数据链"（图 6-73）。

数据链一共有四种模式：内置电台、内置网络、外部数据链和手簿差分。

如果采用"手簿差分"模式，则手机需先打开 WiFi 热点，测量手簿连接手机 WiFi，然后数据链选择"手簿差分"。

以"手簿差分"及 CORS 方式测量为例，服务器选择"CORS"，然后输入"IP""端口"（图 6-74），点击源节点旁边的"设置"。

图 6-73　数据链设置

图 6-74　移动站数据链、服务器、IP 地址、端口设置

　　获取并设置"源节点"（图 6-75）。

　　输入"用户名和密码"（图 6-76），然后在"其他"里面设置"截至高度角"，设置好后点右上角的"设置"（图 6-77）。

图 6-75　源节点设置

图 6-76　设置用户名和密码

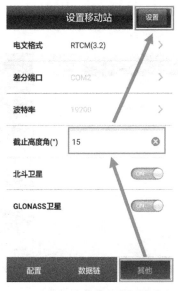

图 6-77　设置截至高度角

5. 求转换参数

（1）采集已知控制点 WGS84 坐标

点击"测量"→"碎部测量"→"对中整平（固定解）"→点击屏幕上的 〜 平滑采集→修改点名、目标高→点击"保存"，如图 6-78 所示。保存时注意一定要修改模标高（天线高）。

图 6-78　采集已知控制点 WGS84 坐标

（2）添加控制点对应已知坐标

点击"坐标数据"添加两个控制点对应的已知坐标（图 6-79）。

（3）求转换参数

点击"项目"→点击"参数计算"→计算类型选择"四参数＋高程拟合"→"添加"（图 6-80）。

图 6-80 所示点对坐标信息对话框中，包括源点部分和目标点部分，其中源点部分：源点坐标为源椭球下已知控制点坐标，可以点击 ⊕ 现场直接采集；也可以先采集之后点击图上的 ▦ 调用所采集的已知控制点坐标。目标点部分：目标点坐标为目标椭球下对应点的已知坐标，可以直接输入或者点击图上的 ▦ 调用。

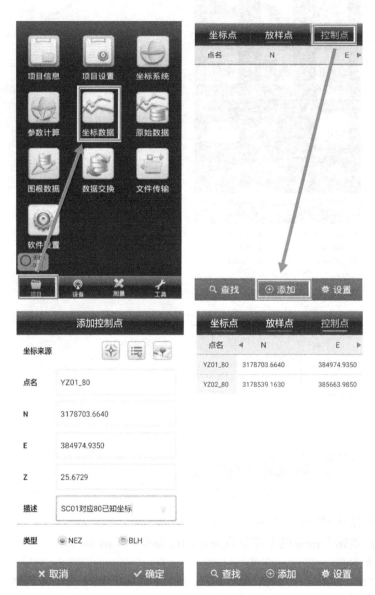

图 6-79　添加两个控制点对应已知坐标

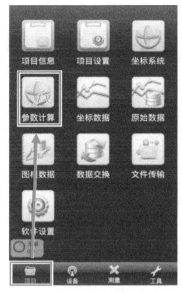

图 6-80　添加点对坐标求转换参数

根据项目需要输入两个点对坐标（图 6-81 和图 6-82）。

图 6-81　输入第一个点对坐标（SC01 和 YZ01_80）

点击"计算"后出现参数计算结果的界面（图 6-83），仔细检验参数，要求：

1）四参数中旋转接近 0°。

2）四参数中尺度要求无限接近于 1，一般为 0.9999×××× 或者 1.0000×××× 的数，该数值小数点后如果少于 4 个 9 或者 4 个 0 说明两个点的相对关系不佳。

当参数符合要求时，可将该参数应用于本工程。

图 6-82　输入第二个点对坐标（SC02 和 YZ02_80）

图 6-83　参数计算

（4）转换参数精度检验

点击"测量"→"碎部测量"→对中整平（固定解）—点击屏幕上的 ⚲ 或者键盘上的 ⚲，实测某一控制点或者坐标，核对一下所采集的坐标是否符合要求（和已知点对比）（图 6-84）。

图 6-84   实测控制点检验转换精度

6. 界址点坐标导入及放样

（1）界址点数据的导入

首先将手簿与计算机连接，之后将计算机上需要放样的坐标点数据文件复制到手簿"/可移动磁盘/ZHD/Out"目录上，点击"项目"→"数据交换"→"放样点"→"导入"，选择"123.txt"（建议使用 Excle 格式 .csv）→点击"确定"→点击"点名""N""E""Z"→点击"确定"（图 6-85）。

图 6-85   导入坐标点数据

（2）界址点放样

点击"测量"→"点放样"，在 ➔ 中输入坐标，之后在屏幕中显示当前位置坐标点与放样点的距离、方位等信息，根据这些信息移动 RTK 到放样点（图 6-86）。

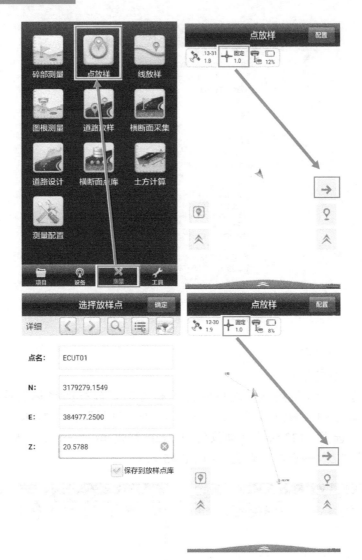

图 6-86　点放样界面及操作

项目考核方案设计表

项目 6	GNSS 测量原理与方法				
过程考核	考核项目及分值比例	评价标准		考核方式及单项权重	
				组员互评	教师评价
	GNSS 操作规范（20分）	1. 整平时间（10分）		20%	80%
		1～3分钟以内	优秀	9～10分	
		3～5分钟以内	合格	6～8分	
		5～10分钟以内	不合格	0～5分	
		2. 操作规范性（10分）			
	测量方案的编制（5分）	GNSS 测量方案编制合理，可行		20%	80%
	具体施测过程（5分）	测量过程分工明确，测量方案与具体实施情况偏差较小，并在必要时能合理调整方案保证顺利完成任务		20%	80%

（续）

项目6	GNSS 测量原理与方法				
过程考核	考核项目及分值比例	评价标准		考核方式及单项权重	
				组员互评	教师评价
	成果汇报与语言表达（5分）	汇报内容完整、表述清晰、语言流利，回答问题正确、熟练		20%	80%
	实训成果（45分）	1. 控制点布设（10分）		—	100%
		2. 成果（35分）			
		测量数据处理得当	15分		
		地形图绘制正确	20分		
	工作态度（5分）	纪律性好，主动积极，认真负责，勤学好问		20%	80%
	团队合作和协作（5分）	与小组成员和谐合作，主动承担分工，合理处理人际关系并能协助他人完成工作任务		20%	80%
	自主学习能力（10分）	能查阅书籍、规范自主学习		—	100%
总计	100分				

 思考与习题

一、填空题

1. GPS 由_____、_____和_____三部分组成。

2. GNSS 定位据按照参考点的不同位置划分，可分为_____和_____。

3. 数据链一共有四种模式，分别是：_____、_____、_____、_____。

二、简答题

1. GPS 有多少颗工作卫星？距离地表的平均高度是多少？ GLONASS 有多少颗工作卫星？距离地表的平均高度是多少？

2. 简要叙述 GNSS 的定位原理。

3. 卫星广播星历包含哪些信息？它的作用是什么？

4. 为什么称接收机测得的工作卫星至接收机的距离为伪距？

5. 测定地面一点在 WGS84 坐标系中的坐标时，GNSS 接收机为什么要接收至少 4 颗工作卫星的信号？

6. GNSS 由哪些部分组成？简要叙述各部分的功能和作用。

7. 载波相位相对定位的单差法和双差法分别可以消除什么误差？

8. 什么是同步观测？什么是卫星高度角？什么是几何图形强度因子 DPOP？

9. 使用 GNSS 进行放样测量时，基准站是否一定要安置在已知点上？移动站与基准站的距离有何要求？

项目 7　全站仪数字测图

工作任务 〉〉〉

序号	工作任务	子任务
1	了解数字测图	—
2	全站仪野外数据采集	—
3	绘制数字地形图	—

任务目标 〉〉〉

序号	知识目标	能力目标	素质目标	权重
1	掌握数字测图概念和特点	能熟练读懂地形图	培养学生的国家品牌意识，践行敬业、精益、专注、创新的工匠精神	0.1
2	掌握全站仪野外数据采集的方法和步骤	能熟练运用全站仪进行野外数据采集		0.5
3	掌握地形图的绘制步骤	能熟练运用 CASS 软件绘制地形图		0.4
	总计			1.0

学前准备 〉〉〉

仪器	图纸	任务单
全站仪	地形图	

教学建议 〉〉〉

在教室，采用集中讲授、动态教学、分组讨论与实训等教学方法。

学前阅读 〉〉〉

2020 年 5 月 27 日 11 时，国测一大队珠峰高程测量登山队携带国产测量仪器，克服重重困难，成功从北坡登上珠穆朗玛峰峰顶。随着测量数据的顺利采集，珠峰测量任务外业测量圆满完成。这是我国首次在珠峰高程测量中全程使用自主研发的高精度测量仪器。

但在选择长距离测距仪器时，难题出现了。由于现在超长距离测距都是使用 GNSS，世界范围内已经没有厂家研发生产超长距离测距仪，而在珠峰测量中又无法提前在峰顶架设卫星接收站。珠峰最远的测量点距离峰顶约为 18.3km。目前世界上没有任何一款仪器可以满足需要，只能自己研制。为此，国家光电测距仪检测中心与自然资源部第一大地测量队等单位合作联合攻关，在短短 2 个月的时间里，研制出了满足珠峰高程测量的长测程、高性能全站仪。这款全站仪的测距测程超过 19km，反射目标为六棱镜组，距离测量精度优于（$2+2 \times 10-6D$）mm（D 为测量距离）。这款长测程全站仪的成功研制，实现了我国在该装备制造领域零的突破，不仅解决了珠峰峰顶交会测量的问题，还解决了常规大地测量中超远距离测距的问题。

本项目主要学习全站仪数字测图技术，也是对全站仪的具体应用。学好本项目要践行敬业、精益、专注、创新的工匠精神；同时，结合前面的学习还要保持创新精神，争取为测绘新技术、新仪器的发展添砖加瓦。

任务 1　了解数字测图

1. 数字测图的概念

数字测图（Digital Surveying Mapping，DSM）是近 20 年发展起来的一种全新的测绘地形图方法。以计算机为核心，在外连输入、输出硬件设备和软件的支持下，对地形空间数据进行采集、传输、处理编辑、入库管理和成图输出的整个系统，称为自动化数字测绘系统。数字化测图技术在野外数据采集工作的实质是解析法测定地形点的三维坐标。

利用上述技术将采集到的地形数据传输到计算机，并由功能齐全的成图软件进行数据处理、成图显示，再经过编辑、修改，生成符合国标的地形图。最后将地形数据和地形图分类建立数据库，并用数控绘图仪或打印机完成地形图和相关数据的输出。

数字测绘不仅仅是利用计算机辅助绘图，减轻测绘人员的劳动强度，保证地形图绘制质量，提高绘图效率，更具有深远意义的是，由计算机进行数据处理，并可以直接建立数字地面模型和电子地图，为建立地理信息系统提供了可靠的原始数据，以供国家、城市和行业部门的现代化管理，以及工程设计人员进行计算机辅助设计（CAD）使用。

2. 数字测图的特点

大比例尺数字测图有力地冲击着传统的平板仪或经纬仪的白纸测图方法，这是因为数字测图具有诸多的优点。

（1）测图、用图自动化

传统测图方式主要是手工作业，外业测量人工记录，人工绘制地形图，在图上人工量算所需要的坐标、距离和面积等。数字测图则使野外测量自动记录、自动解算，使内业数据自动处理、自动成图、自动绘图，并向用图者提供可处理的数字地（形）图光盘，用户可自动提取图像信息。

（2）点位精度高

传统模拟测图，影响地物点位精度的因素多，图上点位精度误差大。数字测图中，影响地物点位精度的因素少，所得到的数字地图点位精度大幅度提高，为地籍测量、管网测量、房产测量、工程规划设计等工作提供了保证。

（3）使用方便

数字测图的成果是以点的定位信息和属性信息存入计算机的，当实地有变化时，只需输入变化信息的坐标、代码，经过编辑处理，很快便可以得到更新过的图，从而可以确保地面的可靠性和实时性。同时采用分层方式管理野外实测数据，可以方便绘制不同比例尺或不同用途的地图，实现一测多用。

（4）能以各种形式输出成果

计算机与显示器、打印机联机时，可以显示或打印各种需要的资料信息，如用打印机可打印数据表格，当对绘图精度要求不高时，可用打印机打印图形。计算机与绘图仪联机，可以绘制出各种比例尺的地形图、专题图，以满足不同用户的需要。

（5）方便成果的深加工利用

数字测图分层存放，可使地面信息无限存放（这是模拟图无法比拟的优点），不受图面负载量的限制，从而便于成果的深加工利用，拓宽测绘工作的服务面，开拓市场。

任务2　全站仪野外数据采集

1. 测量控制点的设置

测量控制点是指在进行测量作业之前，在要进行测量的区域范围内，布设一系列的点来完成对整个区域的测量作业。它的主要作用是为进一步的次级测量提供控制，为各种测量原始数据处理时的起算和检核提供依据。测区高级控制点的密度不可能满足大比例尺测图的需要，这时应布置适当数量的图根控制点，又称图根点，直接供测图使用。图根控制布设，是在各等级控制下进行加密，一般不超过两次附合。在较小的独立测区测图时，图根控制可作为首级控制。

图根平面控制点的布设，可采用图根导线、图根三角、交会方法和 GPS-RTK 等方法。图根点的高程可采用图根水准和图根三角高程测定。图根点的精度，相对于邻近等级控制点的点位中误差，不应大于图上 0.1mm，高程中误差不应大于测图基本等高距的1/10。

图根控制点（包括已知高级点）的个数，应根据地形复杂、破碎程度或隐蔽情况而确定。就常规成图方法而言，一般平坦而开阔地区每平方千米图根点的个数，对 1∶2000比例尺测图应不少于 15 个，1∶1000 比例尺测图应不少 50 个，1∶500 比例尺测图应不少于 150 个。数字测图方法每平方千米图根点的个数，对于 1∶2000 比例尺测图不少于 4个，对于 1∶1000 比例尺测图不少于 16 个，对于 1∶500 比例尺测图不少于 64 个。

测图时应尽量利用各级控制点作为测站点，但由于地表上的地物、地貌有时是极其复杂零碎的，要全部在各级控制点上测绘所有的碎部点往往是困难的，因此，除了利用各级控制点外，还要增设测站点。尤其是在地形琐碎、合水线地形复杂地段，小沟、小山脊转弯处，房屋密集的居民地，以及雨裂冲沟繁多的地方，对测站点的数量要求会多一些，但要切忌用增设测站点作大面积的测图。

增设测站点是在控制点或图根点上，采用极坐标法、交会法和支导线测定测站点的坐标和高程。用支导线增设测站时，为保证方向传递精度，用三联脚架法数字测图时，测站点的点位精度，相对于附近图根点的中误差不应大于图上 0.2mm，高程中误差不应大于测图基本等高距的 1/6。

2. 野外数据的采集

目前，对于大比例尺数字测图野外数据采集，主要采用全站仪测量方法，在控制点、加密的图根点或测站点上架设全站仪，全站仪经定向后，观测碎部点上放置的棱镜，得到方向、竖直角（或天顶距）和距离等观测值，记录在电子手簿或全站仪内存；或者是由记录器程序计算碎部点的坐标和高程，记入电子手簿或全站仪内存。野外数据采集除碎部点的坐标数据外还需要有与绘图有关的其他信息，如碎部点的地形要素名称、碎部点连接线型等，以计算机生成的图形文件进行图形处理。野外数据采集的工作程序分为两种：一种是在观测碎部点时，绘制工作草图，在工作草图记录地形要素名称、碎部点连接关系，然后在室内将碎部点显示在计算机屏幕上，根据工作草图，采用人机交互方式连接碎部点，输入图形信息码和生成图形；另一种是采用笔记本电脑和 PDA 掌上电脑作为野外数据采集记录器，可以在观测碎部点之后，对照实际地形输入图形信息码和生成图形。大比例尺数字测图野外数据采集除硬件设备外，需要有数字测图软件来支持。不同的数字测图软件在数据采集方法、数据记录格式、图形文件格式和图形编辑功能等方面会有一些差别。

野外数据采集特征点选取

（1）安置仪器及建站

1）全站仪安置。将仪器安装在三脚架上，精确整平和对中以保证测量成果的精度，应使用专用的中心连接螺旋的三脚架。

① 架设三角架。将三角架伸到适当高度，确保三腿等长、打开，并使三角架顶面近似水平，且位于测站点的正上方。将三角架腿支撑在地面上，使其中一条腿固定。

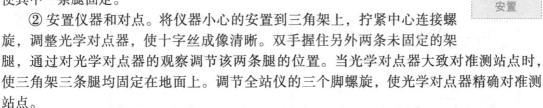

全站仪的安置

② 安置仪器和对点。将仪器小心的安置到三角架上，拧紧中心连接螺旋，调整光学对点器，使十字丝成像清晰。双手握住另外两条未固定的架腿，通过对光学对点器的观察调节该两条腿的位置。当光学对点器大致对准测站点时，使三角架三条腿均固定在地面上。调节全站仪的三个脚螺旋，使光学对点器精确对准测站点。

③ 利用圆水准器粗平仪器。调整三角架三条腿的高度，使全站仪圆水准气泡居中。

④ 利用管水准器精平仪器。

- 松开水平制动螺旋，转动仪器，使管水准器平行于某一对角螺旋 A、B 的连线。通过旋转角螺旋 A、B，使管水准气泡居中。

- 将仪器旋转 90°，使其垂直于角螺旋 A、B 的连线。旋转角螺旋 C，使管水准气泡居中。

⑤ 精确对中与整平。通过对光学对点器的观察，轻微松开中心连接螺旋，平移仪器（不可旋转仪器），使仪器精确对准测站点。再拧紧中心连接螺旋，再次精平仪器。重复此项操作到仪器精确整平对中为止。

进行建站

2）建站。在进行测量和放样之前都要进行已知点建站的工作，建站程序菜单如图 7-1 所示。

已知点建站：通过已知点进行后视的设置，设置后视有两种方式，一种是通过已知的后视点，一种是通过已知的后视方位角。

◆ 测站：输入已知测站点的名称，通过可以调用或新建一个已知点作为测站点，如图 7-2 所示。

◆ 仪高：输入当前的仪器高。

◆ 镜高：输入当前的棱镜高。

◆ 后视点：输入已知后视点的名称，通过可以调用或新建一个已知点作为后视点。

◆ 当前 HA：显示当前的水平角度。

◆ 设置：根据当前的输入对后视角度进行设置，如果前面的输入不满足计算或设置要求，将会给出提示。

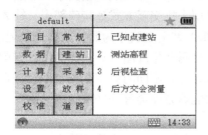

图 7-1　建站程序菜单图

图 7-2　已知点建站图

（2）数据采集

在设站后，通过数据采集程序可以进行数据采集工作，在数据采集菜单（图 7-3），进行点测量，如图 7-4 所示。

数据采集

图 7-3　数据采集菜单

图 7-4　点测量

◆ HA：显示当前的水平角度值。

◆ VA：显示当前的垂直角度值。

◆ HD：显示测量的水平距离值。

◆ VD：显示测量的垂直距离值。

◆ SD：显示测量的斜距。

◆ 点名：输入测量点的点名，每次保存后点名自动加 1。

◆ 编码：输入或调用测量点的编码。

◆ 连线：输入一个已知点的点名，程序将把当前点与该点连线，并在图形界面中显示，每次改变编码后，将自动显示前几个相同编码的点。

◆ 镜高：显示当前的棱镜高度。

◆ [测距]：开始进行测距。

◆ [保存]：对上一次的测量结果进行保存，如果没有测距，则只保存当前的角度值。

◆ [测存]：测距并保存。

3. 数据下载

1）通过软件界面进行相关设置，如图7-5所示。

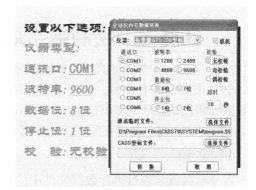
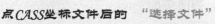
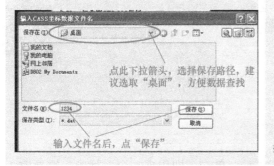

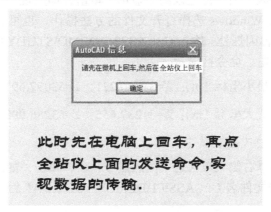

图7-5　全站仪软件界面

2）在全站仪上进行相关设置。开机→MENU→F3（存储管理）→F4（P↓）→F1（数据通信）→ F1（GTS 格式）→ F3（通信参数）→ F1（协议）→ F2（无）→ F4（回车）→ F2（波特率）→通过仪器"↑↓←→"选择 9600 → F4（回车）→ F3（字符 / 校验）→ F3（8/ 无校验）→ F4（回车）→ F4（P ↓）→ F1（停止位）→ F1（F1：1）→ F4（回车）→ ESC → F1（发送数据）→ F2（坐标数据）→ F1（11 位）→ F2（调用）—通过仪器"↑↓←→"选择要传输的文件名，选中后文件名前有符号→ F4（回车）→待计算机准备好后按 F3（是）发送数据。

在完成全站仪和计算机的连接以及全站仪的设置之后，就要把全站仪采集的数据传输到计算机里进行内业处理或将计算机里的数据传输到全站仪。

任务 3　绘制数字地形图

CAD2006
安装教程

CASS9.1
安装教程

本任务以一个简单的例子来演示地形图的成图过程；CASS9.1 成图模式有多种，这里主要介绍"点号定位"的成图模式。例图的路径为 C:\CASS9.1\demo\study.dwg（以安装在 C 盘为例）。初学者可依照下面的步骤来练习，可以在短时间内学会作图。

1 定显示区

定显示区就是通过坐标数据文件中的最大、最小坐标定出屏幕窗口的显示范围。

进入 CASS9.1 主界面，点击"绘图处理"项，如图 7-6 所示。

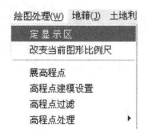

绘图流程

图 7-6　"定显示区"菜单

然后移至"定显示区"项，使之以高亮显示，单击，即出现一个对话窗。需要输入坐标数据文件名。可参考 Windows 选择打开文件的方法操作，也可直接通过键盘输入，在"文件名（N）："（即光标闪烁处）输入 C:\CASS9.1\DEMO\STUDY.DAT，再移动鼠标指针至"打开（O）"处，单击。命令区显示：

最小坐标（m）：X=31056.221，Y=53097.691

最大坐标（m）：X=31237.455，Y=53286.090

2. 选择测点点号定位成图法及展点

移动鼠标指针至屏幕右侧菜单区之"测点点号"项，单击，如图 7-7 所示。

输入点号坐标数据文件名 C:\CASS9.1\DEMO\STUDY.DAT 后，命令区提示：读点完成，共读入 106 个点。

先移动鼠标指针至屏幕的顶部菜单"绘图处理"项单击，系统弹出一个下拉菜单。再移动鼠标指针选择"绘图处理"下的"展野外测点点号"项，单击后，如图 7-8 所示。

图 7-7　选择"点号定位"数据文件

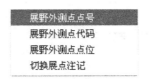

图 7-8　选择"展野外测点点号"

输入对应的坐标数据文件名 C:\CASS9.1\DEMO\STUDY.DAT 后，便可在屏幕上展出野外测点的点号，如图 7-9 所示。

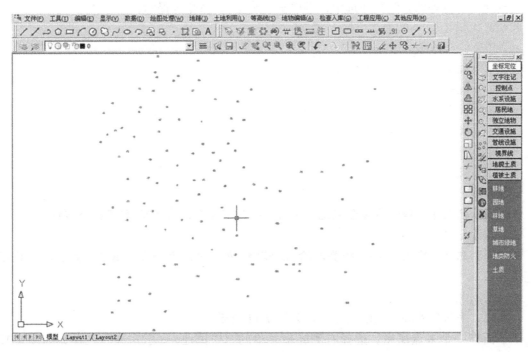

图 7-9　STUDY.DAT 展点图

3. 绘制平面图

下面可以灵活使用工具栏中的缩放工具进行局部放大以方便编图。先把左上角放大，选择右侧屏幕菜单的"交通设施／公路"按钮，弹出如图 7-10 所示的界面。

绘制地形图

图 7-10　选择屏幕菜单"交通设施／公路"

找到"平行等外公路"并选中，再单击"确定"，命令区提示：

绘图比例尺 1∶500 输入 500，回车；

点 P/<点号> 输入 92，回车；

点 P/<点号> 输入 45，回车；

点 P/<点号> 输入 46，回车；

点 P/<点号> 输入 13，回车；

点 P/<点号> 输入 47，回车；

点 P/<点号> 输入 48，回车；

点 P/<点号> 回车；

拟合线 <N> 输入 Y，回车。

说明：输入 Y，将该边拟合成光滑曲线；输入 N（默认为 N），则不拟合该线。

1 边点式 /2. 边宽式 <1>：回车（默认 1）。

说明：选 1（默认为 1），将要求输入公路对边上的一个测点；选 2，要求输入公路宽度。

对面点 P/<点号> 输入 19，回车。

至此，平行等外公路就绘制好了，如图 7-11 所示。

下面作一个多点房屋。选择右侧屏幕菜单的"居民地／一般房屋"选项，如图 7-12 所示。

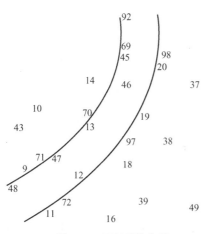

图 7-11　平行等外公路

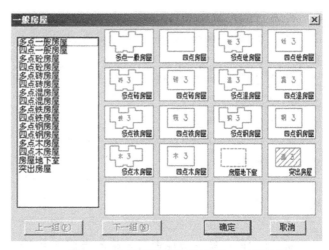

图 7-12　选择屏幕菜单"居民地 / 一般房屋"

先选择"多点砼房屋",再单击"确定"按钮。命令区提示:

第一点: 点 P/< 点号 > 输入 49,回车;

指定点: 点 P/< 点号 > 输入 50,回车;

闭合 C/ 隔一闭合 G/ 隔一点 J/ 微导线 A/ 曲线 Q/ 边长交会 B/ 回退 U/ 点 P/< 点号 > 输入 51,回车;

闭合 C/ 隔一闭合 G/ 隔一点 J/ 微导线 A/ 曲线 Q/ 边长交会 B/ 回退 U/ 点 P/< 点号 > 输入 J,回车;

点 P/< 点号 > 输入 52,回车;

闭合 C/ 隔一闭合 G/ 隔一点 J/ 微导线 A/ 曲线 Q/ 边长交会 B/ 回退 U/ 点 P/< 点号 > 输入 53,回车。

闭合 C/ 隔一闭合 G/ 隔一点 J/ 微导线 A/ 曲线 Q/ 边长交会 B/ 回退 U/ 点 P/< 点号 > 输入 C,回车;输入层数: <1>回车(默认输 1 层)。

说明: 选择"多点砼房屋"后自动读取地物编码,用户不须逐个记忆。从第三点起弹出许多选项,这里以"隔一点"功能为例,输入 J 时,输入一点后系统自动算出一点,使该点与前一点及输入点的连线构成直角。输入 C 时,表示闭合。

再作一个"多点砼房屋",熟悉一下操作过程。命令区提示:

Command: dd

输入地物编码: <141111>141111

第一点: 点 P/< 点号 > 输入 60,回车;

指定点: 点 P/< 点号 > 输入 61,回车;

闭合 C/ 隔一闭合 G/ 隔一点 J/ 微导线 A/ 曲线 Q/ 边长交会 B/ 回退 U/ 点 P/< 点号 > 输入 62,回车;

闭合 C/ 隔一闭合 G/ 隔一点 J/ 微导线 A/ 曲线 Q/ 边长交会 B/ 回退 U/ 点 P/< 点号 > 输入 a,回车;

微导线 – 键盘输入角度(K)/<指定方向点(只确定平行和垂直方向)>用鼠标左键在 62 点上侧一定距离处点一下;

距离 <m>：输入 4:5，回车；

闭合 C/ 隔一闭合 G/ 隔一点 J/ 微导线 A/ 曲线 Q/ 边长交会 B/ 回退 U/ 点 P/< 点号 > 输入 63，回车；

闭合 C/ 隔一闭合 G/ 隔一点 J/ 微导线 A/ 曲线 Q/ 边长交会 B/ 回退 U/ 点 P/< 点号 > 输入 j，回车；

点 P/< 点号 > 输入 64，回车；

闭合 C/ 隔一闭合 G/ 隔一点 J/ 微导线 A/ 曲线 Q/ 边长交会 B/ 回退 U/ 点 P/< 点号 > 输入 65，回车；

闭合 C/ 隔一闭合 G/ 隔一点 J/ 微导线 A/ 曲线 Q/ 边长交会 B/ 回退 U/ 点 P/< 点号 > 输入 C，回车；

输入层数：<1> 输入 2，回车。

说明："微导线"功能由用户输入当前点至下一点的左角（度）和距离（米），输入后软件将计算出该点并连线。要求输入角度时若输入 K，则可直接输入左向转角，若直接用鼠标点击，只可确定垂直和平行方向。此功能特别适合知道角度和距离但看不到点的位置的情况，如房角点被树或路灯等障碍物遮挡时。两栋房子和平行等外公路"建"好后，如图 7-13 所示。依次以上操作，分别利用右侧屏幕菜单绘制其他地物。

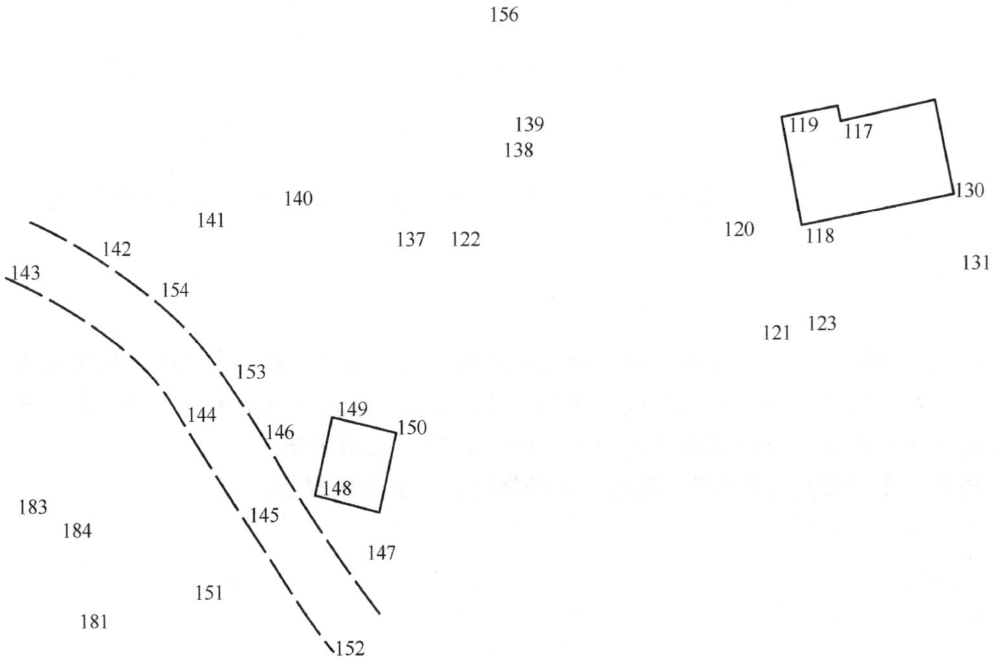

图 7-13　绘制居民地及等外公路

在"居民地"菜单中，用 3、39、16 三点完成利用三点绘制 2 层砖结构的四点房；用 68、67、66 绘制不拟合的依比例围墙；用 76、77、78 绘制四点棚房。

在"交通设施"菜单中，用 86、87、88、89、90、91 绘制拟合的小路；用 103、104、105、106 绘制拟合的不依比例乡村路。

在"地貌土质"菜单中，用54、55、56、57绘制拟合的坎高为1m的陡坎；用93、94、95、96绘制不拟合的坎高为1m的加固陡坎。

在"独立地物"菜单中，用69、70、71、72、97、98分别绘制路灯；用73、74绘制宣传橱窗；用59绘制不依比例肥气池。

在"水系设施"菜单中，用79绘制水井。

在"管线设施"菜单中，用75、83、84、85绘制地面上输电线。

在"植被园林"菜单中，用99、100、101、102分别绘制果树独立树；用58、80、81、82绘制菜地（第82号点之后仍要求输入点号时直接回车），要求边界不拟合，并且保留边界。

最后，选取"编辑"菜单下的"删除"二级菜单下的"删除实体所在图层"，鼠标指针符号变成了一个小方框，单击任何一个点号的数字注记，所展点的注记将被删除。平面图绘制好后效果如图7-14所示。

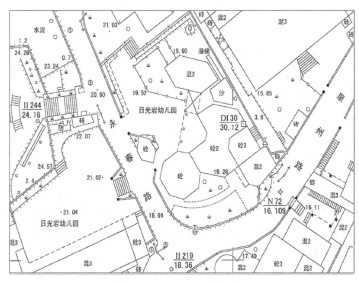

图 7-14　STUDY 的平面图

4. 绘制等高线

展高程点：单击"绘图处理"菜单下的"展高程点"，将会弹出数据文件的对话框，找到 C:\CASS9.1\DEMO\STUDY.DAT，选择"确定"，命令区提示：注记高程点的距离（米）：直接回车，表示不对高程点注记进行取舍，全部展出来。

建立DTM模型：单击"等高线"菜单下"建立DTM"，如图7-15所示。

根据需要选择建立DTM的方式和坐标数据文件名，然后选择建模过程是否考虑陡坎和地形线，选择"确定"。

绘等高线：单击菜单栏"等高线"，选择"绘制等高线"，弹出"绘制等值线"对话框，如图7-16所示。

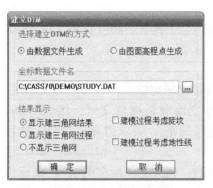

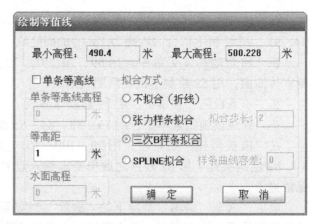

图 7-15　建立 DTM 对话框　　　　　　　　　图 7-16　绘制等值线对话框

　　输入等高距，选择拟合方式后单击"确定"。系统马上绘制出等高线。再选择"等高线"菜单下的"删三角网"→"等高线修剪"，如图 7-17 所示。

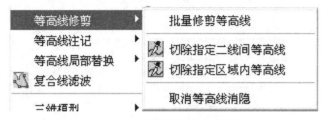

图 7-17　"等高线修剪"菜单

　　单击"切除穿建筑物等高线"，软件将自动搜寻穿过建筑物的等高线并将其进行整饰。单击"切除指定二线间等高线"，依提示依次单击左上角的道路两边，CASS9.1 将自动切除等高线穿过道路的部分。单击"切除穿高程注记等高线"，CASS9.1 将自动搜寻，把等高线穿过注记的部分切除。

　　5. 加注记、加图框及出图

　　（1）加注记

　　下面演示在平行等外公路上加"经纬路"三个字。单击右侧屏幕菜单的"文字注记信息"项，如图 7-18 所示。

　　首先在需要添加文字注记的位置绘制一条拟合的多功能复合线，然后在注记内容中输入"经纬路"并选择注记排列和注记类型，输入文字大小确定后选择绘制的拟合的多功能复合线即可完成注记。

　　（2）加图框

　　单击"绘图处理"菜单下的"标准图幅（50×40）"，输入图幅信息如图 7-19 所示。

　　在"图名"栏里，输入"建设新村"；在"测量员""绘图员""检查员"各栏里分别输入"张三""李四""王五"；在"左下角坐标"的"东""北"栏内分别输入"53073""31050"；在"删除图框外实体"栏前打钩，然后单击"确认"。这样这幅图就绘制好了，如图 7-20 所示。

图 7-18 弹出"文字注记信息"对话框

图 7-19 输入图幅信息

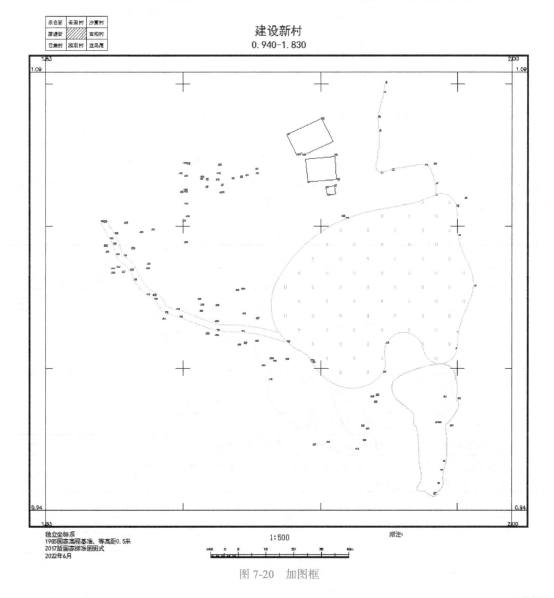

图 7-20 加图框

另外，可以将图框左下角的图幅信息更改成符合需要的字样，可以将图框和图章用户化。

（3）出图

单击"文件"菜单下的"用绘图仪或打印机出图"，如图 7-21 所示。

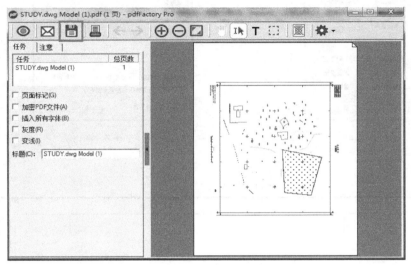

PdfFactory
虚拟打印机
的安装

图 7-21　出图

选好图纸尺寸、图纸方向之后，单击"窗选"按钮，拖拽鼠标指针圈定绘图范围。将"打印比例"一项选为"2∶1"（表示满足 1∶500 比例尺的打印要求），通过"部分预览"和"全部预览"可以查看出图效果，单击"确定"按钮进行绘图。

项目考核方案设计表

项目 7		全站仪数字测图				
过程考核	考核项目及分值比例	评价标准			考核方式及单项权重	
					组员互评	教师评价
过程考核	全站仪操作规范（25分）	1. 整平时间（10分）			20%	80%
		10～15分钟以内	优秀	9～10分		
		15～20分钟以内	合格	6～8分		
		20分钟以上	不合格	0～5分		
		2. 操作规范性（10分）				
	具体施测过程（5分）	测量过程分工明确，正确对碎部点进行数据采集			20%	80%
	成果汇报与语言表达（5分）	汇报内容完整、表述清晰、语言流利，回答问题正确、熟练			20%	80%

（续）

项目 7	全站仪数字测图				
过程考核	考核项目及分值比例	评价标准		考核方式及单项权重	
				组员互评	教师评价
	实训成果（45 分）	1. 草图（10 分）		—	100%
		2. 成果（20 分）			
		测量数据处理得当	20 分		
		地形图绘制正确	50 分		
	工作态度（5 分）	纪律性好，主动积极，认真负责，勤学好问		20%	80%
	团队合作和协作（5 分）	与小组成员和谐合作，主动承担分工，合理处理人际关系并能协助他人完成工作任务		20%	80%
	自主学习能力（10 分）	能查阅书籍、规范自主学习		—	100%
总计	100 分				

 思考与习题

一、填空题

1. 数字测图的特点包括：_____、_____、_____、_____、_____。

2. 高程中误差不应大于测图基本等高距的_____。

3. 通过已知点进行后视的设置，设置后视有两种方式，一种是_____，另一种是_____。

二、简答题

1. 概述全站仪野外数据采集的步骤。

2. 在进行地形图测绘时，全站仪安置的步骤是什么？

3. 简要概述 CASS 绘图的流程。

项目 8　测量地下管线

项目 8

工作任务 》》》

序号	工作任务	子任务
1	测量已有地下管线	测量管线点
		测绘管线带状数字地形图
		测量横断面
		质量检查
2	测量新建地下管线（定线测量与竣工测量）	进行新建地下管线的定线测量
		进行新建地下管线的竣工测量

任务目标 》》》

序号	知识目标	能力目标	素质目标	权重
1	掌握已有地下管线点测量、横断面测量的方法	能熟练进行已有地下管线点测量、管线带状数字地形图测绘、横断面测量，以及管线测量的质量检查	培养学生自力更生、艰苦奋斗、大力协同、无私奉献、严谨务实、勇于攀登的精神	0.6
2	掌握新建地下管线定线测量与竣工测量的方法	能熟练进行新建地下管线定线测量及其竣工测量		0.4
	总计			1.0

学前准备 》》》

仪器	图纸	任务单
	地形图	

教学建议 》》》

在教室，采用集中讲授、动态教学、分组讨论与实训等教学方法。

学前阅读 》》》

　　由中国航天科工 203 所研发的管线电子标识器成功应用于雄安新区地下管线建设，助力城市安全运行。每个电子标识器内置 10 位 ID 编码，相当于给管线安装了"电子身份证"，可将地下管线的坐标、埋深、管材、敷设日期、施工单位等位置信息和属性信息存储于标识器内。电子标识器是无源设备，使用寿命长，可达 30 年以上，读取电子标识器内储存信息可实现地下管线精细化管理和智能化管控。千年大计，必作于细。雄安新区利用航天技术加强未来城市地下管线管理，为解决"大城市病"中普遍的"里子"问题提供了创新思路。

本项目主要学习如何测量地下管线，也是对前面所学知识的再次检验，学好本项目要注重细节，发挥主观能动性，严谨务实。

任务 1　测量已有地下管线

地下管线测量是地下管线探测项目中重要的环节之一，包括已有管线测量、新建管线的定线与竣工测量、管线图测绘和测量成果的检查验收等。

地下管线测量前，应搜集测区已有的控制点和地形资料，对缺少已有控制点和地形图的地区，进行基本控制网的建立和地形图施测，以及对已有资料的检测和修测，应按现行的《城市测量规范》（CJJ/T 8—2011）或《卫星定位城市测量技术标准》（CJJ/T 73—2019）的规定进行。

地下管线的平面位置测量应采用解析法或 GNSS-RTK 法进行，地下管线的高程测量宜采用水准测量方法，亦可采用电磁波三角高程测量。

各项测量所使用的仪器设备，必须经检验和校正。其检校及观测值的改正按现行的《城市测量规范》（CJJ/T 8—2011）的有关规定执行。

已有地下管线测量实际是对已有地下管线的整理测量，即管线普查测量。测量内容包括管线两侧与邻近第一排建（构）筑物轮廓线之间的地形地物测量（称带状地形图测量）和地下管线点连测。带状地形图测量主要是为了保证地下管线与邻近地物有准确的参照关系，当测区设有相应比例尺地形图或现有地形图不能满足管线图的要求时，应采用数字测图技术，根据需要施测带状地形图。

子任务 1　测量管线点

在管线调查或者探查工作中设立的管线测点统称为管线点。一般要在地面设置明显标志，采用物探技术实施探查时要编写物探点号。管线点测量是指对管线点标志作平面位置和高程连测，计算管线点的坐标和高程等。

1. 管线特征点位置的确定

管线点分为明显管线点和隐蔽管线点两类。明显管线点一般是地面上的管线附属设施的几何中心，如窨井（包括检查井、检修井、闸门井、阀门井、仪表井、人孔和手孔等）井盖中心、管线出入点（上杆、下杆）、电信接线箱、消防栓栓顶等；隐蔽管线点一般是地下管线或地下附属设施在地面上的投影位置，如变径点、变坡点、变深点、变材点、三通点、直线段端点以及曲线段加点等。特征点位置应根据管线的结构确定，一般可分为以下几种类型：

1）分支管线点。即分支管线，取各分支管轴线的交点。

2）弧形管线点。取圆弧中轴线上起、中、终三点，如圆弧长度较长，应适当增加点数，以便能够准确表示弧形。

3）井室地物点。用符号标示的各类井形状（方形、圆形）管线设施，将实地井室的轮廓形状表示在图面，并存入数据库。

4）变径点。管线的截面尺寸变化之处。

5）管沟（道）。应分依比例尺和不依比例尺两种情况。当依比例尺时，应在管沟（道）两侧各取一点；当不依比例尺时，应在管沟（道）主轴线上取点。

6）对直线段中没有特征点的点位确定，应按照《城市地下管线探测技术规程》（CJJ 61—2017）的规定原则，在管线主轴线上定位。

2. 管线点测量的基本方法和要求

（1）管线点平面位置测量

管线点平面位置测量主要有全站仪极坐标法、GNSS-RTK测量技术和导线串连法等。全站仪极坐标法是目前普遍采用的方法，可同时测得管线点坐标和高程，如采用 DJ_6、DJ_2 级全站仪。测站宜采用长边定向，经测站检查和第三点（控制点或邻站已测管线点）检测后开始管线点测量，仪器高和觇标高量至毫米，测距长度不得大于 150 m。水平角及垂直角均观测半个测回，记录到全站仪内存上，只记录管线点的坐标（坐标模式）及编号。也可利用全站仪记录管线点的基本观测量（点号、边长、水平角、垂直角、觇标高），在内业计算管线点坐标。

全站仪测量中，特别注意仔细检查，核对图上编号与实地点号对应一致，防止错测、漏测和错记、漏记，严格做到测站与镜站一一对应，不重不漏。测量时，司镜员将带气泡的棱镜杆立于管线点地面标志上（隐蔽点以现场标记"十"字为中心，明显点测定其井盖上物探组所标明的位置），并使气泡严格居中，观测员快速准确瞄准目标测定坐标。

为了确保每个管线点的精度，每一测站均对已测点进行邻站检查，每站检查点不少于2点，记录两次测量结果并计算差值，坐标差不大于 5 cm，高程差不大于 3 cm，若发现超差，应查明原因并重新定向和测量。

应将当天的数据及时传至计算机，以日期为文件名保存原始数据。原始数据经编辑、处理、查错、纠错后，应保存到管线测量数据库。

采用GNSS技术测量管线点平面位置时，要考虑环境影响，可采用快速静态法、GNSS-RTK或网络RTK方法。

采用GNSS-RTK技术测量管线点时，为了满足管线点高程的精度要求，应按图根级GNSS-RTK测量的技术要求进行观测，开始作业或重新设置基准站后，应至少检核一个已知点，坐标较差不应大于5cm，高程较差不应大于3cm。

导线串连法通常用于图根点比较稀少或没有图根点的情况，这时需重新布设图根点，可将全部或部分管线点纳入图根导线，在施测导线的同时，未纳入导线的管线点，采用极坐标法或解析交会法测量。导线串连法的导线起闭点不低于城市三级导线。

（2）管线点高程测量

管线点高程测量一般采用直接图根水准法、电磁波测距三角高程法，也可采用GNSS-RTK高程测量法。管线点的高程精度不得低于图根水准精度。高程起始点为四等以上水准点。水准路线应沿地下管线走向布设。应采用附合水准路线、闭合水准路线，在特殊情况可采用水准支线，水准支线长度不得超过 4 km，并按规范规定进行往返观测。

电磁波测距三角高程，也应起闭于四等以上水准点，按电磁波测距导线和解析交会法测设，垂直角可单向观测，用交会法时应不少于三个方向，应确保仪器高、觇标高的量测精度和垂直角的观测精度。

➤➤ 子任务 2　测绘管线带状数字地形图 ◀◀

城市地下管线带状地形图的测图比例尺一般为 1∶500 或 1∶1000。大中城市的城区一般为 1∶500，郊区为 1∶1000；城镇一般为 1∶1000。测绘范围和宽度要根据有关主管部门的要求来确定，对于规划道路，一般测出两侧第一排建筑物或红线外 20m 为宜。测绘内容按管线需要取舍，测绘精度与相应比例尺的基本地形图相同。

地下管线大比例尺带状地形图测绘的作业规范和图式主要有《城市测量规范》（CJJ/T 8—2011）、《城市地下管线探测技术规程》（CJJ 61—2017）、《国家基本比例尺地图图式　第 1 部分：　1∶500　1∶1 000　1∶2000 地形图图式》（GB/T 20257.1—2017）、《基础地理信息要素分类与代码》（GB/T 13923—2022）1000　1∶2000 地形图要素分类与代码》等。

数字带状地形图测绘主要包括野外数据采集和图形编辑与输出两大部分。

1. 野外数据采集

带状地形图野外数据采集按数据采集设备分主要为全站仪法和 GNSS-RTK 法。数据采集包括采集模式、地形信息编码、连接信息以及绘制工作草图等内容，它们是数字成图的基础。

（1）数据采集模式

按数据记录器的不同一般分为电子手簿、便携机、全站仪存储卡以及 GNSS-RTK 等模式，下面予以简要说明。

1）电子手簿模式。电子手簿和全站仪通过电缆进行连接，可实现观测数据和坐标值的在线采集，在控制点、加密图根点或测站点上架设台站仪，经定向后观测碎部点上的棱镜，得到方向、竖直角和距离等观测值，记录在电子手簿中。在测碎部点时要同时绘工作草图，记录地形要素名称、绘出碎部点连接关系等。也可在电子手簿上生成简单的图形，进行连线和输入信息码。室内将碎部点显示在计算机屏幕上，采用人机交互方式，根据工作草图提示进行碎部点连接，输入图形信息码和生成图形。

2）便携机模式。在测站上将便携机和全站仪通过电缆进行连接，可以实现观测数据和坐标值的在线采集，便携机和全站仪也可作无线传输数据。在便携机上可即刻对照实际地形地物进行碎部点连接、输入图形信息码和生成图形。便携机模式可作内外业一体化数字测图，称"电子平板法"测图。

3）全站仪存储卡模式。采用具有内存和自带操作系统或可卸式 PCMCIA 卡的全站仪，由用户自主编制记录程序并安装到全站仪中。无须电缆连接，野外记录十分方便。可将存储卡或 PCMCIA 卡上的数据方便地传输到计算机，其他过程同电子手簿模式。

4）GNSS-RTK 模式。采用 GNSS-RTK 模式进行大比例尺数测图时，仅需一人身背

GNSS 接收机在待测点上观测数秒到数十秒即可求得测点坐标，通过电子手簿或便携机模式，可测绘各种大比例地形图。采用 GNSS–RTK 技术测图，可以直接得到碎部点的坐标和高程。在城市作带状地形图测绘时受顶空障碍和多路径的影响较大，故 GNSS–RTK 模式只适用于较空旷的郊区或规划区，一般还需要采用全站仪方法进行补测。

（2）地形信息编码

为使绘图人员或计算机能够识别所采集的数据，便于对其进行处理和数据加工，须给碎部点一个代码（称地形信息编码）。编码应具有一致性、灵活性、高效性、实用性和可识别性等原则。按照《基础地理信息要素分类与代码》（GB/T 13923—2022）中的规定，基础地理信息要素分为 9 个大类：定位基础、水系、居民地及设施、交通、管线、境界与政区、地貌、植被与土质、地名。代码采用 6 位十进制数字码，分别为按顺序排列的大类码、中类码、小类码和子类码。左起第一位为大类码；左起第二位为中类码，在大类基础上细分形成的要素类；左起第三、四位为小类码，在中类基础上细分形成的要素类；左起第五、六位为子类码，为小类的进一步细分。

（3）碎部点间的连接信息

要确定碎部点间的连接关系，特别是一个地物由哪些点组成，点之间的连接顺序和线型。可以根据野外草图上所画的地物以及标注的测点点号，在电子手簿或计算机上输入，或在现场对照地物在便携机上输入。按照所使用的数字测图系统的要求，组织数据并存盘，即可由测图系统调用图式符号库和子程序自动生成图形。

（4）工作草图

绘制工作草图是保证图形数据质量的一项措施。工作草图是图形信息编码、碎部点间的连接和人机交互生成图形的依据。

如果工作区有相近的比例尺地形图，则可以利用旧图作适当放大复制或裁剪后，制成工作草图的底图。作业人员只需将变化了的地物反映在草图上即可，在无图可用时，应在数据采集的同时人工绘制工作草图。工作草图应绘制地物的相关位置、地貌的地性线、点号标记、量测的距离、地理名称和说明注记等，地物复杂、地物密集处可绘制局部放大图。草图上点号注记标注应清楚正确，并和电子手簿上记录的点号一一对应。

2. 图形编辑输出与质量要求

（1）图形编辑

带状数字地形图的编辑是由技术人员操作有关测图系统软件来完成的。将野外采集的碎部点数据，在计算机上显示图形，经过人机交互编辑，从而生成数字地形图。所选用的数字测图系统必须具有如下基本功能：

1）碎部数据的预处理功能，包括在交互方式下碎部点的坐标计算及编码、数据的检查与修改、图形显示、图幅分幅等。

2）地形图编辑功能，包括地物图形文件的生成、等高线文件的生成、图形修改、地形图注记、图廓生成等。

3）地形图输出功能，包括地形图绘制、数字地形图数据库处理和存储等。

目前，国内代表性的数字测图系统有南方测绘仪器公司研制的 CASS 数字测图系统，在生产实践中都有广泛应用。随着 GIS 的应用和发展，数字测图系统向 GIS 前端数据采集系统方向发展。

（2）图形输出

图形输出设备主要有绘图仪、打印机、计算机外存（包括软盘、光盘、硬盘）等。数字带状地形图在完成编辑后，可以储存在计算机内或外存介质上，或者由计算机控制绘图仪直接绘制地形图。

（3）图形质量要求

带状数字地形图的质量要求主要通过其数学基础、数据分类与代码、位置精度、属性信息、要素完备性等质量特性来描述。

1）数学基础是指地形图所采用的平面坐标和高程基准、等高线的等高距等。

2）数据分类与代码应按《基础地理信息要素分类与代码》（GB/T 13923—2022）等标准执行，需要补充的要素与代码应在备注中加以说明。

3）位置精度主要包括控制点、地形地物点的平面精度、高程注记点和等高线的高程精度等。

4）属性信息精度是指描述地形要素特征的各种属性数据是否正确无误。

5）要素完备性是指各种要素不能有遗漏或重复现象，数据分层要正确，各种注记要完整等。

子任务3　测量横断面

为满足地下管线改扩建施工图设计的要求，有时还要提供某个或某几个路段的横断面图，这时需要作横断面测量。

横断面的位置要选择在主要道路（街道）有代表性的位置，一般一幅图不少于两个断面。横断面测量应垂直于现有道路（街道）进行布置，规划道路必须测至两侧沿路建筑物或红线外，非规划道路可根据需要确定。除测量管线点的位置和高程以外，还应该测量道路的特征点、地面坡度变化点和地面附属设施及建（构）筑物的轮廓。各高程点按中视法实测，高程检测较差不应大于±5cm。

子任务4　质量检查

1. 基本要求

对地下管线测量成果必须进行成果质量检验，质量检验时应遵循均匀分布、随地下管线图测绘精度的检查：地下管线与邻近的建筑物、相邻管线以及规划道路中心线的间距较差不得大于图上±0.5cm。

质量检查工作均应填写记录，并在作业单位最高一级检查结束后编写测区质量自检报告。

2. 质量评定标准

每一个测区随机抽查管线点总数的5%进行测量成果质量的检查，复测管线点的平面位置和高程。根据复测结果分别计算测量点位中误差 m_{cs} 和高程中误差 m_{ch}，当重复测量结果超过限差规定时，应增加管线点总数的5%进行重复测量，再计算 m_{cs} 和 m_{ch}，若仍

259

达不到规定要求，整个测区的测量工作应返工重测。

$$m_{cs}=\pm\sqrt{\frac{\sum\Delta s_{ci}^2}{2n_c}}\qquad(8\text{-}1)$$

$$m_{ch}=\pm\sqrt{\frac{\sum\Delta h_{ci}^2}{2n_c}}\qquad(8\text{-}2)$$

式中，Δs_{ci}，Δh_{ci} 分别为重复测量的点位平面位置较差和高程较差；n_c 为重复测量的点数。

管线点与地形图测绘的数学精度评定方法是一致的，只是对中误差量化上有所区别而已。

3. 检查报告

质量自检报告内容应包括以下方面：

1）工程概况。包括任务来源、测区基本情况、工作内容、作业时间及完成的工作量等。

2）检查工作概述。检查工作组织、检查工作实施情况、检查工作量统计及存在的问题。

3）精度统计。根据检查数据统计出来的误差，包括最大误差、平均误差、超差点比例、各项中误差及限差等，这是质检报告的重要内容，必须准确无误。

4）检查发现的问题及处理建议。检查中发现的质量问题及整改对策、处理结果，对限于当前仪器和技术条件未能解决的问题，提出处理意见或建议。

5）质量评价。根据精度统计结果对核工程质量情况进行结论性总体评价（优、良、合格、不合格），是否提交下一级检查等。

任务2　测量新建地下管线（定线测量与竣工测量）

新建管线定线测量是把图上的设计管线放样（或称测设）到实地的测量，竣工测量是对新敷设管线进行测量，并绘到管线图上。管线定线测量是管线敷设的保证，管线竣工测量是规划、设计、施工和管理的依据。

子任务1　进行新建地下管线的定线测量

地下管线定线测量应依据经批准的线路设计施工图和定线条件进行定线测量。线路设计施工图上标明了设计管线的位置、主要点的坐标以及与周围地物的关系，所谓定线条件是指设计管线的设计参数、主要点的坐标和其他几何条件。为定线测量布设的导线称定线导线，定线导线一般按三级导线等级布设，主要技术要求应符合《地下管线探测技术规程》CJJ61 相应条款的规定。定线测量主要采用下列方法：

1. 解析实钉法

根据线路设计施工图和定线条件所列待测设管线与现状地物的相对关系，在实地用经纬仪定出设计管线的中线桩位置，然后联测中线的端点、转角点、交叉点及长直线加点的坐标，再计算各线段的方位角和各点坐标。

2. 解析拨定法

根据线路设计施工图和定线条件布设定向导线，测出定线条件和线路设计施工图中所列的地物点的坐标，推算中线各主要点坐标及各段方位角。如果定线条件和线路设计施工图中给出的是管线各主要点的解析坐标或图解坐标，则可计算出中线各段的方位角和直线上加点的坐标。然后用导线点放样出中线上各主要点和加点，直线上每隔 50 ～ 150 m 设一加点。对于直线段上的中线放样点应作直线检查，记录偏差数，采用作图方法求取最佳直线，并进行现场改正。

3. 自由设站法

根据定线导线点的坐标，在实地任选一个便于定测放样的测站，用电子全站仪作自由设站法（各种后方交会法）获得测站点的坐标并定向，然后根据测站坐标和新建敷设管线的设计坐标用极坐标进行放样。

4. GNSS 测量法

采用 GNSS–RTK 或网络 RTK 技术，将新敷设的管线点设计坐标事先加载到 GNSS 的控制器（如 PDA）上，根据程序可在实地进行管线放样，采用这种方法的前提是在 GNSS 测量的顶空障碍较小，适合在规划区的新建管线定线。

测量地物点坐标时，应在两个测站上用不同的起始方向用极坐标法或两组前方交会法进行，交会角应控制在 30° ～ 150° 之间，当两组观测值之差小于限差时，取两组观测值平均值作为最终观测值。在定线计算中，方位可根据需要计算至 1″ 或 0.1″，距离和坐标计算至毫米。管线桩位遇障碍物不能实钉时，可在管线中线上钉指示桩，应写明桩号，指示桩与应钉桩的距离应在有关资料中注明。

在定线测量过程中，应进行控制点校核、图形校核和坐标校核等各种校核测量，校核限差应符《城市地下管线探测技术规程》（CJJ 61—2017）的规定及当地的相应规定。

用导线点测设的管线中线桩位，应作图形校核，并在不同测站上后视不同的起始方向进行坐标校核。

子任务 2　进行建新地下管线的竣工测量

管线竣工测量的主要工作内容是管线调查、测量和资料整理。

新建地下管线竣工测量应尽量在覆土前进行。当不能在覆土前施测时，应设置管线待测点并将设置的位置准确地引到地面上，做好点的记录。新建管线点坐标的平面位置中误差不得大于 ±5cm，高程中误差不得大于 ±3 cm。

管线竣工测量应采用解析法进行。应在符合要求的图根控制点或原定线的控制点上进行，在覆土前应现场查明各种地下管线的敷设状况，确定在地面上的投影位置和埋深，同时应查明管线种类、材质、规格、载体特征、电缆根数、孔数及附属设施等，绘制草图并在地面上设置管线点标志。对照实地逐项填写"地下管线探查记录表"。管线点宜设置在管线的特征点或其地面投影位置上。管线特征点包括交叉点、分支点、转折点、变深点、变材点、变坡点、变径点、起讫点、上杆、下杆以及管线上的附属设施中心点等。在没有特征点的管线段上，宜按相应比例尺设置管线点，管线点在地形图上的间距应≤15 cm；当管线弯曲时，管线点的设置应以能反映管线弯曲特征为原则。

项目考核方案设计表

项目 8	测量已有地下管线				
过程考核	考核项目及分值比例	评价标准		考核方式及单项权重	
				组员互评	教师评价
	仪器操作规范（20分）	1. 整平时间（10分）		20%	80%
		1～3分钟以内	优秀 9～10分		
		3～8分钟以内	合格 6～8分		
		8～10分钟以上	不合格 0～5分		
		2. 操作规范性（10分）			
	测量方案的编制（5分）	管线测量方案编制合理，可行		20%	80%
	具体施测过程（5分）	测量过程分工明确，测量方案与具体实施情况偏差较小，并在必要时能合理调整方案保证顺利完成任务		20%	80%
	成果汇报与语言表达（5分）	汇报内容完整、表述清晰、语言流利，回答问题正确、熟练		20%	80%
	实训成果（45分）	1. 控制点布设（10分）		—	100%
		2. 成果（35分）			
		测量数据处理得当	15分		
		管线图绘制正确	20分		
	工作态度（5分）	纪律性好，主动积极，认真负责，勤学好问		20%	80%
	团队合作和协作（5分）	与小组成员和谐合作，主动承担分工，合理处理人际关系并能协助他人完成工作任务		20%	80%
	自主学习能力（10分）	能查阅书籍、规范自主学习		—	100%
总计	100分				

思考与习题

一、填空题

1. 电磁波测距导线最弱点点位中误差应小于或等于_____。

2. 求解转换参数时，应采用不少于_____个点的参心坐标系的控制点。

3. 控制点平面位置较差应小于或等于_____，碎部点平面位置较差应不大于图上_____。

4. 在管线调查或探查工作中设立的管线测点统称为_____。

5. 地下管线定线测量应依据经批准的线路设计_____和_____进行定线测量。

6. 新建管线点坐标的平面位置中误差不得大于_____，高程中误差不得大于
_____。

二、问答题

1. 简述地下管线探查的方法。

2. 简述地下管线调查的内容。

3. 论述地下管线探查的精度要求。

4. 地下管线探查的工作模式有几种方法？

5. 简述电磁法的基本原理。

6. 简述电磁波法的基本原理。

7. 论述管线点的定位、定探的方法。

8. 简述管线探查的质量保证措施及质量检验方法。

参考文献

[1] 李少元，梁建昌 . 工程测量 [M]. 北京：机械工业出版社，2021.

[2] 张博 . 工程测量技术与实训 [M]. 西安：西安交通大学出版社，2015.

[3] 李仕东 . 工程测量 [M]. 4 版 . 北京：人民交通出版社，2015.

[4] 潘正风，程效军，成枢 . 数字测图原理与方法 [M]. 武汉：武汉大学出版社，2009.

[5] 纪勇 . 数字测图技术应用教程 [M] 郑州：黄河水利出版社，2008.

[6] 王勇智 .GPS 测量技术 [M] 北京：中国电力出版社，2007.

[7] 陈久强，刘文生 . 土木工程测量 [M]. 北京：北京大学出版社，2006.

[8] 覃辉 . 土木工程测量 [M]. 2 版 . 上海：同济大学出版社，2005.

[9] 赵文亮 . 地形测量 [M] 郑州：黄河水利出版社，2005.

[10] 李生平 . 建筑工程测量 [M]. 北京：高等教育出版社，2002.

[11] 过静珺 . 土木工程测量 [M]. 武汉：武汉工业大学出版社，2000.